高等学校规划教材

可持续发展概论

陈　明　罗家国　赵永红　张　涛　袁剑雄　编　著

刘　政　主　审

北　京

冶金工业出版社

2024

内 容 提 要

本书介绍了可持续发展思想的沿革，可持续发展的评价方法和指标体系，人口、资源、环境与可持续发展的关系以及国内外可持续发展的政策、措施等。通过对可持续发展理论的全面阐述，将一个完整的可持续发展的基本知识体系和思想展现在读者面前。

本书内容全面，体系完整，通俗易懂，可作为普通高校学生学习可持续发展思想和理论的教材或参考书，也可作为可持续发展思想的普及读本。

图书在版编目（CIP）数据

可持续发展概论/陈明等编著．—北京：冶金工业出版社，2008.7
（2024.1 重印）
高等学校规划教材
ISBN 978-7-5024-4625-3

Ⅰ．可…　Ⅱ．陈…　Ⅲ．可持续发展—高等学校—教材　Ⅳ．X22

中国版本图书馆 CIP 数据核字（2008）第 113274 号

可持续发展概论

出版发行	冶金工业出版社	**电　话**	(010)64027926
地　址	北京市东城区嵩祝院北巷 39 号	**邮　编**	100009
网　址	www.mip1953.com	**电子信箱**	service@mip1953.com

责任编辑　任咏玉　马文欢　宋　良　美术编辑　彭子赫
版式设计　张　青　责任校对　栾雅谦　责任印制　禹　蕊
北京虎彩文化传播有限公司印刷
2008 年 7 月第 1 版，2024 年 1 月第 5 次印刷
787mm×1092mm　1/16；12.25 印张；326 千字；185 页
定价 25.00 元

投稿电话　(010)64027932　投稿信箱　tougao@cnmip.com.cn
营销中心电话　(010)64044283
冶金工业出版社天猫旗舰店　yjgycbs.tmall.com
（本书如有印装质量问题，本社营销中心负责退换）

前　言

　　人类为了自身的生存和发展，通过不断改进的技术和不断丰富的科学知识，改变着自身的生存环境，但更多地关注的是如何更快地发展生产力以满足不断增加的人口和不断提高的生活水平的需要，而较少考虑这样做的后果、环境变化的后果以及对人类的长远影响。

　　科学技术以前所未有的速度和规模迅猛发展，增强了人类改造自然的能力，给人类社会带来空前的繁荣，也为今后的进一步发展准备了必要的物质技术条件。对此，人们产生了盲目乐观情绪，长期以来，人类对地球不断进行掠夺式开发，导致世界范围内的环境恶化、资源短缺程度开始变得越来越严重。联合国考察报告指出："人类活动已经破坏了地球上60%的草地、森林、农耕地、河流和湖泊。"同时，大自然正以各种方式回馈人类自己种下的苦果，最终我们发现，人类赖以生存的环境已变得如此恶劣，我们曾以为取之不竭、用之不尽的资源已几近枯竭。

　　可持续发展是人们在对发展带来的危机进行深刻反思之后提出的全新发展观。作为一种战略或者一种思想，其最初产生于人们对日益恶化的环境和不可再生资源的消耗殆尽的忧虑。1987年，由挪威首相布伦特兰女士担任主席的联合国世界环境与发展委员会在《我们共同的未来》报告中，正式提出可持续发展的概念，即"可持续发展是在不损害后代人满足其自身需要的能力之前提下满足当代人需要的发展"。从此，走可持续发展之路，已成为世界各国政府的共识。

　　中华民族很早就产生了朴素的、朦胧的可持续发展意识。无论是《老子》从宏观上所说的"道法自然"，还是《孟子》从微观上所说的"数罟不入污池"、"斧斤以时入山林"、"鸡豚狗彘之畜不失其时"，都体现了在悠久的中华文化中对环境、资源和人的需求之间关系的重视。在国际新观念的启发下，人们认识到可持续发展的重要，现在中国所谋求的发展，是以经济建设为中心、以富民强国为取向、以全面建设小康社会为目标的发展，是经济政治文化相互协调以及物质文明、政治文明、精神文明共同进步的发展，是不断提高人民群众生活水平、最大限度地维护人民群众切身利益的发展，是紧紧把握时代脉搏、紧跟科技革命潮流、积极参与经济全球化、大胆吸引和借鉴人类文明优秀成果的发展，是经济效益、社会效益和生态效益相统一的可持续发展。温家宝指出，"十一五"时期环境保护的主要目标是：到 2010 年，在保持国民经济平稳较快增长的同时，使重点地区和城市的环境质量得到改善，生态环境恶化趋势基本遏制。单位国内生产总值能源消耗比"十五"期末降低 20% 左右；主要污染物排放总量减少 10%；森林覆盖率由 18.2% 提高到 20%。以邓小平理论和"三个代表"重要思想为指导，全面落实科学发展观，坚持保护环境的基本国策，深入实施可持续发展战略；坚持预防为主、综合治理，全面推进、重点突破，着力解决危害人民群众健康的突出环境问题；坚持创新体制机制，依靠科技进步，强化环境法治，发挥社会各方面的积极性。经过长期不懈的努力，使生态环境得到改善，资源利用效率显著提高，可持续发展能力不断增强，人与自然和谐相处，建设环境友好型社会。

通常人们一谈到可持续发展，往往只想到环境、资源，却忽略了"人"，这个环境的核心、可持续发展的最重要的资源。实施可持续发展教育，让全社会的人，特别是青少年增强作为"地球村"村民应该具备的可持续发展的知识、能力和责任意识，具有关心全人类明天的伦理观念和博大胸怀，激发起为可持续发展贡献力量的主动性和创造性，是实现可持续发展的根本性措施。

全书由江西理工大学陈明、罗家国、赵永红、张涛、袁剑雄等编写，周丹、陈云嫩等老师进行了修改审定工作。本书可以作为在大中专院校开展可持续发展教育的教材，也可作为可持续发展思想的普及读本。

由于编者水平所限，书中疏漏之处在所难免，敬请专家及读者给予批评和指正。

本书编写组
2008 年 1 月

目　　录

第一章　可持续发展概论

第一节　可持续发展思想的产生与发展

众所周知，在漫漫历史长河中，人类历经农业社会、工业社会并将全面迈进知识经济社会。在此期间，人类的发展观也历经转变。总的看来，在 20 世纪 70 年代以前，人类的发展观局限于传统发展观的范围，直到 70 年代以后，人类的发展观才逐步发生了新的变化，并于 80 年代正式形成了可持续发展观。可持续发展观是对传统发展观的反思与创新，是制定可持续发展战略的理论依据。

一、可持续发展思想的形成

传统的发展观主要指工业革命以来的无限增长观以及西方经济学家曾经极力倡导的单纯经济增长观。

在人类发展史上，大约 1 万年以前出现的农耕业把人类从只是作为自然生态系统食物链的天然环节中解放出来，使人类从只能渔、猎、采食天然动植物，发展到可以通过农耕经济获得基本生存条件和食物供给，从此，人类开始了初步的稳定繁衍，进入简单再生产的初级循环。发生在 18 世纪下半叶的工业革命，进一步解放了人类。工业革命使人类的生产活动摆脱了四季循环的天时控制，在一个人类直接控制的时空中，生产活动表现为在科技创新推动下的不断增长过程。在这一历史背景下产生了长期支配工业社会发展的无限增长观。这种发展观，以物质财富增长为核心，追求的唯一目标就是经济增长，认为经济增长必然带来社会财富的增加和人类文明。在 20 世纪 30 年代"把国民生产总值作为国民经济核算体系的核心"的凯恩斯主义经济学产生以后，由于国民生产总值这一指标成为国民生活水准的象征和评价经济福利的综合指标，所以，无限增长观追求的目标就具体化为国民生产总值和经济的高速增长。而发生在第二次世界大战以后的第三次科技革命，在短时间内就形成了巨大的生产力，促使人类攫取自然资源的能力空前提高，消费欲望高度膨胀，它在将人类征服自然的能力推向一个前所未有的高度的同时，也将无限增长观推到了顶点。此时，无限增长观对现实经济生活的支配作用进一步体现为对国民生产总值和经济高速增长的狂热追逐。

不但西方发达国家，就连第二次世界大战后新独立的贫穷国家为了尽快摆脱贫困落后，也产生了追求经济增长的迫切愿望，他们掀起了赶超西方发达国家的热潮，在全球出现了从未有过的"增长热"。这一时期，烟囱产业被作为"朝阳"工业备受推崇，发展通常是按照经济的增长来定义，即以国民生产总值或国民收入的增长为重要目标，以工业化为主要内容。与当时的时代背景相适应，产生了以发展中国家的经济增长为研究对象的发展经济学。以沃尔特·罗斯托、威廉·刘易斯等为代表的早期发展经济学家认为，贫穷国家之所以贫穷，是因为"经济馅饼不够大，现代的关键问题是必须把馅饼做大些"。只要把经济馅饼做得足够大，所有问题都会迎刃而解。罗森斯坦·罗丹经过观察发现了这样一种现象：发展中国家本想尽力赶上发达国家，可事实上却是发展中国家与发达国家的经济差距越来越大，于是提出了发展中国家要有超常规发展的全面"大推进"战略。可见，传统发展观以及依据传统发展观制定的各种发展战略，都将发展的基本含义和主要目标看成是单纯的经济增长。这些思想和观点对全球尤其是发展中国家"增长热"的升温起到了推波助澜的作用。

人类经过300多年的工业化进程，物质生产已达到了一个较高的水平，矿产资源的消耗越来越多，环境污染越来越严重，在人口急骤增长的形势下，人们开始考虑：我们的地球承载力到底有多大，怎样的发展才能实现既能满足当代人的需要，也不损害后代人满足其需要的发展能力？最早的考虑是从环境问题引起的。1962年，美国生物学家蕾切尔·卡逊（Rachel Carson）发表了《寂静的春天》一书，生动地描述了化肥、农药和杀虫剂的大量使用对生物造成大量杀伤，以致在许多地方再也听不到蛙鸣鸟唱的春之交响曲，使春天变得死一般寂静。1968年，意大利经济学家、企业家佩切伊发起组织了一个世界性的民间团体——罗马俱乐部，其宗旨是探讨世界经济的未来和人类的前途。1970年，联合国科教文组织创立"人与生物圈计划"，探索合理利用生物圈资源的科学基础，改善人与环境的关系。1972年3月，罗马俱乐部成员梅多斯发表《增长的极限》的研究报告。报告指出，人口呈指数增长，而地球资源却十分有限；污染呈指数增长，而地球的自净能力又十分有限，从而使资源锐减，环境恶化，再这样下去，全球性灾难将在21世纪来临。该报告确实起到了解放思想的巨大作用，但是过于悲观，以至于提出取消发展的主张，这当然难以为大多数人所接受。1972年6月，联合国在斯德哥尔摩召开人类环境大会，世界各国政府共同讨论当代环境问题。会议通过了包括保护人类环境的7个共同观点、26项共同原则的《人类环境宣言》，这是人类探讨保护全球环境战略的第一次国际大会，也是人类认识环境问题的第一座里程碑。1973年联合国成立环境署。1975年，建立全球环境监测系统和国际环境系统资料源查询系统。1982年5月，联合国环境署在肯尼亚内罗毕召开纪念人类环境会议十周年特别会议，通过《内罗毕宣言》、《特别会议决议》和《特别会议报告》，指出发展经济必须考虑生态、人口、资源、环境和发展间的关系。1985年，各国政府签署《维也纳保护臭氧层公约》。1987年，由挪威首相布伦特兰女士担任主席的联合国世界环境与发展委员会在《我们共同的未来》报告中，正式提出可持续发展的概念，即"可持续发展是在不损害后代人满足其自身需要的能力之前提下满足当代人需要的发展"。从此，走可持续发展之路，已成为世界各国政府的共识。1991年6月，由中国政府发起并举办"发展中国家环境与发展部长级会议"，发布了《北京宣言》，指出了贫困是发展中国家环境问题的根本原因，发达国家对全球环境退化负有主要责任。1992年联合国在巴西里约热内卢召开环境与发展大会，这是联合国历史上级别最高、规模最大的一次会议，有170多个国家代表团和102位国家元首参加会议。大会通过《里约环境与发展宣言》和《21世纪议程》，将可持续发展列为全世界的发展战略。

我国是率先坚持走可持续发展之路的国家，在1992年联合国环境与发展大会之后，1992年8月，中共中央、国务院发布了《中国环境与发展十大对策》。1994年3月国务院发布了《中国21世纪议程——中国21世纪人口、环境与发展白皮书》，这是全世界第一部国家级的《21世纪议程》。1996年7月，在国务院召开的第四次全国环境保护会议上，江泽民主席强调指出："必须把贯彻实施可持续发展战略始终作为一件大事来抓。"从此，我国的可持续发展战略从理论探索走向贯彻实施。原国家环保局推出了《"九五"期间全国主要污染物排放总量控制计划》和《中国跨世纪绿色工程规划》（第一期）两大举措，明确提出"九五"期间，中国将重点抓"三河"（淮河、海河、辽河）、"三湖"（太湖、滇池、巢湖）、"两区"（酸雨控制区和二氧化硫污染控制区）和重点城市的污染防治，打响了我国保护环境、走可持续发展之路的攻坚战。

回顾可持续发展理论从产生到人们将其付诸行动，不能不说这是人类文明进步的表现，是人类认识自然、认识自我、改造自然、规范自我的一个正确举措。在人类历史发展的长河中，走可持续发展的思想早就有萌芽，中华民族长期以来就有"为子孙后代造福"的古训，有"前人栽树，后人乘凉"的说教，这些朴素的思想，都蕴涵了可持续发展的内容，只是没有像现在这样明确提出而已。正如栽树与乘凉的关系那样，如果没有前人栽树，我们今天无处乘凉；同理，如果我们今天不栽树，后人也会无处乘凉。因此我们今天提出可持续发展，必须把它落到实处，不能只停留在口头上。发展经济、控制人口、节约资源、保护环境等，这些都不只是需要政府注意的事情，每一个地区、每一个公民都要关心它，把可持续发展变成全人类、全社会的自觉行动。在我们今天发展经济，提高生活水平，改善生存环境的同时，也应注意给后代人的生产、生活留下一个良好的发展空间。

二、可持续发展思想的产生背景

可持续发展最初是从环境资源角度提出来的。其实可持续发展是一个系统工程，这一工程不只是通过节约一点资源、提高人类保护环境的意识所能解决的。可持续发展是同科技、教育、消费、全球化、创新、战略等联系在一起的。对自然的利用和保护源于人的观念，观念的改变要靠哲学社会科学的渗透力，因而观念是同哲学社会科学联系在一起的，一些认识问题只有哲学社会科学能解释和解决。譬如对科技发展的盲目迷信，没有看到科技也是一把双刃剑；20世纪70年代开始人们感到人口的高速增长会影响可持续发展，提出计划生育，还认识到人口质量和地球可承受的限度等问题。再譬如消费模式，假如全人类都追求美国的消费模式，每两个人拥有一辆小汽车，那么整个世界的耕地都要变成公路和停车场了，还谈得上可持续发展吗？哲学社会科学要研究的可持续发展的领域还很多，如社会心理与可持续发展、经济发展指标体系与可持续发展、城乡人口比例与可持续发展、大西北开发与可持续发展、宗教与可持续发展、经济发展的适度性与可持续发展等等。

十多年来，可持续发展问题的研究之所以成为热点，原因就是人类的发展陷入了片面性，依靠对自然界的掠夺和破坏环境来发展经济，而自然界对人类采取了报复，各种灾害不断发生，给社会带来了很大破坏。人们不得不注意到，要创造舒适的生存条件，满足日益增长的物质与文化需求，就必须通晓环境的演变规律，认识环境的结构与功能，维护环境的生产能力、恢复能力和补偿能力，使经济和社会发展不超过环境的容许极限，以满足人类的生态需要，这就需要合理调节人类与自然的关系，正确协调经济社会发展和环境保护的关系。

（一）令人不安的环境恶化

1. 大气污染

大气是人类赖以生存的最基本的自然资源。它不仅能通过自身运动进行热量、动量和水资源分布的调节过程，并且能阻挡过量的紫外线照射到地球表面，有效地保护地球上的生物，给人类创造一个适宜的生活环境。然而工业革命以来，特别是进入20世纪以来，大气污染物排放量的迅速增长和积累，导致了大气资源的损害和环境污染的问题。其中有 CO_2 含量增加导致气候变化，人造的氟氯烃（CFCs）等有关的物质所产生的活性氯和溴形成地球臭氧层空洞，城市空气的污染导致各种疾病发生率的增加等等。

2. 森林资源减少和覆盖率降低

森林是一种极重要的自然资源，它不仅为人类提供各种木材、经济植物和食物，而且具有十分宝贵的维护生态环境的功能。诸如涵养水源和保持水土，吸收有毒有害气体，阻滞粉尘和减少噪声，防风固沙，调节气候等等。据联合国粮农组织在20世纪90年代的调查，森林的过度砍伐使全球森林平均以每年 1130 万公顷的速度递减，森林砍伐最为严重的是热带地区的发展中国家，亚洲和大洋洲的热带地区，以每年 0.98% 的速度递减，在 1990～1995 年间，非洲年均的毁林率估计为 0.7%。据有关研究，地球上覆盖的森林面积曾经占陆地的 2/3，估计为 76 亿公顷，到 1862 年减少到 55 亿公顷。而近百年来，森林破坏速度加快，到 20 世纪 80 年代已减少到 26 亿公顷。

据历史记载，我国黄河中游流域在春秋战国时期，森林覆盖率为 49.2%，目前已大幅度下降到 10.9%。由于森林面积减少，自然灾害越来越频繁，洪涝和干旱经常发生，在我国北方的吉林省，由于森林过度采伐，每年年平均降水量不断减少，从 20 世纪 50 年代的 643 毫米，降到 70 年代的 575 毫米，20 年间共减少 68 毫米。大量砍伐森林，尤其是大量砍伐热带雨林无疑是一场生态灾难。

3. 荒漠化在加剧

荒漠化是世界上干旱和半干旱地区面临的严重环境退化问题，荒漠化并不是指原来的沙漠地区的滚滚流沙，而是指由于人为的过度经济活动的影响，生态平衡遭到破坏，使原来不是沙漠的地方出现了类似沙漠景象的变化。据联合国环境规划署估计，每年世界上大约有 600 万公顷的土地沦为沙漠，其中 320 万公顷原为牧草地和 250 万公顷原为旱作农地。我国是受荒漠化危害最严重的国家之一，从 20 世纪 70 年代开始，我国土地荒漠化就以每年 2460 平方千米以上的速度扩展，现已实际发生荒漠化的土地面积为 262 万平方千米，占国土面积的 27.3%，每年我国因荒漠造成的直接经济损失高达 540 亿元。

4. 水资源危机

除去盐化水，目前不能利用的冰盖、冰川、地下水与土壤水、湖沼、大气水等外，在地球上的水资源中可供人类利用的淡水只占 0.007%。但现实情况是：一方面，水的需求量不断增加，20 世纪初以来，取水量增加了约 5 倍，而每年平均淡水可能占有量在不断减少；另一方面，工业用水的增加以及工业污水排放又污染了水源，进一步减少了本可利用的水资源的供应量，目前世界上大约有 90 个国家和 40% 的人口出现缺水危机。各领域（农业、工业和生活用水）之间已经出现了竞争的形势，这种竞争形势正在加剧不平衡和紧张局面。在用水方面，国家之间的紧张形势也在加剧，由于许多河流是跨国的，这就提出了国家之间如何分配水资源的问题，必须通过协商，否则将引起冲突。我国可利用水资源总量为 2.8 万亿立方米，居世界第 6 位，人均占有量 2340 立方米，仅为世界人均占有量的 1/4，排在世界第 109 位，被列为世界 13 个贫水国家之一。我国 640 多个城市中，缺水城市 300 多个，其中严重缺水城市 108 个。

5. 环境恶化趋势

过度和不适当的经济发展以及只顾眼前和局部利益的做法，使整体环境恶化的形势得不到遏制，造成了水土流失严重。我国水土流失面积已占国土总面积的 1/6，造成荒漠化扩展和自然灾害频发，污染日益加剧。尤其是我国乡镇工业污染物的排放，使农业生态环境日益恶化。"八五"期间，乡镇工业废水排放量为 59.1 亿吨，占当年全国工业废水排放总量的 21%。SO_2 排放量 441.1 万吨，烟尘排放量 849.5 万吨，工业粉尘排放量 1325.3 万吨，分别占全国同类废物排放总量的 23.9%、50.3% 和 67.5%。固体废弃物排放总量为 1.8 亿吨，占全国的 89%。与 1989 年相比排放量增加了约 5 倍，受污染的耕地面积达 670 公顷，加重了农业生态环境的恶化。

此外，世界每年平均新增垃圾（不包括工业废渣）17.85 亿吨，以年均 8.37% 的速度增加，垃圾平均密度达到 87 吨/平方千米，带来的后果不是人类消灭垃圾，就是垃圾淹没人类。

6. 历史上重大公害事件

所谓公害，是指由于人类活动而引起的环境污染和破坏，以致对公众的安全、健康、生命、财产和生活舒适性等造成的危害。据统计，全世界平均每年发生 200 多起严重的化学污染事故。危害严重的有：

（1）马斯河谷烟雾事件。1930 年 12 月 1～5 日发生在比利时马斯河谷工业区。由于在近地表层的 SO_2 的质量浓度积累到 25～100 mg/m^3，再加上氟化物等其他有害气体和粉尘的综合作用，一周内死亡 60 多人，同时还有许多家畜死亡。

（2）多诺拉烟雾事件。1948 年 10 月 26～31 日发生在美国宾夕法尼亚州的多诺拉镇，由于 SO_2 浓度达到 0.5×10^{-6}～2.0×10^{-6}，再加上粉尘和其他金属元素反应，造成受害发病者 5911 人，占该镇总人数的 43%。

（3）伦敦烟雾事件。1952 年 12 月 5～8 日发生在英国伦敦。由于 SO_2 浓度高达 1.34×10^{-6} 所形成的硫酸雾，致使在 4 天中死亡的人数比常年同年多 4000 人。

（4）水俣病事件。1953～1956 年发生在日本熊本县水市。由于含汞催化剂的工业废水排放到水湾，形成毒性极强的甲基汞而污染水体，使水中鱼类中毒，人吃鱼后也跟着中毒受害，造成 60 人死亡。

（5）四日市哮喘病事件。1961 年发生在日本四日市，SO_2 和重金属微粒形成硫酸烟雾，危害居民，1972 年共确认哮喘病患者 817 人，死亡 10 多人。

（6）骨痛病事件。1955～1972 年发生在日本富士山县神通川流域。由于排放的含镉废水污染了神通川水体，两岸居民利用河水灌溉农田，使稻米含镉，居民食用含镉米和含镉水而中毒，患者 130 人，其中 81 人死亡。

（7）美国三里岛核站泄漏事故。发生在 1979 年 3 月 28 日，使周围 80 千米以内的 200 万人口处于极度不安之中。

（8）印度博帕尔农药泄漏事件。发生于 1984 年 12 月 3 日，受害面积达 40 平方千米，死亡 6000～20000 人，受害人数达 10 万～20 万人。

（9）莱茵河污染事件。1986 年 11 月 1 日，瑞士巴塞尔费多兹化学公司的仓库起火，使大量有毒化学品随灭火水流进莱茵河，使靠近事故地段的河流变成了“死河”，生物绝迹，480千米范围内的井水不能饮用，造成巨大经济损失。有人称此为掠夺性的生态灾难。

（10）酸雨事件。酸雨作为一个环境问题出现在 20 世纪 50 年代的美国。到 60 年代后期，酸雨的范围扩大到了北欧，70 年代几乎蔓延到所有国家。酸雨破坏土壤的结构和营养，妨害森林和植物生长，造成水产品减收，严重影响建筑、工业设备、仪器仪表及人体健康。

以上事件都是人类不适当的经济活动所形成的环境污染和生态破坏，反作用于人类社会而带来了许多灾难性的后果，降低了人类的生活质量，于是引起了人们的高度关注。

（二）引人注目的世界模型及其告诫

由于经济发展过程中发生的一系列始料不及的环境和资源问题，人们为世界前景感到困惑和忧虑。1968 年，来自欧洲以及世界其他地区的 100 多位专家、学者在罗马开会，讨论当前人类所处的困境和未来的发展，接着便以研究人口增长、工业发展、粮食生产、资源耗费和环境污染等当代世界五大严重问题的发展趋势为宗旨，成立了一个名为“罗马俱乐部”的组织，并委托美国麻省理工学院系统动力学组进一步开展对未来世界发展前景的研究工作，建立以梅多斯教授为首的国际研究小组。在 1972 年发表了第一个研究报告《增长的极限》，其核心内容是通过分析世界系统基本变量的因果回路图，建立世界模型进行对未来发展状况的模拟，认为世界若按西方工业化的模式发展下去，到 21 世纪人类将面临如下危机：

（1）自然资源日渐枯竭引起工业衰退；

（2）污染严重加剧，导致人口下降；

（3）人均食物的降低也将导致人口的下降；

（4）人类生活质量水平将下降。

他们的观点可归纳为：由于工业化伴随了人口膨胀、资源的短缺和污染的增长，从长远的战略观点看，目前不发达国家按西方发达国家的模式所进行的工业化的努力将产生很多问题，迄今持续发展的模式应让位于某种程度的均衡发展。

该研究结果发表后，引起了世界性的争论。赞成其观点的大有人在，认为为了保护环境和资源，必须限制人口和经济增长，甚至提出所谓的"零增长论"。反对者也不乏其人，认为它对世界前途估计太悲观，因为人类在发展过程中，总是会不断地有所发现、有所发明、有所前进的，并用很多例子反驳了该研究结果的某些论点。

在以后的20年中，该研究小组在吸取反对意见的基础上，又进一步改进和完善了它的研究成果。

对该世界模型的具体结果的争论可能还会继续下去，但该研究成果在当时条件下，提出的反对盲目的发展以及对环境问题的告诫是很可贵的。

人类必须维护并尊重自己的环境，人类的消费需要，不仅包括物质需要和精神文化需要，还应包括生态需要。人类的未来取决于人类的素质，不仅包括价值观念，还包括人类的存在和发展的能力（即进行可持续发展的能力）。

（三）时代特征与可持续发展

从动态的发展的观点来看，可持续发展的提出是由一定条件下的社会、经济、技术基础决定的。

当科技发展到一定阶段，人类永无止境的欲望借助技术进步而如虎添翼，不断加快对自然索取的步伐，不断改进向自然索取的手段，当科学技术的"进步"使人类对自然的破坏力达到一定程度，人类的索取行为（取决于人口乘以人均欲望、人类利用和改造自然的能力）超过了天赋的限度（环境的制约）时，环境问题应运而生，生生不息。贪欲不止，问题不断。

以上从不同方面阐述了环境的恶化对人类社会带来的危害，使得人类慢慢意识到环境与可持续发展之间存在的关系。欲望刺激着人类物质需求，形成人类社会对经济增长的强大压力，不考虑环境因素的经济增长带来严重的环境问题，造成环境质量的改变和人类生活环境的恶化，又影响着人类健康和人类生活质量，进而影响人类社会。即社会压力生产环境困境，接着环境困境又反过来影响社会。

人类今天的行动决定着人类的未来，人类能否继续生存和发展下去，要看人类能不能真正改变观念，调整人类行为。

三、可持续发展思想的发展

实现可持续发展绝非朝夕之功。特别是像中国这样各方面基础仍然比较薄弱的发展中国家，选择一种恰当的发展模式也许还不是最难的，要真正转换到相应的发展理念，并通过多层次务虚做到有备而动，才绝非易事。因此我们认为，中国要发展，当然要靠实干，但更要避免蛮干、错干，为此必须尽快建立并充分利用多渠道、多层次的研究、探讨和交流机制，有效动员和团结包括民间和海外智力资源在内的各种积极力量，注意吸收专家学者们的真知灼见，有针对性地研究探讨中国和世界共同面临的生存发展问题。

"21世纪论坛"是由全国政协发起并举办的大型国际会议，与会者更有足够分量和代表性。以"高层次、学术性"为特点的"21世纪论坛"，主要是围绕世界发展的大趋势和全人类共同关心的重要问题，进行研讨交流，以吸取有益意见和建议为中国所用。这一论坛曾分别

于1996年、2000年举办过两次，分别探讨的"展望21世纪的亚洲与中国"、"经济全球化
——亚洲与中国"等主题，均曾在海内外产生了良好影响。

不过仅有像"21世纪论坛"这样四五年才进行一次的深刻思想激荡，对于正致力于可持
续发展的中国而言，显然是远远不够的。在此之外，我们还需要更多有具体针对性的多层次思
想激荡，让世界的智慧融会贯通，让中国的发展回报世界。

由此，我们需要以更开放的心态和更具建设性的立场，积极推进有关思想交流和智慧激荡
的务虚活动再多一些。这当然不是明星秀式的匆匆走过场，不是千篇一律的空话和旧话，更不
是要形式大于内容的浅层面文山会海，而是要真正有益于中国实现可持续发展的真知灼见。

顺此思路，我们需要以更扎实的态度，改造并完善当前几乎泛滥成灾的各种研讨、会议和
论坛，让这些本应成为思想交流的平台，真正能够名副其实，让中国的可持续发展思路和行动
策略，在海内外贤明智者的思想碰撞中越辩越明晰，在多层次务虚探讨中越理越顺，既推进我
们的发展进步，更留下宝贵的精神财富。

第二节 可持续发展的概念

一、可持续发展概念的提出

20世纪70年代以后，随着公害问题的加剧和能源危机的出现，人们逐渐认识到把经济、
社会和环境割裂开来谋求发展，只能给地球和人类社会带来毁灭性的灾难。源于这种危机感，
可持续发展的思想在80年代逐步形成。1983年11月，联合国成立了世界环境与发展委员会
（WECD）。1987年，受联合国委托，以挪威前首相布伦特兰夫人为首的WECD的成员们，把
经过4年研究和充分论证的报告——《我们共同的未来》提交联合国大会，正式提出了"可
持续发展"（Sustainable development）的概念和模式。

"可持续发展"一词在国际文件中最早出现于1980年由国际自然保护同盟制定的《世界
自然保护大纲》，其概念最初源于生态学，指的是对于资源的一种管理战略。其后被广泛应用
于经济学和社会学范畴，加入了一些新的内涵。在《我们共同的未来》报告中，"可持续发
展"被定义为"既满足当代人的需求又不危害后代人满足其需求的发展"，是一个涉及经济、
社会、文化、技术和自然环境的综合的动态的概念。该概念从理论上明确了发展经济同保护环
境和资源是相互联系、互为因果的观点。

《我们共同的未来》中包含了两项重要内容，一是对传统发展方式的反思和否定，二是对
规范的可持续发展模式的理性设计。报告指出，过去人们关心的是发展对环境带来的影响，而
现在人们则迫切地感到了生态环境的退化对发展带来的影响，以及国家之间在生态学方面互相
依赖的重要性。就对传统发展方式的反思和否定而言，报告明确提出要变革人类沿袭已久的生
产方式和生活方式；就规范的可持续发展模式的理性设计而言，报告提出，工业应当是高产低
耗，能源应当被清洁利用，粮食需要保障长期供给，人口与资源应当保持相对平衡。

《我们共同的未来》对当前人类在经济发展和保护环境方面存在的问题进行了全面和系统
的评价，对人类发展史进行了深刻的反思。它提出的"可持续发展"理论得到了全世界不同
经济水平和不同文化背景国家的普遍认同，并为1992年联合国环境与发展大会通过的《21世
纪议程》奠定了理论基础。

对于"可持续发展"观念，目前也有人提出了不同的看法，认为单纯提"可持续发展"
是不全面的。这种观点认为，"可持续发展"是一种初级发展战略或基础战略，从本质上讲

"是一种调控战略，是力图保持工业文明的可持续"发展，而不是开拓一种新文明。同性质的文明形态只能面对同样的环境因素，开拓新文明的发展道路应是一种"转移式发展战略"。这种观点认为，在人类发展史上，曾经历过刀耕火种、毁林开荒的农业文明时代，正因为有了人们对这种被称为"黄色文明"的农业时代的放弃，才使工业文明得以诞生和成长。然而，工业革命虽然使人们的生活发生了质的变化，但却给生态环境带来了毁灭性的灾难。同样可以推断，被称为"黑色文明"的工业文明，其直线"持续"发展，是不会到达未来的新文明的。寻求新文明的战略不应是旧文明的简单延续和推移，而应是对现有生活方式、生产方式的放弃，是在现有文明的"间断"中寻求更高级的文明，是一种文明革命，是向与自然和谐共处的"绿色文明"的质的转变。

可持续发展是 20 世纪 80 年代提出的一个新概念。1987 年世界环境与发展委员会在《我们共同的未来》报告中第一次阐述了可持续发展的概念，得到了国际社会的广泛共识。可持续发展是指既满足现代人的需求又不损害后代人满足需求的能力。换句话说，就是指经济、社会、资源和环境保护协调发展，它们是一个密不可分的系统，既要达到发展经济的目的，又要保护好人类赖以生存的大气、淡水、海洋、土地和森林等自然资源和环境，使子孙后代能够永续发展和安居乐业。可持续发展与环境保护既有联系，又不等同。环境保护是可持续发展的重要方面。可持续发展的核心是发展，但要求在严格控制人口、提高人口素质和保护环境、资源永续利用的前提下进行经济和社会的发展。我国将在经济发展、社会发展、资源保护、生态保护、环境保护、能力建设六大领域推进可持续发展。

"可持续发展"一词是在 1980 年的《世界自然保护大纲》中首次作为术语提出的。在此期间还提出了"可持续性"和"持续发展"等概念，"可持续性"是指社会系统、生态系统或任何其他不断发展中的系统继续正常运转到无限将来而不会由于耗尽关键资源而被迫衰弱的一种能力。其含义具有长时间内保护和养育的意思，常用来评价人类活动对自然环境和资源的影响，而"持续发展"意为连续若干年的发展，强调首先消除贫困，实现持续发展，而"可持续发展"概念应该是"可持续性"和"持续发展"的结合，既要考虑发展也要考虑环境、资源、社会等各方面保持一定水平。

可持续发展的概念，可归纳为："建立极少产生废料和污染物的工艺或技术系统，在加强环境系统的生产和更新能力以使环境资源不致减少的前提下，实现持续的经济发展和提高生活质量。"或者说，可持续发展是"人类在相当长一段时间内，在不破坏资源和环境承载能力的条件下，使自然－经济－社会的复合系统得到协调发展"。

关于可持续发展基础理论问题，北京大学叶文虎认为，可持续发展基础理论应包括以下内容：

（1）环境承载力论。环境对人类活动的支持能力有一个限度，人类活动如果超越这一限度，就会造成种种环境问题。环境承载力可以作为衡量人类社会经济活动与环境协调程度的判据之一。

（2）环境价值论。环境是有价值的，环境之所以能直接或间接地满足人类社会生存发展的需求，首先是因为它具有响应需求的价值属性。

（3）协同发展论（或环境场论）。其是指发展与环境的"调适"和"匹配"，借用物理学中"场"的概念，如果我们认为人类社会的发展行为构成了一个"发展行为场"，环境的状态构成了一个"环境状态场"，那么环境与发展之间的相互联系又相互独立，相互支持又相互制约，相互作用又共同变化的关系就可以用"发展行为场"和"环境状态场"之间的关系来表现。

人是发展的主体，是发展的规划者和决策者，同时又是发展的参与者和实践者。发展问题的实质是人的发展。发展必须以人为中心，人是一切发展的最终目标，其他发展都为人的发展创造条件与机会。发展的最高目标就在于满足人们的基本需要，改善"人的境遇"，解决人的生存和发展问题。

二、可持续发展概念涉及的内容

可持续发展的主要内容涉及可持续发展资源、可持续经济、可持续生态等几方面。

（一）人与资源的可持续发展

自然资源是国民经济与社会发展的重要物质基础。随着科技发展、人口增长、生产力水平提高和工业化，人类对自然资源的消耗成倍增长，这种无节制的消耗使得自然资源出现危机，再加上资源的不合理开发利用，导致了日益严重的生态环境恶化，于是便形成了人类对资源日益增长的需求和自然资源供给相对有限的矛盾，并且这对矛盾贯穿了人类社会发展的全过程，从而对人类的生存和发展构成了现实的威胁。面对严酷的现实和严峻的未来，人们重新审视过去，摒弃旧的发展模式和思维方式，从资源持续利用和资源代际间配置的角度提出了确保人与资源可持续发展的观念，建立新的资源科学理论与资源价值观和伦理观，以及许多维护资源持续利用的措施和方法，确保人类的生存与发展，早日解决人与资源之间的矛盾。如开发新兴能源和资源，推进绿色革命，发展生态农业，确立可持续的资源发展目标等等。

（二）人与经济的可持续发展

我们知道，生产、流通、分配、消费是经济过程的四个环节，在这四个环节过程中的主体是人，人是社会存在和社会活动的前提和主导力量，没有人就没有社会活动，也就不存在经济活动过程的四个环节，就不能有社会关系，也就不可能有人类社会。因为人是生产力中最为活跃的因素。作为社会主体的人，是社会生产力构成的能动要素和生产关系的体现者，因此人的数量、质量、素质和结构在经济发展、经济增长和转型过程中都具有重要的作用和地位，所以说，我们在实行可持续发展时绝不能忽视人与经济的关系。然而，目前经济发展是以市场经济为导向的。在一些发展中国家，其生产力发展水平尚不发达的情况下，如果用以市场经济为手段促进生产力的发展，就会出现社会发展的"合规律性"同社会发展和人的全面发展的"合目的性"不一致的现象。这时，经济因素对精神文明、社会进步和人自身的发展具有很大的制约性，使物质生产力发展处于矛盾的主导方面，这虽然是社会整体发展要求的，但因为社会发展的理想状态应当是追求全面的发展，在运用市场力量促进生产力发展的同时，也要兼顾到包括精神文明、社会文明以及生活方式在内的社会全面发展和人的全面发展，既要考虑物的发展，也要兼顾人的发展。因此，在人与经济的可持续发展进程中，我们应当改变"市场导向"为"人的可持续全面发展导向"，或者将"市场导向"置于"人的可持续全面发展导向"之下。这是我们处理人与经济的可持续发展的一个方面。另一个方面，可持续发展思想的形成，与人们对经济发展问题的认识有着密切的关系。正是由于人们对经济发展问题的反思和检讨，认识到传统发展的局限性，才能使人类的发展发生了变革，产生了我们目前所说的可持续发展观。因为传统发展观是以经济增长为目标，过度消耗自然资源并破坏了生态平衡，加剧了许多发展中国家的贫困与落后，是一种不可持续发展模式，不仅不利于社会发展，而且会逐渐阻碍社会经济的发展。

（三）人与生态的可持续发展

关于生态伦理，西方伦理称之为"环境伦理"，是关于人与自然的道德问题。美国哲学家罗尔斯顿在《存在生态伦理学吗》一文中指出，生态伦理是一种新的伦理学说，它以生态科学的环境整体主义为基点，依据人与自然相互作用的整体性，要求人类的行为既要有益于人类的生存，又要有益于生态平衡。马克思指出："自然界，就其本身不是人的身体而言，是人的无机的身体，人靠自然界生活"，"人是自然界的一部分"：（1）"地球的表面，气候、植物界以及人类本身都不断地变化，而且这一切都是由于人的活动"，"只有人才给自然界打上自己的印记"。（2）马克思对于人与自然关系的论述，既指出了人有别于自然的主观能动性，又肯定了自然的客观制约性。既克服了只承认人的目的价值，认为其他物种若有价值也只是工具价值的人类中心主义论，又克服了认为物种、生物个体都有其内在价值的生态中心主义这两种价值观各执一词的偏见，这为建构一种超越人类中心主义与生态中心主义之争，立足于人与自然协同进化的生态伦理提供了哲学依据。

虽然马克思、恩格斯所处时代的生态环境问题并不是十分突出，但他们高度重视人与自然的关系，它们一方面讲人与自然的对立性，另一方面也讲人与自然的和谐统一性。恩格斯说："自然界中死的物体的相互作用包含着和谐和冲突；活的物体的相互作用则既包含着有意识的和无意识的合作，也包括着有意识和无意识的斗争。因此，在自然界中决不允许标榜片面的'斗争'。"马克思说："社会化的人联合起来的生产者，将合理调节他们和自然之间的物质变换，把它置于它们的共同控制之下，而不能让它作为盲目的力量来统治自己。"由此可见，建立人-社会-自然的协调发展系统，是人类从必然王国走向自由王国的重要任务，是人类可持续发展的前提条件。

对可持续发展问题的研究，本身就反映出人对人类命运及自身使命的反躬自省和高度自觉。这种研究透过人类社会的发展状况来审视和关注人的发展及其生存境遇问题，又从当代人的发展状态及其生存境遇出发去探究人类未来的历史延续及其社会化的文明进化方式等问题，并将人类发展和文明进化的历史责任及主体使命落实在当代人身上，希望通过人尤其是当代人的努力，去达成一种新型的人与自然和谐统一的关系，由此建立可持续发展的模式，以实现人的可持续发展。显然，这里所讲的人的可持续发展，既是指几千年来人用以实现自身发展的社会方式历史性的可持续演进，也是指由这种演进着的社会方式所承载的人类文明人性地可持续进化。可见，建立人及人类社会可持续发展的模式，也就确立了一种与可持续发展的基本要求相一致的人类文明进化方式。

不过，这种由人的可持续发展而建立起来的人类文明进化方式的根本特征应当是人的知识的增长和积累。人的知识是人类文明的宝贵财富，在以往任何一个历史发展阶段中，它的增长推动了人类文明的不断进化。而在当代，这种积淀在以往人的文明里且通过人类文明的不断进化积累起来的人的知识又以空前的规模和速度积累着，以至于当代人越来越倚仗这种知识以及它所显示的人类智慧与力量而将它当作人类发展的可靠凭据。增长着的知识日益成为一种生生不息的智力资源，被投放或融合进社会经济的运作中，由此产生一种新的经济类型或模式即知识经济模式，这说明知识的增长已成为社会经济发展乃至人类文明进化的最深厚的底蕴和基础之一。所有这些都与可持续发展模式的发展观及其基本要求相吻合。可持续发展模式不能依靠人对自然资源的无限占有来获得自身的发展，只能依靠人的本质力量去不断地适应自然、改造自然和利用自然，从而使人类得到可持续发展的自然资源。因此，它从根本上需要一种既作为人的本质力量，又体现自身人类文明价值的智力资源即知识去不断地融合与开发自然资源，不断地丰富和支持社会经济的发展，不断地创造和建设更加灿烂多姿的人类文明。因此，可持续发展模式与知识经济在本质上是一致的，知识增长体现出可持续发展模式及其人类文明进化方式共同的根本性特征。

要想让可持续发展的思想得到健全和发展，这就要求人类在发展中讲究经济效率，关注生态和谐和追求社会公平，最终达到人的全面发展。

第三节　可持续发展的内涵

一、可持续发展的公平性（Fairness）内涵

"人类需求和欲望的满足是发展的主要目标"。然而，在人类需求方面存在很多不公平因素。可持续发展的公平的含义是：

（1）本代人的公平，也称代内公平。它指当代人都应该具有同等发展权，尤其是发展中国家与发达国家之间的公平。代内公平又包括两个层次的含义，即同等发展权和公平分配权。可持续发展要满足全体人民的基本需求和给全体人民机会以满足他们要求较好生活的愿望。要给世界以公平的分配和公平的发展权，要把消除贫困作为可持续发展进程特别优先的问题来考虑；可持续发展是要满足全人类的基本要求和欲望，这就必须保证当代人都应该具有同等发展权，在当代发展中应共同分享物质财富和社会进步所带来的好处。但事实并非如此，不仅日益增加的物质财富仅为少数国家、少数阶层和集团所占有，大多数国家和大多数民众所得极少，甚至成为经济增长的牺牲品，而且少数国家、少数阶层和集团还对多数国家的发展设置重重障碍，一场没有硝烟的战争——经济掠夺，无时无刻不在进行着，致使一部分人富起来，而占世界1/5的人口处于贫困状态。处于贫困状态的发展中国家由于资金匮乏，很难实施对环境和资源的保护，正如莱斯特·布朗（Lester Brown）和他的同事在世界银行的一份工作报告中所阐述："由于资源匮乏，发展中国家几乎不可能在森林保护、水土保持、改进灌溉系统、提高能源效率的技术和控制污染装置等方面提供足够的投资。更为严重的是，不断增长的债务使这些国家不得不出卖自然资源，因为这往往是这些国家的唯一外汇来源。就像一名消费者为了支付信用卡上的账单，只能把传家宝作抵押一样。"这份报告对目前一部分国家的资源状况作了很透彻的分析，反映了目前国家与国家之间的差距。

（2）代际间的公平。这一代不要为自己的发展与需求而损害人类世世代代满足需求的条件——自然资源与环境，要给世世代代以公平利用自然资源的权利；地球资源是有限的，当代人对资源的利用必须为子孙后代考虑，当代人在满足自己的需求时，不能以牺牲子孙后代的利益为代价，必须为子孙后代保留满足其生存发展所需求的足够资源及最佳环境条件，使子孙后代与当代人一样，享有对资源和环境利用的公平性，自然资源和环境掌握在当代人手中，当代人对资源和环境的利用具有绝对主动权，所以，只有当代人树立起正确的世代伦理观，才能保证代际公平，人类的发展才能健康、持续，一代好于一代。所以代际公平也向人类文明提出了更高的要求。

（3）公平分配有限资源。目前的现实是，占全球人口26%的发达国家，消耗的能源、钢铁和纸张等均占全球的80%。高能耗国家的富人所消耗的商业性能源是低能耗国家的穷人消费者的18倍。美国人均每年消耗大约1吨谷物，非洲人吃的是这个数量的1/8。每个德国人在别的国家有同在自己国家一样多的土地供他支配，为他生产粮食。木薯从泰国输入，玉米从美国输入，花生从饥饿流行的尼日尔输入——而这些粮食大部分是用于养猪场和养鸡场作为饲料。

二、可持续发展的持续性（Sustainability）内涵

布伦特兰夫人在论述可持续发展"需求"内涵的同时，还论述了可持续发展的"限制"

因素。"可持续发展不应损害支持地球生命的自然系统：大气、水、土壤、生物……"持续性原则的核心是人类的经济和社会发展不能超越资源与环境的承载能力。

三、可持续发展的共同性（Common）内涵

可持续发展作为全球发展的总目标，所体现的公平性和持续性原则是共同的。并且，实现这一总目标，必须采取全球共同的联合行动。布伦特兰夫人在《我们共同的未来》的前言中写道："今天我们最紧迫的任务也许是要说服各国认识回到多边主义的必要性"，"进一步发展共同的认识和共同的责任感，这是这个分裂的世界十分需要的"。

四、可持续发展内涵的特征

可持续发展内涵的特征为：

（1）可持续发展鼓励经济增长，因为它体现国家实力和社会财富。可持续发展不仅重视增长数量，更追求改善质量，提高效益，节约能源，减少废物，改变传统的生产和消费模式，实施清洁生产和文明消费。

（2）可持续发展要以保护自然为基础，与资源和环境的承载能力相协调。因此，发展的同时必须保护环境，包括控制环境污染，改善环境质量，保护生命支持系统，保护生物多样性，保持地球生态的完整性，保证以持续的方式使用可再生资源，使人类的发展保持在地球承载能力之内。

（3）可持续发展要以改善和提高生活质量为目的，与社会进步相适应。可持续发展的内涵均应包括改善人类生活质量，提高人类健康水平，并创造一个保障人们享有平等、自由、教育、人权和免受暴力的社会环境。可持续可总结为三个特征：生态持续、经济持续和社会持续，它们之间互相关联而不能分割。孤立追求经济持续必然导致经济崩溃；孤立追求生态持续不能遏止全球环境的衰退。生态持续是基础，经济持续是条件，社会持续是目的。人类共同追求的应该是自然-经济-社会复合系统的持续、稳定、健康发展。

第四节　可持续发展的特点

人类社会进入了 21 世纪，我们面临的许多重大问题需要共同研讨，增加共识。可持续发展，就是关乎人类未来前途、需要引起世界各国高度关注的全球性的大事。

与以往的发展观念相比较，可持续发展实现了三大根本性的转变：

（1）在人的社会生活方面，实现了由注重数量向注重质量的转变。由于生产力水平低下，以往的发展观念仅仅把目光盯在"吃得饱"上，无暇顾及"吃得好"也就是生活的质量上来。而在温饱问题基本得到解决之后，生活的质量、人的发展和享受问题被提到议程，可持续发展观念开始注重人的生活质量问题。

（2）在社会发展战略上，实现了由侧重发展内容到侧重发展能力的转变。传统发展观念仅仅注重业已取得的经济成果，为此，往往搞短期行为，急功近利，甚至不惜"杀鸡取卵"，至于这种经济成果的取得对以后发展潜力的影响则很少顾及。可持续发展观念则把现在同未来有机地统一起来加以考虑，既看到眼前利益，又顾及长远利益；既注重经济成果的取得，又着眼于社会发展的未来的可持续性，从而可维持发展的无限潜力。

（3）在社会发展方法上由单因素转向格式塔转换。传统的发展观念往往只注重经济，甚至把整个社会都归结为经济这一单一要素，认为只要经济发展了，一切社会问题都可以迎刃而

解。可持续发展观则把整个社会理解为一个有机网络系统，认为社会发展只能表现为社会系统的格式塔转换。这要求社会变革必须实现综合配套，以实现整个社会的协同发展。

从各国推行可持续发展战略的实际情况来看，处于不同地区、不同发展水平和不同发展阶段的国家，其贯彻可持续发展的侧重点和追求的目标是不一样的。发达国家贯彻可持续发展的目标在于加强环境保护和提高经济增长的质量，并通过强调气候变化等全球环境问题，企图保持既得利益，扼制发展中国家的发展，尝试进一步掠夺发展中国家的自然资源。而发展中国家所追求的目标则主要是发展经济和消除贫困，解决人口、健康、教育、安全等社会问题，在发展中提高保护环境与生态的能力。

在推动全球可持续发展的进程中，发达国家与发展中国家之间存在着难以解决的矛盾，这些矛盾在1997年纽约联合国可持续发展特别会议上得到了集中的表现：

（1）对于发达国家，大多数不肯履行在1992年环境与发展大会上关于资金援助的承诺，即拿出0.7%的GDP作为海外援助基金（ODA）来支持发展中国家尽快摆脱贫困。只有北欧如挪威等少数国家做到了这一点。实际上，发达国家近年来的ODA只占0.25%左右，比1992年的0.33%左右还有所下降。在技术转让上，发达国家也没有提供应该提供的优惠条件，致使发展中国家在资金短缺的前提下，难以得到足够的环境无害化技术。

（2）对于发展中国家，相当一部分既无经济实力又无技术能力来解决本国的环境问题。当今世界，南北两极分化日趋严重。1990年，以占世界人口5%计算的北方首富和南方赤贫的人均收入差距已高达60倍。据世界银行统计，截至1994年底，发展中国家的总债务已达1.95万亿美元。面对这种现实，发展中国家呼吁，应尽快建立各国公平、合理、互惠、没有歧视的国际经济环境，使各国有机会平等地参与发展。诚然，不根本改变这种局面，全球可持续发展的落实就会大大受到影响。这也意味着，全球可持续发展的实现是个长期的过程。

可持续发展关系到全人类的共同命运，中国将和世界各国共同努力，让人类社会能够在新世纪到来以后，加快实现人与自然相和谐、经济与社会相和谐，共同造福当代社会和我们的子孙后代。

谈到中国的可持续发展情况，首先要看到中国的国情。

中国是一个拥有全世界四分之一人口的发展中国家，生态环境脆弱，人均资源不足，在交通闭塞、生存条件差的地方，有些农村还没有完全摆脱贫困的状态，发展与环境的矛盾十分尖锐。从20世纪70年代后期开始，我们通过总结经验教训，把计划生育和环境保护作为两项基本国策，从妥善处理人口和环境的根本关系上，来协调社会与经济的共同发展。

1992年里约环境与发展大会以后，中国政府率先制定了《中国21世纪议程》，将可持续发展战略确定为现代化建设必须始终遵循的重大战略。在保持经济持续、快速和健康发展的过程中，可持续发展的理念越来越为社会各界所接受。

1996年3月，《中华人民共和国国民经济和社会发展"九五"计划和2010年远景目标纲要》，把可持续发展作为一项战略目标和重要的指导方针，指导国家的发展规划。我们还先后修订和制定了一系列有关环境、资源方面的法律、法规。

党的十五届五中全会通过的《关于制定国民经济和社会发展第十个五年计划（2001—2005年）的建议》中，专门作为一章，提出了继续"加强人口和资源管理，重视生态建设和环境保护"，明确规定"实施可持续发展战略，是关系中华民族生存和发展的长远大计"。《建议》就继续严格控制人口数量，合理使用、节约和保护资源，加强生态建设，加大环境保护和治理力度等，制定了明确的政策和目标。

中国可持续发展呈现新的特点：

（1）人口再生产类型实现了历史性转变。我国自 20 世纪 70 年代开始实行计划生育基本国策以来，人口出生率和自然增长率逐年下降。这标志着我国人口再生产类型实现了从高出生、低死亡、高增长转到低出生、低死亡、低增长的历史性转变。在控制人口数量的同时，人口素质有所提高。全国基本实现普及九年义务教育和基本扫除青壮年文盲的目标。中等教育有了进一步的发展，高等教育的规模显著扩大，2004 年高等学校招收的学生已达到 300 万人。

（2）资源保护、开发和节约有了积极转变。政府实行严格的资源管理制度，制止乱占耕地，实行节约用水和水价改革，治理整顿矿业开采。重新修订的《海洋环境保护法》，对重点海域实施总量控制制度，对主要污染源排放数量实施配额制。1996 年国家制定了对废弃物实现资源化的鼓励政策，提出了"资源开发与节约并举，把节约放在首位"的指导方针，资源综合利用的水平有了明显的提高。

（3）生态建设、环境污染治理和灾害防御进入了新的阶段。国家先后实施了东北、华北、西北地区的防护林、长江中上游防护林、沿海防护林，以及天然林保护等一系列林业生态工程。全国建立了 2000 多个生态农业试验区，建立各类自然保护区近 1000 处。与此同时，环境保护力度加大，正在实行污染源排放单位排污总量配额制，城市环境质量和污水排放情况都有改善。国家确定的重点流域、重点地区污染治理，也取得了阶段性的成果，关闭了一批能耗高、污染重、破坏资源的企业和项目。

纵观可持续发展呈现的特点，我们清楚地认识到开展可持续发展的工作已经迫在眉睫，为实现可持续发展，当务之急是必须处理好以下四个方面的关系：

（1）生存与发展的关系。地球上的人类，首先要生存，然后才是发展，发展是为了更好地生存。以破坏生存条件为前提的发展，是严重的短期行为，只能削弱人类的生存基础。从这个意义上理解，可持续发展是人类生存与发展的根本问题。

（2）现实与未来的关系。现实的所有变化，必将影响未来的发展。当代人能为后代人留下什么样的基础，是当代人的崇高责任，是我们必须严肃对待的重大问题。现实的发展，应该为未来的发展提供更具发展潜力和空间的基础。当代人不能一味地坚持利己主义。

（3）机会与公平的关系。在当今不合理的国际政治经济秩序下，全球贫困人口有增无减，贫富差距、南北差距越来越大。国际竞争日益激烈，发展的机会稍纵即逝，发展中国家理所当然地要选择加快发展的道路。国际社会，特别是发达国家，应当为发展中国家提供帮助，为他们创造更好的发展条件，共同推进可持续发展。从这种意义上理解，可持续发展是现实的国际政治关系问题。

（4）资源环境保护与经济社会发展的关系。可持续发展绝不仅仅涉及人口、资源和环境三个要素，更关系到三个要素背景下的经济社会问题。社会经济发展战略的制度建设、资金安排和各项改革措施，都应该从可持续发展的原则出发，进行统筹规划和协调安排。只有经济社会的每个要素都贯彻可持续的原则，才能真正实现人类的可持续发展。从这个意义上理解，可持续发展是关系到每个国家和整个国际社会的系统工程问题。

我们必须充分认识到，实现可持续发展的长期性和艰巨性，需要坚持不懈地努力工作。可通过采取四点政策措施实现可持续发展：

（1）继续严格控制人口数量，提高全民人口素质。进一步把农村计划生育工作与农业经济、改善农民生活结合起来，促进农村精神文明建设。大力发展教育和科学普及事业，提高全民族的科学文化素质和创新能力。建立适应老龄化发展趋势的养老保障体系。

（2）合理使用、节约和保护资源，提高资源利用率。建立健全资源有偿使用制度，确保资源的合理开发和有偿利用。严格执行农田保护制度，切实保护耕地。加强流域立法，强化水资源的开发、利用和保护的统一规划与管理，协调生活、生产和生态用水，完善水资源有偿使用制度。在实施西部大开发的战略计划中，要特别注重水资源对西部经济社会发展和生态建设的关键性作用。加强草原建设，遏制草原退化和荒漠化。

（3）加大环境保护和治理污染的工作力度，强化城市环境质量的综合治理，使大中城市的环境质量得到明显改善。控制和治理工业污染，加快推行清洁生产技术，调整煤炭结构，发展洁净煤技术，提高优质煤和清洁煤的比重，加快石油天然气的勘探开发与利用，依法关闭产品低劣、浪费资源、污染严重，不具备安全生产的煤矿。继续抓好重点流域、区域、海域的污染治理。大力发展环保产业，加强环境保护关键技术和工艺设备的研究开发。加强环境、地震、气象监测体系。

（4）进一步明确政府职能，加强部门之间的合作，提高政府政策的一致性、协调性和可预见性。不断提高决策过程中的公众参与程度，促进决策的民主化、科学化。加强环保队伍建设，努力提高社会基层的环境工作的质量，从严执法，强化监督，切实保障各级政府正常行使管理职能。继续开展全民可持续发展教育，提高全民的文化科学水平和可持续发展意识。同时，政府和企业要向公众提供完备、翔实的环境信息，提高公众的参与能力。

人类如何更好地生存与发展，是各国政府和人民面临的重大课题，中国将与国际社会一道，在21世纪，努力开拓可持续发展的新局面。

第五节　可持续发展面临的问题

2002年8月26日～9月4日关于可持续发展的世界首脑会议在南非约翰内斯堡再次举行。会议讨论了如何使环境保护与发展并行不悖的问题，发展中国家的发展问题成为最重要的议题之一。因为老牌发达国家早年依靠对外掠夺和殖民性移民已为自己赢得了一个相对宽松的发展环境，对它们来说，今天面临的只是一个发展方式的转型问题；而对广大发展中国家来说，首先需要解决的是一个生存问题，其次便是在一个有限的生存空间如何克服人口爆炸、资源耗竭、环境恶化这三大难题谋求可持续发展的问题。由于历史的原因，也是鉴于发达国家至今仍是环境污染的最大源头，发达国家理应对全球环境改善和缓解发展中国家的贫困承担更大的责任；发展中国家也需要增强全球管理意识，转变发展战略，实现人口与经济的可持续发展。中国是最大的发展中国家，中国在这方面的举动对"全球管理"具有举足轻重的意义。然而，理论落后于实践的现实，也许会严重制约包括中国在内的各国在采取可持续发展战略上的协调行动，理论上的反思和转型是总结以往经验教训、准确把握各国在人口与经济可持续发展方面所面临的诸多问题的重要前提。

这里有必要先澄清生存与发展、经济增长与经济发展这样几个概念问题。生存是人类一种最基本的需求，只有在这样的需求得到了满足之后才谈得上发展。亦即"当基本需要有了改善，经济进步使得国家以及这个国家中的个人有了较强的自尊意识，物质进步扩大了个人的选择范围，这时才是有了发展"。瑟尔瓦尔在《增长与发展》一文中作这一阐释时借用了古莱特（Goulet）的发展概念，但是在古莱特那里，生存（Life-sustenance）与自尊（Self-esteem）、自由（Freedom）一起构成了发展（Development）的三种基本要素或核心价值，也就是说生存不是与发展并列的概念，而是一个从属于发展的子概念。同样道理，经济增长与经济发展也是同生存与发展类似的两个概念，如果以某一时点为基点的经济增长并没有导致人均福利水平的提高，那么就可以说是只有增长而没有发展。比如一块10千克重的蛋糕10个人分，1个人可得1千克，后来蛋糕做大到了20千克重但却是20个人来分，1个人还是只能分得1千克，虽然总量扩大了 1 倍但人均占有量并没有增长。这个例子还启发我们，谈论发展不能不考虑人口规模。而且人口的作用是长期的，它还会通过其结构和质量的变动对经济发展构成深远的影响，对于这些影响现代经济学特别是人口经济学已经作了全面的研究。

在马尔萨斯之前，主流的观点一直将发展与人口的增长相联系，以为人口数量的增长意味着劳动力丰富、生产的物质财富和上缴国家的税收增多，从而国富兵强。工业革命发生后，随着机器大工业的推广和物质资本地位的上升，人口作为劳动力的作用相对下降，而作为消费者的作用开始浮现出来。于是物质资料的增长能否满足人口增长带来的消费需求就成了理论界关注的重点。应运而生的马尔萨斯主义对此给出了悲观的看法，并把饥饿、失业等社会矛盾的尖锐化归因于人口的增长。这一观点虽受到了马克思主义者的批判，但第二次世界大战结束后又被其继承者作了重新论证，仍然错误地用于说明战争的根源和发展中国家的不发达现象。不过由福格特（William Vogt）、汤普森（W. S. Thompson）、赫茨勒（J. H. Hertzler）和埃利奇（P. R. Ehrlich）等新马尔萨斯主义者提出的"人口压力"（Population pressure）说和"人口爆炸"（Population explosion）说也为科学的"适度人口"（Optimum population）论补充了新的营养，不仅如此，他们还将视野延伸到了人口增长对自然资源的影响。此后当人们认识到已经完成了人口转变的发达国家同样面临资源和环境问题时，争论的焦点由人口增长转向了经济增长本身。20 世纪 70 年代初曾经兴起了一场关于要不要经济增长的大辩论，以同为美国麻省理工学院管理学教授的福雷斯特（Jay W. Forrester）和梅多斯（D. H. Meadows）及其他罗马俱乐部成员为代表的一方提出了增长极限论，认为如果维持现有的人口增长率和资源耗费率不变的话，由于粮食短缺、资源耗竭、环境污染加重，世界人口和工业生产能力将可能发生非常突然和无法控制的崩溃。他们提出的药方是通过实现人口和工业投资的零增长来达到"全球性的均衡"。以美国伊利诺里大学经济学和工商管理学教授西蒙（J. L. Simon）和美国赫德森研究所所长康恩（H. Kahn）及该所其他研究人员为代表的一方对增长极限论提出针锋相对的反驳，认为从长期来看，随着经济和技术的发展，可供人类使用的能源和资源会越来越多，食物的增长也总是超过人口的增长，经济增长不仅是必要的，而且具有无限的空间。这场争论的最大收获便是激起了人们对传统增长方式的反思和对新的增长方式的探索，从而突破了以往将增长与资源环境对立起来的认识。

早在 1972 年联合国就在瑞典首都斯德哥尔摩组织召开了人类环境会议，会议通过的宣言强调人既是环境的产物，又是环境的塑造者，人类在计划行动时必须审视造成的环境影响，提出"合乎环境要求的发展"、"无破坏的发展"、"连续的和可持续的发展"等概念。80 年代后可持续发展的概念逐步流行开来，1981 年世界自然保护联盟将将这一概念的含义明确表述为"改进人类的生活质量，同时不要超过支持发展的生态系统的负荷能力"。将资源承载力和生态系统负荷能力纳入到发展的概念中来，意味着发展从一个代内的问题扩展到了代际的问题。1987 年由挪威前首相布伦特兰夫人（G. H. Brundland）主持的联合国世界环境与发展委员会在《我们共同的未来》报告中，从发展的公平性、持续性、共同性"三原则"出发，对可持续发展作出带有定义性的解释：既满足当代人的需求，又不对后代人满足其需求的能力构成危害。这一解释得到广泛认同，对后来的发展产生了很大影响。终于，到 1992 年有 183 个国家和地区代表参加的联合国环境与发展大会在巴西的里约热内卢召开，会议通过的《里约热内卢环境与发展宣言》、《21 世纪议程》、《联合国气候变化框架公约》、《生物多样性公约》、《关于森林问题的原则声明》等重要文件，否定了工业革命以来高投入、高生产、高消费、高污染的传统发展模式，使可持续发展战略以与会者宣言的形式确定下来。两年后在埃及首都开罗召开的国际人口与发展会议通过的《关于国际人口与发展的行动纲领》强调了人口因素在可持续发展中的地位和作用，提出"可持续发展问题的中心是人"的观点，对《里约宣言》和《21世纪议程》作了重要的补正。

综上所述，可持续发展的思想是在人们对人口与经济、资源和环境关系的认识不断深化的基础上逐步形成的，最后的落脚点还是回到了人本身，因为发展的主体是人，发展的目的是为了不断改进人类的生活质量。正如联合国开发计划署（UNDP）在宣传《我们共同的未来》主旨的报告中指出的那样，如今发展面临政策、市场和来自自然科学的三大危机，故而必须重新定义发展的内涵，亦即要通过社会资本的有效组织，扩展人类的选择机会和能力，以期尽可能平等地满足当代人的需要，同时不损害后代人的需要。学者们强调的维持或提高地球生命支持系统的完整性，其目的也正是为了在能够保证当代人的福利增加时也不会使后代人的福利减少。并且，在经济体系和生命系统的动态作用下，人类生命可以无限延续，人类个体可以充分发展，人类文化得以传承繁荣。概括起来说就是：就可持续的发展观而言，一部分人的生存和发展不能以另一部分人的无法生存和发展为代价，这一代人的生存和发展不能以后代人的无法生存和发展为代价，以及人类的生存和发展不能以非人类的无法生存和发展为代价，因此生存和发展的普遍性和可持续性一同构成了新的发展观的重要内容。

自 1992 年联合国环境与发展大会以来，可持续发展的精神及其已经明确了的相关原则已成为各国相约遵守的行动纲领和发展战略。2002 年在约翰内斯堡召开的地球峰会汇总和充实了各国自主实施的计划内容，将进一步增进各国和国际组织以及非政府组织之间的合作。但是真正贯彻实施这一战略目前还面临两个难以逾越的障碍。

一个障碍是理论落后于实践，缺乏成熟的理论作指导。首先，虽然经济学家们循着庇古（A. C. Pigou）的思路对众多的外部性经济问题进行了深入的研究（在西奇威克和马歇尔的开创性研究之后，庇古提出了静态技术外部性的基本理论；科斯解释了最初权利怎样以各种途径分配；阿罗解释怎样通过创造附加市场使外部性内在化；斯塔雷特曾指出经济非凸性的有关问题；麦肯齐提出了关于存在一个具有外部经济效应的均衡的第一个理论；沙普利和舒贝克研究了具有外部性的核心），并正确地将这些问题的存在归因于市场机制的缺陷，然而迄今为止的各种解说和内在化思路并未从根本上动摇传统的微观经济学的理论基础；其次，像人口经济学、生态经济学、环境经济学这些新兴的经济学分支学科虽然分别从不同的角度揭示了可持续发展的部分原理，但尚未整合成一个利他主义或利己与利他相结合的理论体系来取代主流的利己主义经济学，因而指导经济建设的理论与可持续发展的实践存在着内在的冲突；再次，沿用至今的以 GDP 为核心的国民经济核算体系（SNA）并不反映环境成本和资源消耗，而联合国倡导的环境-经济综合核算体系（SEEA）尚未建立起来，这就使可持续发展的实践缺乏可操作的指标体系和评价方法。

另一个障碍是可持续发展所需要的全球范围内的协调行动比较困难。经济发展的外部性不仅存在于不同的微观的经济主体之间，而且存在于不同的地区和国家之间；不仅体现为当代人的环境污染，也体现为后代人将会面对的生态灾难。所以可持续发展本质上要求个体利益与集体利益、眼前利益与长远利益相结合，但经济活动的分散性和经济主体利益的独立性使得彼此间的合作机制难以确立，"搭便车"的行为难以避免。如何摆脱"囚徒困境"，需要一种利他与利己相结合的制度创新。目前在克服南北对立方面已经有了一些成功的尝试。由于先进工业国是大气污染物的主要排放者，过去 100 年中占世界人口 20% 的工业国制造了全球 60% 促使气候变暖的碳氧化合物，1990～1999 年仅美国排放的碳氧化合物就占了全球总量的 30%，以美国为首的发达国家理应在大气环境治理方面承担起主要责任，因此《联合国气候变化框架公约》和其后制定的《京都议定书》对发达国家和发展中国家的义务以及履行义务的程序作了不同的规定。2001 年 7 月的波恩会议上，尽管遭到了美国的抵制，与会各方还是达成妥协就落实《京都议定书》的具体措施形成了一项政治协议，从而使各国携手解决共同面临的环境问题有了一个良好的开端。

　　深刻理解外部性问题是理论界思考这方面制度创新的突破口。研究表明，对付外部性问题不能完全依靠市场，而是要让政府更多地承担起责任。以控制能源消费造成的温室气体排放为例。首先，政府应当改弦更张，取消对矿物燃料庞大而又隐蔽的补贴，那些先进的工业国应当率先将"炭税"引入本国的能源消费领域，并严格禁止将污染工业向发展中国家转移，短期内可考虑通过炭交易的方式加大对发展中国家的能源技术援助；其次，政府必须发出明确的信号，加大对清洁能源、可再生能源的研究、开发和利用的资金和政策支持，吸引民间投资，推动相关技术的产业化进程；政府要引入绿色国民生产总值的概念，制定并实施可持续发展战略，说服企业和民众"不能仅仅因为房子还未被烧毁，就说买保险纯属浪费"。要想使可持续发展战略变成各国企业和民众的自觉行动，就得使全球管理意识通过宣传和引导深入人心。

　　中国政府为推行可持续发展战略付出了不懈的努力。早在 1994 年中国政府就率先推出了《中国 21 世纪议程——中国 21 世纪人口、环境与发展白皮书》，共 20 章，可归纳为总体可持续发展、人口和社会可持续发展、经济可持续发展、资源合理利用、环境保护 5 个组成部分，70 多个行动方案领域。同年 7 月，来自 20 多个国家、13 个联合国机构、20 多个外国有影响企业的 170 多位代表在北京聚会，制定了"中国 21 世纪议程优先项目计划"，用实际行动推进可持续发展战略的实施。此后，中国又将《中国 21 世纪议程》的基本指导思想和内容纳入了国民经济和社会发展"九五"计划和 2010 年远景目标纲要，在 2001 年通过的"十五"计划中将实施可持续发展战略放在了更为突出的位置，这说明中国在实施可持续发展战略方面走在了世界的前列。但是，中国是世界第一人口大国，尚处在工业化加速发展阶段，与发达国家相比，今后在人口与经济的协调发展方面面临的困难更为艰巨，适应可持续发展的需要进行理论创新和制度创新具有更加突出的意义。

　　讨论人口与经济的可持续发展首先要回答这样两个问题：一个是现有的资源条件究竟能够维持多少人口的生存？一个是现有的资源条件究竟能够保障多少人口的发展？就第一个问题而言，重点需要说明的是人口增长与食物供应的平衡问题。研究表明：地球上的潜在可耕地已经非常有限，现有的耕地生态环境趋于恶化，水资源短缺的矛盾日渐突出，因而未来粮食生产的增速将会有所放慢，但是总体上看食物供应的增长仍会超过人口的增长；只要人口增长和耕地减少处于可控制的状态，只要确立起公平合理的农产品贸易机制，只要发展中国家保持政治稳定并且为农业生产提供一个良好的国内环境，那么由人口增长与谷物增长在地区上的不对称引致的局部人口的营养不良现象也能够得到有效的缓解。作为一个人口大国，中国的食物保障问题备受人们的关注。人多地少是我国的基本国情，目前我国是在用世界 7% 的耕地资源和水资源养活世界 21% 的人口，而从目前国内农产品市场的供求形势和未来可能的粮食进口量来判断，对我国的食物保障前景依然可以得出比较乐观的结论。不过粮食毕竟是关系国计民生的特殊商品和战略物资，立足国内实现粮食基本自给、确保食物安全，是我国必须长期坚持的战略方针。同时还要立足国内、国际两个市场，按照比较优势原则发展自己的农业。就第二个问题而言，尽管经济适度人口仍然是一个难以准确计量的抽象概念，但适度的人口规模一定是经济社会发展的理想境界。只是这种境界只能是社会选择的结果，而不是个人选择的结果。从中国推行计划生育政策的实践来看，发展中国家在经济尚不发达的条件下，同样能够有效地控制人口过快增长的势头，缓解人口增长给资源和环境带来的压力，并使现有的人口能够分享到越来越多的经济增长果实。但是，一方面，人口增长有很强的惯性，另一方面，在控制人口增长方面城市与乡村之间、地区与地区之间并不平衡，包括中国在内的发展中国家实现适度人口规模的理想境界还需要付出很长一段时期的努力。

传统观念认为"人多力量大"，以为人口多，劳动力数量就多，从而生产总量就会相应扩大。殊不知，只有与资本相匹配的劳动力资源才能形成实际的生产力，而资本不足恰恰是中国今后经济发展所面临的最大难题。对未来中国的劳动力供求形势进行的预测表明，中国就业岗位不足、劳动力供大于求的状况将长期存在，劳动生产率增长缓慢，显性的、隐性的失业人口数量巨大，而且由于经济体制的快速转型和人口总量的惯性增长，这一现象在若干年内会变得愈发严重起来。应对这种形势，政府一要建立一个完善的社会保障网，以使这些失业人口不致对社会的稳定构成威胁；二要确保国民经济继续保持较高的增长速度，创造更多的就业岗位以满足新增的就业需求。从趋势上看，未来可行的扩大和深化就业的途径大致有这样几个方面：

（1）大力发展第三产业，积极疏导非正规就业部门，拓展服务业就业领域；

（2）调整产业结构，推动民间投资，大力扶持和发展中小企业特别是劳动密集型企业；

（3）调整农业产业结构，发展和利用生物技术，尽可能地消化农村隐性失业人口；

（4）以加入世界贸易组织为契机，发挥劳动力资源丰富的优势，大力发展劳动密集型出口产业；

（5）开放劳动力市场，加快城市化进程，促进农村剩余劳动力转移；

（6）加强学校教育和从业人员的在职培训，建立职业介绍信息网络，强化公共就业服务。

以上途径多管齐下，可望将失业率控制在尽量低的水平。不过从国外的实践来看，失业率并不是越低越好，特别是忌讳通过减少就业市场的刚性来解决就业问题，因为由此实现的比较高的就业率可能会牺牲工作质量。有许多理由要求逐步改善职工的劳动标准，至少应通过大幅度提高失业人员和城镇贫困人口的补助金标准，来确保现有的已经显得过低的劳动者福利水平不致因越来越激烈的就业竞争而降低。

人口作为一种抽象的概念，是生产者和消费者的统一。不过作为生产者是有条件的，即必须具有劳动能力、劳动愿望、就业岗位并符合法定的劳动条件；但人口作为消费者是无条件的，人们的消费能力也是与生俱来的，任何社会形态下都必须生产满足可供全体居民需要的消费资料，都必须使消费资料生产同生产资料生产保持一定的比例。研究表明，人口众多意味着巨大的市场消费潜力，单是这一点就可以为中国的经济增长提供足够的动力，国内市场需求的扩大是发生世界性的经济衰退时中国能够一枝独秀的主要原因。但是中国居民的消费能力目前还受经济发展水平特别是居民收入水平的严重制约，过低的消费率使得在国内市场商品已经供大于求的情况下难以充分发挥消费对经济增长的拉动作用：一是收入增长长期滞后于经济增长；二是社会各阶层特别是城乡之间、地区之间居民收入差距拉大，居民收入基尼系数超出了国际警戒线；三是居民收支预期发生了变化，影响了收入在消费和储蓄间的分配；四是消费品价格持续下跌和加入世贸组织后预期的供给面的变化，助长了居民持币观望的倾向；五是消费环境欠佳，降低了居民的消费欲望或者限制了居民的消费；六是人口基数不断扩大，制约着人均收入水平和消费水平的提高。消费和投资是一对矛盾，投资率过高会缩小消费在总收入中的比例，不利于消费水平的提高。而且在消费品市场已经明显供大于求的条件下，盲目的投资扩张无疑会造成更多的产品过剩，进一步激化市场的供求矛盾，甚至导致企业出现大面积的亏损，经济陷入萧条局面。然而投资增长率过低又势必影响景气的回升、居民的就业和收入水平的提高，可能导致消费和投资陷入恶性循环之中。有鉴于此，政府应当提高投资效率，拉动民间投资，引导投资流向有需求前景的地方。在消费方面，要因应居民消费呈台阶式增长的客观规律，摒除消费限制，改善消费环境，引导消费预期，推动消费升级。要在稳步提高居民收入水平的同时，在分配上进行调节，缩小收入差距。我国三分之二左右的居民生活在农村，但受收入水平的制约，这部分居民的消费能力在社会总消费中占的比重尚不足四成，增加农民收入、开拓农村市场，对扩大有效需求意义重大。为此，一是要适应市场需求，加快调整农业生产结构；二是要继续大力发展乡镇企业，引导农民从非农产业获取收入；三是要加快农村城市化进程，推进农村剩余劳动力的转移；四是要切实减轻农民负担，通过适当的政策给予农业必要的扶持和保护。总之，作为一个人口众多的发展中国家，把经济增长的立足点长期放在扩大国内需求上，是我们应对全球化时代复杂多变的世界局势的最有效措施，而在买方市场条件下，扩大国内需求的重点在于以消费带动投资的增长。当然，至此为止我们讨论的消费还仅限于生活消费本身，这对讨论可持续发展问题来说是远远不够的，还应涉及与此相关的副产品、负效应，并且将话题由生活消费延伸到生产消费领域，因为生产领域在贡献了消费品的同时也消费了大量的能源、消耗着资源并带来了环境污染。着眼于人类的长远发展，从现在起就必须选择那些既有益于人类健康又不影响资源永续利用的生产方式和消费模式。

在一个社会中，消费者的数量总会超过生产者的数量，人口学将尚未进入或已经退出生产领域的那部分人口称作从属年龄人口。很显然，这部分人口的比重越大，社会负担水平越高，越是不利于经济的发展和国民福利水平的提高。由于人口增长率降低、死亡率下降、人口预期寿命延长，未来人口年龄结构变动的总的趋势是少儿人口比重降低、老年人口比重上升，以致社会抚养比的变动也主要体现为老年人口负担系数不断提高。中国在20世纪末就进入了老龄化社会，而且与发达国家相比，中国的人口老龄化的特点：一是速度快，从成年型结构到老年型结构的转变，西方发达国家大约用了50～100年的时间，而中国完成这一转变仅用了20年的时间；二是呈加速推进之势，2010年后老年人口增加的速度会越来越快；三是达到的水平高，1995～2050年人口年龄中位数中国比世界平均水平从高出2岁会扩大到高出近6岁；四是绝对量大，未来半个世纪中国将一直是世界上老龄人口数量最多的国家；五是城市快于乡村，东部快于西部。总之，中国正面临着一个高收入国家遇到的人口老龄化问题，而其所拥有的资金只及一个中等收入国家，如何配置好资源，创造性地建立起适合自身国情的养老保障体系将是一个巨大的难题。何况就连西方发达国家也都在为如何避免退休金制度陷于崩溃而大伤脑筋，为了摆脱财政困难，也是为了改善本国的国际竞争力，以欧洲为主的发达国家，包括拉美国家，20世纪80年代就掀起了一场全球性的养老金改革风潮，这些国家的经验和教训值得我们借鉴。目前中国正在建立社会统筹与个人账户相结合的养老保障模式，但是新体制的顺利推行还有待于政府切实解决转轨资金缺口问题，从而使个人账户名副其实。同时还需要开源节流相结合，真正做到低水平、广覆盖、可持续。"开源"就是要寻求新的筹资渠道不断充实社保基金，还需要以企业和私人养老金计划、家庭养老和老年人自养等多种养老方式作补充；"节流"就是要因应人口预期寿命的不断延长，适当提高职工退休年龄。

如果说中国的人口类型转变是用30多年走完了发达国家逾百年的历史的话，中国人口就业结构的转换却严重滞后于产业结构的变动，并表现为人口城乡结构较之产业结构和发展水平相近的国家落后了十几年至几十年之久。近年来的研究表明，按GDP水平衡量，中国的城市化水平在人均GDP水平较低时与国际标准模式基本处在同一水平，此后与国际标准模式的走势出现了一定的差距，但差距并不大；若按工业化水平衡量，中国的工业化水平和城市化水平同国际标准模式在工业化初期也是比较接近的，但是此后随着工业化速度的加快，城市化的走势与国际标准模式出现了较大的背离，即与工业化水平相对应的城市化水平同国际标准模式拉开了越来越大的差距。究其原因，首先是因为中国是在经济发展水平还很低的条件下迅速推进工业化的，工业比重的提高与人均收入水平的上升相分离；其次是因为中国全力推动以重工业为主导的工业化战略，第三产业不发达，而第二产业产值比重的上升并未带来该领域就业比重的同步提高；再次是计划经济体制下的户籍管理制度和城乡二元结构造成城乡劳动力市场的分割，限制了人口由农村向城市的流动。产业结构、就业结构、人口城乡结构之间，就业结构是个中介环节。就业结构随着产业结构发生变化，人口城乡分布就比较合理；就业结构不能随着产业结构的变动而变动，人口的城乡分布就会陷于一种失衡的状态。在中国，城市化滞后是以重工业为主导的工业化战略导致就业结构发生扭曲的必然结果，反过来，它也会通过以下途径作用于产业结构和就业结构，使这个发展中的社会由二元结构向一元结构转化异常困难，并直接影响到经济的可持续能力：一方面，第一产业会因冗员过多而劳动生产率得不到提高，进而农民受比较利益低下的制约收入增长困难，农村市场贡献的能力也会因此而降低，而且农村社区的生态环境还会在日益增大的人口压力的作用下不断恶化；另一方面，第三产业因缺乏载体而长期得不到发展，直接影响全社会的现代化水平和信息化水平。城市发展是社会进步的一个重要标志，在正常情况下，城市化水平的不断提高是经济发展特别是工业化推进的必然结果。但以往中国的工业化进程是以资金密集型的重工业为主导，因而工业化推动城市化的国际经验在中国并没有得到有力印证。改革开放以来中国的城市化进程明显加快，一方面是由于产业结构趋向合理，劳动密集型产业获得了迅速的发展；另一方面是由于已经进入工业化中期的城市化加速推进阶段，预计这一趋势会一直保持到21世纪中叶。目前一个有争议的话题是我国的城市化究竟是应该走以大城市为主导的路子，还是走以中小城市为主导的路子。力主以大城市为主导的观点强调城市的规模效益、集聚效应和我国人多地少的基本国情，相反的主张则强调城市化的成本和所谓"大城市病"。事实上城市规模的扩张很少是人为选择的结果，各种规模的城市都有其存在和发展的理由。从中国人多地少、城市化水平低、转移农村剩余人口的任务特别重的现实出发，有必要在积极发展大中城市的同时，合理规划小城镇，力争形成一个大中小城市和小城镇协调发展的完善的集约化的全国城镇体系。

城市化是改善人力资本的一条重要途径。我们即将进入知识经济时代，从人口与经济的关系上说，传统的农业经济和工业经济时代关注的重点是人口的数量和结构，知识经济时代关注的重点将转向人口的质量，可以说，未来一个国家的综合国力将取决于这个国家的劳动生产率和科技创新能力，而后者又完全是由该国的人力资本条件所决定的。中国虽然是世界第一人口大国，但中国的劳动力素质与发达国家相比还有较大的差距，严重制约了增长方式的转换和劳动生产率的提高：中国至今仍有8500万文盲人口，这个数字相当于一个中等国家的人口规模；每年仍有100多万适龄儿童不能够入学，中等教育入学率略高于世界平均水平，但远低于发达国家的水平，高等教育入学率不及世界平均水平的1/3，人口预期受教育年限平均只有10.4年，农村不到7年；拥有大专以上文化程度的劳动者只占不到4%（1997年），企业职工的技术等级相对较低，而且知识面窄、技术单一，用人不当、浪费人才的现象也普遍存在，劳动者工作积极性不高；农村的形势更为严峻，农业经济效益越低越是向外排挤那些素质相对较高的劳动者。大量的经验证明人口文化程度具有生产率效应，劳动者文化程度高，其劳动技能就强，对新技术的反应也就更加敏感；而且文化水平的高低还直接影响到劳动者获取信息、处理信息从而走向成功的能力。中国人口素质低下不但影响了劳动生产率的提高和经济增长的质量，而且还制约着国民科学素养的改善、科技人才的数量，进而影响科技创新能力的提高：中国公众具备基本科学素养的比例只有1.4%，与发达国家相比存在巨大鸿沟；中国科技人才较为有限，而且像其他发展中国家一样，就是这有限的人才资源也面临着向发达国家不断流失的威胁；中国高新技术产业的发展主要是由国外的投资和产品来驱动的，技术进步一直以引进和跟踪模仿为主，原始性科技创新能力严重不足，而原始性科技创新能力的强弱直接关系到企业的生存能力和国家在世界科技竞争中的地位。可见，中国在未来的发展中人力资源是一大瓶颈，而克服人力资源束缚的关键在于加大人力资本投资：首先是要加大资金投入，大力发展基础教育；其次是要深化高教体制改革，推动高教大众化进程；第三是要推行素质教育，倡导终身教育，发展职业教育；第四是要通过观念更新和体制创新，吸引人才，留住人才，在人才流动中化被动为主动；第五是要发展医疗卫生事业，投资营养健康，改善全民的身体素质。总之，未来的社会将是一个知识型社会，世界范围的经济竞争、综合国力竞争，实质上将是人力资源的竞争，只要我们的人口具备了与新时代的需求相适应的身体素质和科学素养，我们的国家就一定能抓住机遇实现跨越式发展，在信息时代的全球激烈竞争中立于不败之地。

以上便是中国未来发展中所要面对的一些主要问题，尝试运用可持续发展的理论和观点对这些问题作出论证和说明是时代赋予我们的共同责任，也是中国理论界对可持续发展理论的应有贡献。

第二章　可持续发展评价的指标体系

可持续发展已成为当今人类共同追求的目标，也成为世界各国所普遍接受的理想发展模式。实施可持续发展战略是一项庞大的系统工程，需要制定可持续发展规划、计划并组织实施，需要制定相应的政策法规予以引导，需要进行科学的决策和有效的管理，需要对可持续发展进程和可持续发展管理的绩效进行监督、评估和预测。如何科学、定量地进行可持续发展战略管理的绩效评估，进而分析问题，找出制约因素与薄弱环节，提出建议与对策，是目前在可持续发展战略管理过程中遇到的亟待解决的问题。

可持续发展定量评估指标体系具有描述、评价、分析、预测等功能，可以科学、定量地评估区域的可持续发展状况，剖析区域可持续发展管理中存在的问题和制约因素，从而提出有针对性的对策建议。建立可持续发展定量评估指标体系将有效地提高区域可持续发展管理能力，促进可持续发展战略管理。但由于可持续发展过程是诸多社会、经济、自然要素相互作用、协同耦合的过程，加之非线性、开放、动态等特点，定量指标体系的建立十分困难，目前尚处于研究探讨阶段。

目前，尽管可持续发展在很大程度上被人们尤其是各国政府所接受，但是，如何从一个概念进入可操作的管理层次仍需要进行很多实际的探讨，其中一个至关重要的问题就是如何测定和评价可持续发展的状态和程度。从前面的叙述我们知道，可持续发展是经济系统、社会系统以及环境系统和谐发展的象征，它所涵盖的范围包括经济发展与经济效率的实现、自然资源的有效配置和永续利用、环境质量的改善和社会公平与适宜的社会组织形式，等等。因此，可持续发展指标体系几乎涉及到人类社会经济生活以及生态环境的各个方面。

可持续发展指标体系是以比较简明的方式，比较全面地向人们提供被评价国家可持续发展综合国力的变化过程，其主要作用有六个方面：

（1）可持续发展综合国力指标体系的制定，首先需要对被评价国家进行系统分析和辨识，进而确定被评价国家需要解决的关键问题。事实上，指标体系中的指标所要判断或度量的问题正是被评价国家的主要问题，指标体系通过其总体效应来刻画被评价国家可持续发展综合国力的总体状况。

（2）可持续发展综合国力指标体系可以使决策者关注与可持续发展综合国力相关的关键问题和优先发展领域，同时也使决策者掌握这些问题的状态和进展情况。

（3）可持续发展综合国力指标体系可以引导政策制定者和决策者在制定各项政策和决策时，能够以可持续发展为目标或按可持续发展的原则办事，使各项政策相互协调，保证不偏离可持续发展的轨道。

（4）可持续发展综合国力指标体系可以简化和改进社会各界对可持续发展综合国力的了解，促进社会各界对国家可持续发展综合国力的相关计划和行动的共同理解，并采取比较一致的积极态度和行动。

（5）可持续发展综合国力指标体系可以反映可持续发展综合国力的发展情况和相关政策的实施效果，使人们可以随时掌握可持续发展综合国力的发展进程。这些信息的反馈使政策制定者和决策者及时地评估政策的正确性和有效性，进而对政策加以改进或调整。

（6）可持续发展综合国力指标体系是决策者和管理者的调控工具或预警手段之一。通过指标体系序列，决策者和管理者可以预测和掌握国家可持续发展综合国力的发展态势和未来走向，有针对性地进行政策调控或系统结构的调整。

第一节　指标体系的定义及特征

分析和评价一个国家的可持续发展综合国力状况如何，除了进行定性的描述和分析之外，更重要的是需要对其进行定量描述和定量分析。所谓的定量分析就是要寻找或建立一个度量标尺，通过这一度量标尺去测量一个国家的可持续发展综合国力状况，进而回答人们普遍关心的问题。这个国家可持续发展综合国力的水平与发展态势如何？在国际上与其他国家进行比较这个国家所处的位置在哪里？增强或提升这个国家的可持续发展综合国力的途径是什么？回答这些问题是度量或评价可持续发展综合国力的目的和意义所在。

度量或评价可持续发展综合国力是一个涉及到各个方面的连续过程。分析一个国家的可持续发展综合国力涉及到经济、科技、社会、军事、外交、生态、环境等很多方面，采用一个或几个指标不足以分析和评价一个国家的可持续发展综合国力问题，所以需要建立一个可持续发展综合国力指标体系去对其进行分析和评价。

指标是综合反映社会某一方面情况绝对数、相对数或平均数的定量化信息，具有揭示、指明、宣布或者使公众了解等含义。所有指标都必须具备两个要素：一是要尽可能地把信息定量化，使得这些信息清楚和明了；二是要能够简化那些反映复杂现象的信息，既使得所表征的信息具有代表性，又使其便于人们了解和掌握。

1992 年世界环境与发展大会以来，许多国家按大会要求，纷纷研究自己的可持续发展指标体系，目的是检验和评估国家的发展趋向是否可持续，并以此进一步促进可持续发展战略的实施。作为全球实施可持续发展战略的重大举措，联合国也成立了可持续发展委员会，其任务是审议各国执行《21 世纪议程》的情况，并对联合国有关环境与发展的项目和计划在高层次进行协调。为了对各国在可持续发展方面的成绩与问题有一个较为客观的衡量标准，该委员会制定了联合国可持续发展指标体系。

联合国可持续发展指标体系由驱动力指标、状态指标、响应指标构成。驱动力指标主要包括就业率、人口净增长率、成人识字率、可安全饮水的人口占总人口的比率、运输燃料的人均消费量、人均实际 GDP 增长率、GDP 用于投资的份额、矿藏储量的消耗、人均能源消费量、人均水消费量、排入海域的氮和磷量、土地利用的变化、农药和化肥的使用、人均可耕地面积、温室气体等大气污染物排放量等；状态指标主要包括贫困度、人口密度、人均居住面积、已探明矿产资源储量、原材料使用强度、水中的 BOD 和 COD 含量、土地条件的变化、植被指数、受荒漠化及盐碱和洪涝灾害影响的土地面积和森林面积、濒危物种占本国全部物种的比率、二氧化硫等主要大气污染物浓度、人均垃圾处理量、每百万人中拥有的科学家和工程师人数、每百户居民拥有电话数量等；响应指标主要包括人口出生率、教育投资占 GDP 的比率、再生能源的消费量与非再生能源消费量的比率、环保投资占 GDP 的比率、污染处理范围、垃圾处理的支出、科学研究费用占 GDP 的比率等。

根据指标的表现形式和作用的不同，指标可以分为数量指标和质量指标两种。用于反映总体单位数目和标志总量的指标，统称为数量指标。例如，人口总数、企业总数、产品产量、排污总量等。由于它反映的是现象的总量，因此也被称为总量指标。从指标数值的表现形式来看，总量指标总是用绝对数表示，并且要有计量单位。把相应的数量指标进行对比，可以得到一定的派生指标，以反映现象达到的平均水平或相对水平，这就是质量指标。例如，将企业的工资总额同该企业的职工总数对比，可以得到该企业的平均工资。此外，如人口密度、出生率、死亡率、单位产品成本、单位产品排污系数等都属于质量指标。质量指标可以反映现象之间的内在联系和比例关系。由于它总是两个有联系的数量指标的对比，在计算时，就需要仔细审查两个指标的口径、范围是否一致。几个衡量的指标及其包含的内容如下所述。

（1）经济指标。

1）人均国内生产总值；

2）科技进步对经济增长的贡献率：

科技进步贡献率（%）＝科技进步率/产出（国民收入）增长率；

3）恩格尔系数：

恩格尔系数＝食物支出对总支出的比率（R_1）＝食物支出变动百分比/总支出变动百分比，或

食物支出对收入的比率（R_2）＝食物支出变动百分比/收入变动百分比。

（2）社会指标。

1）贫困人口占总人口的比例；

2）最低生活线以下人口占城市人口的比例；

3）享受社会保障人口占总人口的比例；

4）每万人发生刑事案件数。

（3）人口指标。

1）人口自然增长率：

人口自然增长率（‰）＝（本年出生人数－本年死亡人数）/年平均人数×1000‰；

2）平均预期寿命：简称平均寿命，是指在一定的年龄、性别和死亡率水平下，活到确切年龄 X 岁后平均还能继续生存的年数；

3）人均受教育年限：

人均受教育年限＝（大学人口数×16＋高中人口数×12＋初中人口数×9

＋小学人口数×6）/6 岁以上人口数

以上各种文化程度的人数分别包括各类学校的毕业生、肄业生和在校生。

（4）资源承载力指标。

1）人均国土面积；

2）人均耕地面积；

3）人均水资源占有量；

4）人均能源占有量；

5）采用人均占有万吨标准煤为指标。

（5）环境容量指标。环境容量是指在一定生态区域、经济层次和技术状况下，在一定的经济发展速度和规模下导致环境总体质量损失的环境承载能力。

衡量指标有：

1）大气环境质量：

$$大气环境质量 = S/T \times 100\%$$

式中，S 为大气环境质量达到二级以上的城镇数，T 为全省的总城镇数。

$$饮用水源达标率（\%） = TB/TM \times 100\%$$

式中，TB 为各饮用水源取水水质监测达标量之和，TM 为饮用水源取水监测量之和。

$$地面水水质达标率(\%) = TS/TM \times 100\%$$

式中，TS 为各认证点位监测达标频次之和，TM 为各认证点位监测总频次。

$$区域环境噪声平均值 = \frac{1}{n}\Sigma L_{\text{Acq}}$$

式中，L_{Acq} 为第 i 个测点（网格）测得的等效声级，n 为测点（网格）总数。

2）城市垃圾处理率：城市生活垃圾的处理量占排放量的比例。

3）城市人均绿地面积。

4）自然灾害受灾人口占总人口的比例。

5）森林覆盖率。

第二节　指标体系指定的理论依据与原则

通过建立可持续发展指标体系，构建评估信息系统，监测和揭示区域发展过程中的社会经济问题和环境问题，分析各种结果的原因，评价可持续发展水平，引导政府更好地贯彻可持续发展战略。同时为区域发展趋势的研究和分析，为发展战略和发展规划的制定提供科学依据。

一、建立指标体系的理论依据

从中国的国情出发建立中国可持续发展指标体系，首先必须以中国的可持续发展道路和原则为基准，展现中国可持续发展的广阔内涵。原国务院副总理邹家华在"中国 21 世纪议程"高级国际圆桌会议上指出："中国今后的发展道路，唯一的选择是把近期与长远发展结合起来，以经济、社会、人口、资源、环境的协调发展为目标，在保持经济高速增长的前提下，实现资源的综合利用和环境质量的不断改善，这就是我们所说的可持续发展道路。"

具体地说，建立中国可持续发展指标体系，必须体现以下几点内容：

（1）贯穿"发展是硬道理"的战略思想。中国自改革开放以来，经济和社会有了很大发展，但是与发达国家相比，仍有很大差距，至今尚有几千万人口处于贫困之中。只有坚持以经济建设为中心，将中国可持续发展置于经济持续、快速、健康发展的基础之上，才能不断增强综合国力，增强环境和生态保护的力度。

（2）体现"两个转变"的指导思想。我国正处于工业化阶段，经济的高速发展走的是一条高投入、高消耗、低产出、低质量的粗放型发展道路，是以环境的日益恶化和资源的快速耗竭为代价的。走可持续发展的道路，就必须实现从计划经济向社会主义市场经济、从粗放型经济向集约型经济增长方式转变这两个根本性的转变。

（3）体现"计划生育"和"保护环境"两项基本国策。由于中国人口众多且素质较低，带来了许多的社会问题、资源问题和环境问题，实行计划生育、控制人口数量、提高人口素质是我们在长期内必须遵循的一项基本国策；另外由于种种原因，我国的环境污染日趋严重，在很大程度上影响了生产的发展和人民生活水平的提高。保护环境，是与计划生育同样重要的基本国策。

（4）注重资源的合理利用。中国虽然"地大物博"，但是由于人口众多导致人均资源占有量与世界平均水平相比非常低，另外经济也不很发达，试图通过进口来弥补国内资源的稀缺是不现实的。此外，资源的不合理使用已成为当前直接影响经济发展整体效益和环境质量的关键所在，资源的浪费明显地阻碍了中国的可持续发展。

（5）体现科教是立国之本。资源终归是有限的，而人才和知识的潜力则是无限的，是最大的可再生资源。在当今世界，谁拥有丰富的人力资源和科学技术知识，谁就会立于世界的民族之林，谁就会获得可持续发展永久的动力和源泉。所以中国可持续发展指标体系应将教育和科技放在优先考虑的地位。

在具体制定中国的可持续发展指标体系时，我们必须参照《中国 21 世纪议程》、《"九五"计划和 2010 年远景目标纲要》和《国家可持续发展实验区"十一五"建设与发展规划纲要》这三个重要文件进行。可以说，这三个文件是建立中国可持续发展指标体系的"纲要"。

从现状和主要问题出发，着眼于未来的发展目标，设置关键指标，构建可持续发展指标体系，是联合国以及英国等国家，也是我国建立可持续发展指标体系的思路和所遵循的原则。《中国 21 世纪议程》的主题思想贯穿了"可持续发展"这种全新的发展观，将经济、资源、环境、社会和人口视为密不可分的复合系统，全面、科学地反映和论述了中国的现状、问题和发展趋势，提出了中国走向 21 世纪的可持续发展战略，是制定我国国民经济和社会发展的中长期计划的指导性文件。而《"九五"计划和 2010 年远景目标纲要》则进一步指明了中国在第九个五年计划时期及其后十年所要完成的历史任务。这两个文件都是从当时中国的实际情况出发的，是我们制定可持续发展指标体系的"蓝本"。可持续发展实验区是科学技术部自 1986 年起组织开展的以促进经济社会协调可持续发展为主要内容的重要工作。20 多年来，实验区在人口、资源、环境领域和经济、社会、生态建设方面进行了一系列研究、探索与实践，为推进我国科教兴国和可持续发展战略的实施做出了积极的贡献，取得了显著的成果。《国家可持续发展实验区"十一五"建设与发展规划纲要》是实验区建设 20 年来第一次制定并发布的五年规划纲要。"十五"初期，中央提出了以人为本、全面协调可持续发展的科学发展观。之后，又相继提出建设资源节约型、环境友好型社会、社会主义新农村和构建社会主义和谐社会等一系列重要的战略性方略，对实验区多年来的可持续发展实验活动提出了更高的要求和更加明确的目标。为全面落实科学发展观，围绕国家可持续发展战略目标和任务，进一步推进国家和区域可持续发展的实验活动，充分体现实验区在人口、资源、环境、城镇建设、公共安全、社会事业领域的可持续发展的实验主题，科技部组织制定并正式发布了《国家可持续发展实验区"十一五"建设与发展规划纲要》，以期通过科技引导、改革创新和实验示范，强化"基地、队伍、模式"建设，将实验区建设成可持续发展体制、机制和技术创新的实验基地，成为可持续发展集成技术的推广应用示范基地，成为促进区域经济和社会统筹协调发展的示范基地，成为建设资源节约型、环境友好型社会的示范基地，成为全面建设小康社会和构建和谐社会的典范。

但是，从国家的政治文件出发，直接构建可持续发展指标体系也是不行的，需要统计专家的转换、提炼与综合。这是因为一般的概念并不等于指标，指标是一种度量工具，相对于概念来说，更注重概念的外延和范围。有些概念无法量化，或近期尚未能量化，需要统计专家寻找可度量的方法和"尺度"，或采取替代的方法和指标反映。我们在构建中国可持续发展指标体系时，将整个指标体系分为经济、资源、环境、社会、人口和科技六个子体系，关于各个子体系的协调发展关系，则试图从各个子体系的关联点上，进行综合分析，设置综合指标和系统指标来把握。可持续发展具有时间和空间的限定。在确定反映近期与长远发展的结合点时，将经济指标一般视为近期指标，而将人才、教育和科技作为长远指标考虑，评价采用静态和动态相结合的方式进行分析。在确定整个指标体系后，从城市-农村和东部-中部-西部的两类划分，反映可持续发展的不平衡状况和各自的发展特点。构建可持续发展指标体系时，是以"可持续发展"为准绳，设置、选择有代表性的指标。各项统计指标与可持续发展的关联程度不同，在构建可持续发展指标体系时，选择可持续发展的强项指标。可持续发展的强项指标也可分为近期的和远期的两种指标。一般来说，近期指标是指反映影响国民经济近期发展瓶颈问题的指标，如经济效益和基础设施等方面的指标，而远期指标是指反映制约中国长远发展的潜力指标，如人均受教育的年限和科学研究与实验发展（R&D）的投入强度等；虽然有些科学研究中的基础研究很难说明对哪些行业和项目有什么具体的作用，但是从科学史和人类发展史来看，科学的价值是不可估量的，它为人类社会的发展提供了知识储备和潜力，是人类寻找资源替代方式的唯一手段。

总之，依据中国的国情，参照《中国 21 世纪议程》、《"九五"计划和 2010 年远景目标纲要》和《国家可持续发展实验区"十一五"建设与发展规划纲要》，通过适当的方法将可持续发展的战略思想转换成统计指标并构成指标体系，是设置中国可持续发展指标体系的基本原则和可行方法。

二、建立指标体系的原则

为了建立一个可行的可持续发展综合国力指标体系，首先要明确设计原则，之后依据这一设计原则合理地设计可持续发展综合国力指标体系的框架结构和指标内容，最后根据这一框架结构和指标内容确定具体的指标计算方法和数据的获取方式。

可持续发展综合国力指标体系不是一些指标的简单堆积和随意组合，而是根据某些原则建立起来并能反映一个国家可持续发展综合国力状况的指标集合。设计可持续发展综合国力指标体系一般应遵循以下原则：

（1）可持续发展综合国力指标体系中，经济、科技、社会、军事、外交、生态、环境等方面都应该得到体现，而且应得到同样的重视，否则就不能成为真正的可持续发展综合国力指标体系。

（2）可持续发展综合国力指标体系应当充分反映和体现可持续发展综合国力的内涵，从科学的角度去系统而准确地理解和把握可持续发展综合国力的实质。

（3）可持续发展综合国力指标体系应当相对地比较完备，即指标体系作为一个整体应当能够基本反映可持续发展综合国力的主要方面或主要特征。

（4）可持续发展综合国力指标体系中的指标数量不宜过大，在相对比较完备的情况下，指标的数目应尽可能地压缩，以便于操作。指标数目过大将会使人们难以把握和采用。

（5）可持续发展综合国力指标体系应具有独立性，即指标体系中的指标应当互不相关、彼此独立。这样，一方面可以使指标体系保持比较清晰的结构，另一方面可以保证指标体系中的指标数目得到压缩。

（6）可持续发展综合国力指标体系中的指标应具有可测性和可比性，定性指标也应有一定的量化手段与之相对应。另外，这些指标的计算方法应当明确，不要过于复杂，计算所需数据也应比较容易获得和比较可靠。

（7）对于一些难以量化的指标采用专家问卷等调查方式。鉴于专家调查方式存在一些困难及可能产生的随意性，在设计指标体系时，应尽可能减少难以量化或定性指标的数量。

（8）可持续发展综合国力指标体系中的指标内容在一定的时期内应保持相对稳定，这样可以比较和分析可持续发展综合国力的发展过程并预测其发展趋势。当然，绝对不变的指标体系是不可能的，指标体系将随着时间的推移和情况的变化而有所改变。

以上是我们在设计可持续发展综合国力指标体系中应该注意的问题和遵循的具体原则，从宏观上来讲，我们应该归纳为以下几个原则：

（1）科学性原则。指标体系要能较客观地反映系统发展的内涵、各个子系统和指标间的相互联系，并能较好地度量区域可持续发展目标实现的程度。指标体系覆盖面要广，能综合地反映影响区域可持续发展的各种因素（如自然资源利用是否合理，经济系统是否高效，社会系统是否健康，生态环境系统是否向良性循环方向发展）以及决策、管理水平等。

（2）层次性原则。可持续发展系统是一个复杂的巨系统，它可以分解成若干子系统。可持续发展指标体系的研究可在国际、国家、地区等不同层次上展开，针对不同层次对象的具体情况，构建指标体系的侧重点应有所不同，从相对宏观的国际层次到相对微观的地区层次，指标体系考虑的问题是逐层细化的。相对应某一层次的研究，指标体系本身也应具有良好的空间层次特点。因此，描述与评估经济社会可持续发展程度与发展状况，应在不同层次上采用不同的指标，即在不同层次上应有不同的管理指标体系，以利于政府决策者在不同层次上对经济、社会发展进行调控。同时，还要充分考虑把区域经济、社会发展的不平衡性、多层次性与区域上的多元性、立体性、复杂性结合起来，把经济、社会发展水平的分层次、分阶段同本区域自然状态环境的区域性结合起来，建立指标体系，实现空间和时间的统一。

可持续发展的分配政策制定，涉及到人类长远利益的考虑（非本世代利用）和现实需求的操作（本世代的利用）。它们各自应占据区域可持续发展能力总量的份额是多少，即考虑本世代与子孙后代之间在发展方面的分享。不注重研究这一类问题，常常会造成区域的掠夺性开发，以及形成发展上的短期行为。

这一类分配问题，从现实上要求本世代（当代）应负责任地对开发进行过程分析，即在经济利益、社会利益、环境利益、生态利益以及人类总体利益的全面分析中，求得一种最优的分配方案。在这种过程分析的思考中，当代人应明智地负起切实的责任，并担当起为后代人保管生存与发展源泉的角色。因为他们在主宰区域开发与资源利用上，同后代相比，处于一种唯一的和无竞争的地位。他们当然首要考虑自身的消费和需求，同时也负有对下代人消费和需求进行思考的义务。于是，问题的关键就变成：以什么样的分配比例去处理发展的世代分配，经过净平衡后的区域究竟能维持什么样的"世代消费"水平……

基于当代人应具有明智的人类整体观念，因而他们必须具有"无私的"品格。与此相对应，当代人又是区域发展的主宰者，他们又必须为本代人的消费水平考虑，因此又不能是完全"利他的"。这两种观念在世代分配决策中起着经常的和固定的作用。发展的世代分配的决策制定，正是这种观念互相矛盾、互相折衷、互相统一的结果。一般而论，在当代人与其后代之间的公正消费的水平上，前者总是赋予现代消费以更大的"权重"。

（3）相关性原则。可持续发展实质上要求在任何一个时期，经济的发展水平或自然资源的消耗水平、环境质量和环境承载状况以及人类的社会组织形式之间处于协调状态。因此，从可持续发展的角度看，不管是表征哪一方面水平和状态的指标，相互间都有着密切的关联，也就是说，对可持续发展的任何指标都必须体现与其他指标之间的内在联系。

可持续发展概念是一个由多个内在联系的要素构成的有机整体，指标体系也是一个复杂的系统，它由不同层次、不同要素组成，既包括人类社会本身也包括与人类社会活动有关的经济、社会、人口、资源和环境的各种基本要素、关系和行为的系统构成。因此，构建可持续发展指标体系时，要注意反映不同子系统之间、相同子系统中不同主题之间的相互联系，对可持续发展概念进行整体把握。同时，要针对各个区域可持续发展中存在的主要矛盾和问题，确定系统表征的主导因子，避免指标体系庞杂、无法操作，要达到整体性与针对性的统一。

（4）简明性原则。指标体系中的指标内容应简单明了、具有较强的可比性并容易获取。指标不同于统计数据和监测数据，必须经过加工和处理使之能够清晰、明了地反映问题。

第三节　指标体系系统

指标是用来反映一定时间尺度上对象系统的状态，通过指标可以使人们对对象系统产生一种较小的、易操作的、切实的和生动的实体画面。从指标反映的内容范围来划分，指标可以分为三类：

（1）单项指标。侧重于对基本情况的描述，反映系统中的一个侧面，综合性比较差。

（2）专题指标。选择有代表性的专题领域进行研究制定指标，用来反映一个特定方面的问题。

（3）系统性指标。在一个确定的研究范围和框架中，对大量的有关信息进行综合与集成，从而形成一个具有明确含义的指标。

指标体系是指两个或两个以上的指标组合，它可以表示一个系统一般的发展趋势，通过将多种指标和数据的综合，可以勾画出对象系统的发展变化整体趋势。用指标体系来描写综合目标，目的在于寻求一组具有代表意义，同时又能全面反映对象系统各方面要求的特征，通过指标组合使人们对整个系统有一个定量或定性的了解。

为了说明上述概念涉及到的内容，在此以可持续发展指标体系为例：

（1）单项指标。例如现在普遍使用的人均国民生产总值（GNP）、绿色国民生产总值（EDP），日本政府提出的净国民福利指标（NNW）等。虽然这些指标方法简单易行，但是它无法对可持续发展的复杂内容进行精确表述。

（2）专项指标。例如联合国开发计划署的"人文发展指数"（HDI）、世界银行提出的"国家财富"评价指标体系（NW）、以色列希伯来大学的"人类活动强度指标"（HAI）等。这些指标从不同侧面反映了可持续发展的基本内涵，而且资料收集容易，计算量适中。

（3）系统性指标。例如，瑞士洛桑国际管理开发学院（IMD）的竞争力指标、联合国可持续发展委员会（UNCSD）的指标体系（DSR）、中国科学院等的"可持续能力"指标（SC）、加拿大国际可持续发展研究所（IISD）提出的环境经济可持续发展模型（EESD）等。此类指标体系力图从理论层面上去解析可持续发展的本质特征，并将它们纳入到一个统一的系统模型之中，但由于各方面的限制，此方向的研究还具有一定的薄弱性，指标体系还在逐步完善与修正阶段。

从上述分析可知，建立指标体系，常用的一种方法就是首先将目标分成具体的目标层和准则层，然后再细分成更小的、可以建立指标的小系统，通过对这些小系统进行指标建立从而确立整个指标体系。最后还要对建立指标体系中存在的问题进行说明，对存在的数据来源和误差进行解释，对指标的优先性进行排序。

一、指标体系的建立

可持续发展评价指标体系是由若干相互联系、相互补充、具有层次性和结构性的指标组成的有机系列。这些指标既有直接从原始数据而来用以反映子系统特征的基本指标，又有对基本指标的抽象和总结，用以说明子系统之间的联系及区域复合系统作为一个整体所具有的性质的指标。在选择指标时要特别注意选择那些具有重要控制意义、可受到管理措施直接或间接影响的指标，以及选择那些与外部环境有交换关系的开放系统特征的指标。同时，需要考虑评价指标体系的可操作性、数据的可获得性，在总结和吸取前人研究经验的基础上遵循建立战略环境评价指标体系的基本原则，建立指标体系。

　　建立可持续发展评价指标体系要紧密结合评价对象的特点，提高可操作性。因此根据指标筛选程序图，以统计数据为基础，采用频度统计法、相关性分析法、理论分析法和专家咨询法筛选指标，以满足科学性和系统全面性原则。频度统计法是对目前有关战略环境评价研究的书籍、报告、论文等进行统计，初步确定出一些使用频度较高的指标。相关性分析是对指标进行统计分析，确定出指标间的相互关联程度，结合一定的取舍标准和专家意见进行筛选。理论分析法是对可持续发展评价的内涵、特征进行综合分析，确定出重要的、能体现战略评价特征的指标。专家咨询法是在建立指标体系的整个过程中，适时适当地征询有关专家的意见，对指标进行调整。理论分析法和专家咨询法几乎贯穿建立指标体系的整个过程。通过多层次的筛选，得到内涵丰富又相对独立的指标所构成的评价指标体系。指标筛选过程如图 2-1 所示。

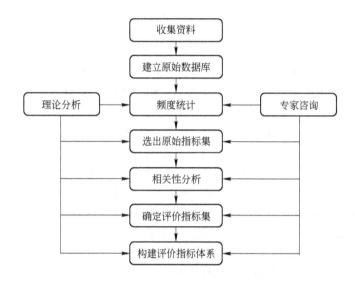

图 2-1　指标筛选程序图

二、指标体系中的系统分析

　　可持续发展评价是一项具有较强实践意义的工作，因此在实际评估过程中，需要对评估对象的界限有所确定。根据这一特点，本指标体系的建立将运用系统分析的方法，在指标体系中把指标分成几个子系统，确立能够反映单个子系统的特点和不同子系统相互关系的指标。

　　社会、经济、环境和资源问题是全球发展面临的四大问题，而经济发展则处于核心地位。任何一个环境影响评价项目都是在具有明确界限的区域系统中进行，而区域系统是由相互协调、相互促进的社会、经济、环境和资源子系统所组成。对这些子系统的功能和相互关系进行分析有助于理解区域系统的整体结构和功能，是研究这个复杂的巨系统的基础。

　　（一）社会子系统

　　社会是指聚居在一定地域中的人口及其相互关系的总称。社会是区域中最重要、最主动的要素。区域系统演替方向与转化速度与人类开发利用资源与环境的强度有关，而人口数量的增长，则是这一强度的驱动力。人口的迅猛增长，对自然资源和自然环境索取不断增加，在有些区域已经远远超过资源、环境的承载能力，导致环境的破坏、资源枯竭、社会动荡，最终威胁到人类自身的生存。社会子系统的发展方向是控制人口的数量，依资源承载能力和产业格局调整人口结构，加强科学文化教育、提高人口素质，建立能自我调节、自我提高且与经济、资源和环境协调发展的社会子系统。

（二）经济子系统

经济是指人类社会进行选择，使用具有多种用途的资源来生产各种商品，并在现在或将来把商品分配给社会各个成员或集团消费的活动。经济的发展将促进社会发展，促进文化、教育、卫生、福利事业的改善和人文环境的进步。

经济发展初期，传统的"高投入、低产出"的经济增长方式造成巨大的资源浪费和严重的环境污染，使经济增长缺乏后劲，社会发展也受到阻碍。有关分析表明，当经济发展到较高阶段，造成早期环境不断恶化的那些压力会逐渐减弱，从而为环境的改善创造条件。但是这个经济的增长与生态环境变动的趋势并不是一个自动演化的过程。在可持续发展思想指导下建立的经济发展战略与政策可以在不损害经济增长的前提下，遏制环境恶化的趋势，使倒 U 形曲线的转折点提前到来。如果在生态环境保护上采取放任自流的态度，在生态恶化的转折点到来之前，经济增长就会被破坏，甚至停止。

由此可见，经济子系统发展的最终目标是提倡"低消耗，高效益"的新型增长方式，是既利于环境和生态的保护，又利于经济效益的增长和经济发展整体质量的提高。

（三）环境子系统

环境主要是指与人类的生存空间相关的，直接影响人类生产、生活的气、水、土等自然因素的总和。在人类社会活动影响下，环境通常打上人类影响的烙印。

环境子系统对人类经济活动产生的废物和废能量进行消纳和同化（即环境自净能力或环境容量），同时提供舒适性环境的精神享受。随着经济增长和社会进步，人们对于环境舒适性的要求也越来越高，环境保护的意识也逐渐加强。环境子系统发展的目标是充分利用环境的自净能力，建设舒适优美的环境，并促进社会、经济发展。

（四）各子系统相互关系

社会、经济、环境子系统相互关系如图 2-2 所示。

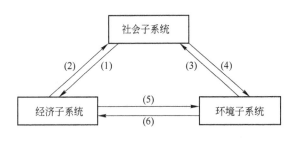

图 2-2　社会、经济、环境子系统相互关系图

（1）人是经济运行的主体，主观能动地决定经济发展进程；劳动力作为经济投入三要素之一，其数量和素质对经济发展水平具有重大的影响。

（2）经济水平直接影响社会生活水平和社会稳定性；经济发展与社会进步是协同进化关系。

（3）为人类提供生存空间，环境是社会发展的基础因素之一。

（4）人口增长，对环境的压力增强；社会发展，人口素质提高，环境保护意识越强，对环境质量要求越高。

（5）如果经济系统排放的废物、废能超过环境的自净能力，环境质量将下降；提高环保技术、控制污染排放可使环境质量逐步提高和恢复。

（6）环境质量的优劣是决定经济发展水平的因素之一。

评判标准以下面几个指标来衡量：

（1）发展度。发展度的指标数值以 1 为基准，超过 1，表示以某一基准年为标准，某一区域的社会、经济和人口素质处于正向发展状态；不到 1，表示区域的社会、经济和人口素质处于逆向发展状态。

（2）资源承载力。以所评判地区的人均资源的消费情况为依据。

（3）环境容量。关于环境容量指数的变化情况，可持续发展的评判标准为：

$$SD = C/Del \times 100\%$$

式中，SD 为可持续发展的评判数值，C 为协调度，Del 为发展度。

评判的具体标准按六级评判标准进行划分，分为六类：

$SD < -30\%$ 时，为不可持续发展；

$SD = -30\% \sim 0\%$ 时，为基本不可持续发展；

$SD = 0\% \sim 30\%$ 时，为基本可持续发展；

$SD = 31\% \sim 60\%$ 时，为可持续发展；

$SD = 61\% \sim 100\%$ 时，为强可持续发展；

$SD > 100\%$ 时，为最可持续发展。

三、可持续发展评估指标体系

（一）行业可持续发展能力评价模型（ISDC）的构建

1. 评价模型设计过程

首先，在市场经济条件下，一个地区的工业行业可持续发展能力取决于它的市场竞争力，一个没有竞争力或竞争力较弱的行业，很可能在激烈的市场竞争中被淘汰，而不管它在资源节约上或在废物利用上做得如何好；相反，只有在市场竞争中处于优势的工业行业，才有能力采用新技术有效利用资源和保护环境，才能获得持续发展。第二，工业行业发展状况如何，对该地区经济增长的贡献率大小，也决定了该行业的可持续发展能力。经济增长贡献率大的行业，才有可能获得该地区的产业发展政策支持，有望成为主导产业。第三，可持续发展的后劲取决于科技创新能力，依靠科技进步，工业行业才能获得持续发展的源动力。第四，行业对资源的有效利用和环境保护的能力是行业稳定协调发展的必要条件。行业的可持续发展受到资源的制约，资源综合有效利用能力强的行业才有可能摆脱资源的"瓶颈"制约，获得持续发展。环境保护能力反映该行业对自然环境的适应能力，一个行业的发展如果对自然生态环境带来灾难性的影响，必然被社会淘汰。第五，党的十六大提出，要"走出一条科技含量高、经济效益好、资源消耗低、环境污染少、人力资源优势得到充分发挥的新型工业化路子"。走工业可持续发展之路，必须切实解决工业化与资源、环境的矛盾，统筹经济社会发展，统筹人与自然和谐发展。因此，根据上述分析，我们认为：工业行业的可持续发展能力 = 市场竞争力 + 经济增长贡献率 + 科技创新能力 + 资源有效利用能力 + 环境保护能力（如图 2-3 所示）。即：

ISDC = ｛市场竞争力、经济增长贡献率、科技创新能力、资源有效利用能力、环境保护能力｝

其中，市场竞争力、经

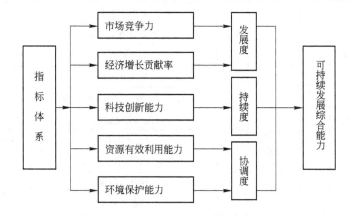

图 2-3　工业行业可持续发展能力评价模型（ISDC）方框图

济增长贡献率反映了行业可持续发展的数量水平，构成发展度平台；科技创新能力反映了行业可持续发展的时间水平，构成持续度平台；资源有效利用能力、环境保护能力反映了行业可持续发展的质量水平，构成协调度平台。在发展度、持续度和协调度这三大平台的基础上，进入评价模型的最高层次——工业行业可持续发展能力的合成。

2. 指标体系选择的原则

ISDC 模型指标体系的选择遵循以下原则：

（1）完备性原则。所选择的指标应尽可能全面反映行业可持续发展能力的各个方面，并使评价目标和评价指标有机联系起来，形成一个层次分明的整体。虽然所选指标很难对各个行业可持续发展的特征、要素各个方面作出详尽的描述，但能够反映可持续发展的主要内容，通过对这些主要指标的分析和评价，可以把握行业可持续发展能力的总体水平。

（2）客观性原则。在确立指标体系时，通常有硬指标（量化指标）和软指标（评议性指标）。硬指标（量化指标）相对比较客观，而软指标的量化较为复杂，一般通过问卷调查完成，费时、费工、费资。此外，使用软指标还常常带入较强的人为主观因素。所以，这里选取指标时尽量采用硬指标，尽可能不用软指标。

（3）可行性原则。选择的指标要切实可行，容易操作，统计指标数据能较容易地从统计年鉴或从互联网上获得。

（4）动态性原则。行业可持续发展评价指标体系是一个动态的体系。随着时间的推移，行业的内外部环境发生变化，评价指标体系也需要作出相应的变化，即行业可持续发展能力的评价指标体系需要不断调整和完善。

3. 指标体系的内容

根据上述原则，从经济、社会和环境方面选取了 23 个原始指标或统计生成指标，构建了工业行业可持续发展能力评价指标体系（详见表 2-1）。

表 2-1　工业行业可持续发展能力评价指标体系

一级指标	权重	二级指标	权重	三级指标	指标解释
发展度	1/3	市场竞争力	0.5	市场占有率	行业产品销售收入/全国该行业收入
				总资产贡献率	利税总额/平均资产总额
				工业增加率	工业增加值/工业总产值×100
				成本费用率	
				全员劳动生产率	
				销售利税率	
		经济增长贡献率		企业亏损面	逆向指标
				百元固定资产原价实现利税	
				人均劳动报酬	从业人员劳动报告/年平均人数
				工业总产值贡献率	行业工业增加值/全部行业工业总产值
				工业增加值贡献率	工业增加值/工业总产值
				利税贡献率	行业利税总额/全行业利税总额
				就业贡献率	行业从业人数占全部行业从业人数比重
				新产品产值率	新产品产值占全部产值的比重

一级指标	权重	二级指标	权重	三级指标	指标解释
持续度	1/3	科技创新能力		科技活动人员比重	
				研究与试验发展经验比重	
				拥有发明专利数	
		资源有效利用率	0.5	设备新度系数	固定资产净值/固定资产原值
				每万元工业总产值电力消费量增长率	
协调度	1/3	环境保护能力	0.5	工业废水排放达标率	
				工业固体废物综合利用率	
				工业废气排放量比重	工业废气排放量/全部行业工业废气排放量

（二）工业行业可持续发展能力评价模型（ISDC）的评价方法

工业行业可持续发展综合能力指数是通过几个层次的能力指数综合而成的。因此，要先进行数据标准化处理和指标权重的确定，然后再进行指数合成。

1. 数据标准化处理

处于底层指数的计算是最基本的计算。因此，在进行各指标指数计算之前，应先进行标准化处理，以使指标变成无量纲、无单位的纯数值。数据标准化处理的方法有很多种，有差因子法、商因子法、直接标准化法和功效系数法等。这里采用功效系数法，一方面是为了避免负数指数出现，另一方面是便于逆向指标的处理。具体标准化处理的公式如下：

$$I_{ij} = (Y_{ij} - \text{Min}Y_j)/(\text{Max}Y_j - \text{Min}Y_j) \times 40 + 60$$

式中，I_{ij} 是标准化处理后的数值，Y_{ij} 是原始数据，$\text{Max}Y_j$、$\text{Min}Y_j$ 是第 j 个指标的最大值、最小值，脚号 i、j 分别表示第 i 个行业和第 j 个指标。

逆向指标处理公式为：

$$I_{ij} = (\text{Max}Y_j - Y_{ij})/(\text{Max}Y_j - \text{Min}Y_j) \times 40 + 60$$

2. 指标权重的确定

本书中指标权重的确定采用等权处理方法和层次分析法（AHP法），即一级、二级指标的权重采用等权处理方法，三级指标的权重采用层次分析法（AHP法），确定的指标权重见表 2-1，由于篇幅有限，具体方法介绍这里省略。

3. 综合能力指数的计算

行业可持续发展综合能力指数的合成采用由底层逐级往上层合成的方法。具体步骤如下：

第一步，合成 5 大类能力指数。在各指标数据标准化处理的基础上，用各指标的标准化值和权重合成 5 大类能力指数。

$$B_i^k = \sum_{j=1}^{m} I_{ij} \times M_j \quad k = 1,2,3,4,5$$

式中，B_i^k 表示第 i 个工业行业第 k 类能力指数。

第二步，合成三大可持续发展能力平台的指数。

$$C_i = \sum_{p=1}^{2} B_i^k/2 \quad k = 1,2$$

$$D_i = B_i^k \quad k = 3$$

$$E_i = \sum_{p=1}^{2} B_i^k/2 \quad k = 4,5$$

式中，C_i、D_i、E_i分别表示发展度、持续度和协调度。

第三步，合成行业可持续发展综合能力指数。

$$F_i = (C_i + D_i + E_i)/3$$

综合能力指数的计算为分析行业可持续发展能力评价奠定了基础，按照这几个步骤，我们能得出该行业的发展度、持续度和协调度三大平台指标等权合成行业可持续发展综合能力指数，并对该行业可持续发展能力进行理论上的评价。

对行业而言，可持续发展能力可以理解为该行业在特定的政治经济形势大环境下，在一个较长时期内，由小到大、由弱变强的不断变革与发展的能力和潜力。同时，行业可持续发展能力也是一个通过比较而得到的相对的概念。对于一个经济发展区域而言，不同的行业其可持续发展能力是不同的，可持续发展能力较强的行业最容易形成地方经济发展的支柱产业，也是地方产业发展政策支持的重点。所以对地区经济能力小范围地作一个对比，就能反映出地区与地区之间经济实力的差距。

地区经济社会发展能力是指一个地区在国内、国际经济大环境下，与其他地区的发展能力相比较，其创造增加值和国民财富持续增长的能力。它既反映一个地区目前的经济实力，又能够勾画出该地区未来的经济发展趋势。依据国际上常用权威的经济社会发展能力评价指标体系，对山西、安徽、河南、湖北、湖南、江西六省1976年以来六个主要年份（1978年、1985年、1990年、1995年、2000年和2001年）的经济社会发展能力，分别进行评价，并与全国比较，具体情况如下：

（1）中部六省的经济社会发展能力。利用分层加权模型，根据六省统计年鉴的数据，对照全国平均水平，以发展能力指数等于100代表全国水平，计算出中部六省六个主要年份的发展能力指数，如表2-2所示。

表2-2　1978～2001年六个主要年份中部六省经济社会发展能力综合指数

指　标	江西省	山西省	安徽省	河南省	湖北省	湖南省
六年平均	78.48	93.17	79.70	85.94	99.44	89.43
1978年	84.74	104.76	75.40	79.28	96.69	87.92
1985年	79.20	94.38	81.95	84.22	96.63	87.82
1990年	82.29	102.02	80.76	82.23	100.67	86.88
1995年	71.80	83.91	86.28	93.37	105.89	96.19
2000年	74.51	84.59	77.68	88.60	95.59	86.54
2001年	78.35	89.38	76.11	87.94	101.18	91.21

综合六个评价年份分析，湖北的经济社会发展能力最强，四年居第一位，其余两年居第二位，江西的经济社会发展能力最弱，三个主要年份居第六位。六省中只有湖北的1995年、2001年和江西省的1978年、1990年，其经济社会发展能力超过全国平均水平，其余都在全国平均水平之下。从起始两年对比分析，经济社会发展能力排序前移的是河南、湖北、湖南三省，分别前移一位，经济社会发展能力排序后移的是山西和江西两省，其中，山西后移两位，江西后移一位；安徽保持在第六位置不动。从位次变动区间大小看，山西变动幅度较大，经济社会发展能力的稳定性和持续性较差，并且在剧烈变动中后移；湖北、湖南、安徽、江西的变动区间较小，经济社会发展能力变化比较平稳，湖北、湖南长期处于较高的位次，安徽、江西

一直在低位徘徊。

（2）经济绩效分析。六省中，经济绩效指数最高的是湖北，有三个年份在全国平均水平之上，最低的是安徽，有五个年份在全国平均水平之下。从起始两年对比分析，经济绩效指数提高的是河南、湖北、湖南三省，河南、湖南分别前移两位，湖北前移一位，安徽的位次保持在第六位不变，山西经济绩效指数大幅下降，由第一位下降到第五位，江西由第三位下降到第四位。

（3）政府效率分析。六省中，政府效率指数最高的是湖北，六个年份都在全国平均水平之上，最低的是安徽，有三个年份在全国平均水平之下。从起始两年对比分析，政府效率指数位次前移的是江西、湖北、湖南三省，其中湖北上升三位，山西、安徽、河南三省的位次下降，其中安徽下降四位。

（4）开放程度分析。六省的开放程度水平都长期较低，并远远低于全国水平。1978 年，六省开放程度指数平均值为 32.6%，2001 年平均值为 37.9%，对比前后两年，开放程度有所提高，但仍停留在全国平均水平的三分之一左右；六省中，开放程度最高的是湖南省，最低的是河南省；从变化过程分析，开放程度提高得较明显的是湖南、湖北和安徽三省，23 年间分别提高了 18.5、10.6 和 7.5 个百分点，河南长期停留在较低的水平，山西和江西则处于中间偏上水平。

（5）商业与金融效率分析。六省的商业与金融效率长期低于全国水平，与全国平均水平的差距呈扩大的趋势。六年中，商业与金融效率指数最高的是湖北，其次是山西，最低的是安徽。产业经营能力较差，金融业发展较慢是六省商业与金融效率指数下降的主要原因。

（6）基础设施分析。六省的基础设施发展能力高于全国平均水平，但优势逐步缩小。中部六省基础设施指数平均值最高的年份是 1995 年，达到 134.32%。基础设施发展能力最突出的是山西，六年中有五年保持在第一的位置。

（7）科学技术与人力资源分析。六省科技与人力资源均低于全国水平，与全国的差距呈现扩大后缩小的趋势。2001 年六省指数平均值达到 86.13%，但仍低于 1978 年的水平。六个年份中，只山西的 1978 年，湖北的 1995 年、2000 年、2001 年，其科技与人力资源指数高于 100%，其余都低于全国水平。中部六省中，科技与人力资源最强的是湖北，其次是山西，最弱的是安徽。对比 1978 年和 2001 年，科技与人力资源指数上升的是湖北和河南两省，其余四省都有不同程度的下降，其中江西省下降的幅度最大。中部地区同全国的差距在扩大，2001 年，中部六省每万人专利批准量平均为 0.29 项，只有全国平均水平的 37.8%，2001 年，中部六省技术市场成交额平均为 16.44 亿元，只有全国各省平均的 65.1%，比重比 1990 年下降了 18 个百分点。

以上是用综合能力指数计算的方法，对从 1978～2001 年六个主要年份中部六省经济社会发展能力综合指数进行了一下对比分析。

（三）农业行业可持续发展指标体系的系统探索

我国是一个以农业人口为主体的发展中国家，农业是国民经济的基础，农业和农村经济发展的状况直接影响到整个国民经济的发展和社会稳定。可见，在全国上下全面实施可持续发展战略的今天，实现农业可持续发展有着十分深远的意义。同时，我们必须建立全面、准确的中国农业可持续发展指标体系，以便恰如其分地反映中国农业可持续发展的内涵，为实现中国农业可持续发展提供合理的规范。

中国农业可持续发展是一个复杂的系统，我们必须从系统学的角度来考察中国农业可持续发展指标体系。在宏观上，我们必须考虑到中国农业可持续发展是一个复杂的系统，应根据系统的整体性、动态性、层次性、多样性等特点，以及系统与要素之间的关系、系统与环境之间的关系来确定建立中国农业可持续发展指标体系的原则和方法。在微观上，我们必须考虑到中国农业可持续发展指标体系也是一个大系统，具有很强的层次性，在这个大系统中包含着多个子系统，各个子系统包含着许多单个的指标。根据系统的相干作用原理和多样性特点，我们在建立中国农业可持续发展指标体系时，尽量做到十分全面且不重复。所以，我们在建立中国农业可持续发展指标体系的过程中，必须遵循系统学原理和规律。

1. 建立全面、科学的中国农业可持续发展指标体系的原则和方法

（1）坚持六个原则：

1）坚持系统性原则。我们应把中国农业可持续发展看作是一个包含社会生产、经济发展、资源合理利用及保护生态环境的大系统，从这个系统中研究社会发展、经济发展与资源的开发利用、生态环境保护之间的关系。通过所设置的指标体系，来反映其中客观现象的内在联系，从而克服就经济生产孤立地研究经济生产的传统统计模式。

2）坚持特殊性原则。同所有系统都具有特殊性一样，中国农业可持续发展，也具有自己的特殊性。因而，由于各国国情不同，其经济、技术发展水平不均衡，可持续发展在不同发展水平国家里有不同的具体内涵和评价标准，因而各国可持续发展指标体系中应有许多不同的实际内容。另外，农业可持续发展有别于工业等其他领域的可持续发展，其指标体系应包含其特定的指标指数。因此，中国农业可持续发展指标体系应该体现上述两种特殊性。

3）坚持"发展是硬道理"和"两个根本转变"的原则。经济发展是中国农业可持续发展这个系统的核心因素，自中国农村改革以来，农业经济有了长足的进步，但是与西方发达国家相比仍有很大的差距，人均 GDP 低，农民人均收入低，且中国农业经济高速发展走的是一条高投入、高消耗、低产出、低质量的粗放型发展道路，这种发展模式与农业经济在中国国民经济中的支柱地位是不相适应的。中国农业要持续、稳定、健康地发展，必须走可持续发展的道路，实现从计划经济向社会主义市场经济、从粗放型经营生产向集约型经济增长方式的转变。因此，中国农业可持续发展指标体系应以经济发展指标为核心，同时体现"两个根本转变"。

4）坚持"计划生育"和"保护环境"原则。人口和环境是中国农业可持续发展系统的两个十分重要的因素，中国人口众多且文化素质低，这种状况在广大的农村表现尤为突出，会给中国农业的发展带来许多社会问题、资源问题和环境问题。因而实行计划生育、控制农村人口数量、提高农村人口素质、为中国农业的可持续发展提供各类高级人才，是我国农业工作中的一项长期政策。另外，由于中国城市环境污染的蔓延和农村的自我污染，农村的生态环境受污染的程度日益严重，影响了农业经济的发展和农民生活水平的提高。所以，中国农业可持续发展指标体系必须体现"计划生育"和"环境保护"两项基本国策。

5）坚持合理利用资源原则。自然资源是中国农业可持续发展系统的基础因素，在我国，自然资源总量是丰富的，但人均量很少，我国耕地资源就是一个明显的例子。而且我国农业资源还存在利用率低、闲置和浪费的比重大等问题，这就要求中国农业可持续发展指标体系必须体现合理利用资源的重要性。

6）坚持"科教兴农"原则。科技和教育是促进中国农业可持续发展这个系统稳定、动态发展的关键因素。农业资源终归是有限的，人才和知识的潜力则是无限的。中国农业发展过程中存在的资源问题、环境问题很大程度上依靠科教的力量来解决。另外，目前我国农产品的低质、低量现象，也必须依靠科技进步来解决。教育是一项意义十分深远的事业，只有教育事业不断发展，才能促进人们科技文化素质的不断提高，人们科技文化知识不断丰富，人们的保护生态环境、合理开发自然资源、实施可持续发展的意识不断增强。所以，中国农业可持续发展

指标体系应将教育和科技放在优先考虑的地位。

（2）实现两个结合：

1）描述性菜单式指标体系和评价指标体系相结合。中国农业可持续发展蕴含着社会可持续发展、经济可持续发展、生态可持续发展，它不是单一体，而是一个复杂的系统，因而单一的指标体系难以体现它们的实现程度。另外，我国以往统计指标和数据状况是：经济统计比较健全和完善，社会统计指标未形成统一的逻辑严密的体系，生态统计则处于早期发展阶段，指标和综合方法都有待于进一步研究和完善。所以建立中国农业可持续发展指标体系并不是只将原有的传统的社会、经济、生态等领域的统计指标简单照搬、相加和堆积，而是将原有的指标有机结合、提炼、升华和在一定程度上创新。这就决定了在中国农业可持续发展指标体系中必须把描述性菜单式指标体系和评价指标体系紧密结合，相辅相成，并且在描述性菜单式指标体系中做到长期指标和近期指标、生存指标和发展指标、消费指标和储蓄指标、流量指标和存量指标相统一。总之，描述性菜单式指标体系侧重于描述、解释功能，而评价性指标体系侧重于评价、监测和预警功能。这两部分相互依存又相互独立，既有联系又有区别，是不可分割的，共同构成了中国农业可持续发展指标体系。

2）货币评价指标体系和非货币评价指标体系相结合。所谓的货币评价就是通过模仿市场，把市场价值延伸到非市场范围，将可比产品和劳务的市场价值赋予诸如安逸、环境和安全这些非市场成果，从而对不同领域里的发展活动加以比较，即用共同的货币单位对它们加以衡量，并将这些成果聚集为一个全面的发展指标，而非货币评价认为可持续发展是满足人们多方面需要的多维发展，试图建立一套多维层次的指标体系，对发展的多个截面进行评价。由于中国农业可持续发展是一个复杂的系统，是人们活动间的相互作用以及人类与环境间的相互作用的结果，这种相互作用很难用单一的货币体系加以描述和评价。这就要求在中国农业可持续发展指标体系中必须将货币评价指标体系和非货币评价指标体系有机结合起来，在经济领域中应采用以货币评价为主，在社会领域和生态领域中应多用非货币评价，但在各个领域中绝不能只有单一的评价体系。总之，在建立健全的中国农业可持续发展指标体系时，必须从中国的实际出发，综合考虑中国农业可持续发展的现状，把比较客观且通用性好的货币评价体系和针对性强的非货币评价指标新体系有机统一起来，使整个评价指标体系既能对中国农业可持续发展的内涵深刻理解和对中国农业可持续发展的要素透彻分析，又能对中国农业可持续发展的指标进行主成分性分析和独立性分析。

2. 全面、科学的中国农业可持续发展指标体系必须包含四个指标体系子系统

中国农业可持续发展是一个复杂的综合体，其指标体系中的指标既有描述性的又有评价性的。

（1）反映经济发展的指标体系子系统：

1）人均 GDP、农民收入、农民生活质量指数。农业经济可持续发展是中国农业可持续发展的核心内容。农业经济的发展状况主要是由经济指标来体现的。在这个经济指标群中自然不能缺少人均 GDP、农民收入和农民生活质量指数等经济指标，因为这些经济指标既从绝对量上又从相对量上反映了中国农业经济发展的现状——经济发展质量、速度。人均 GDP 从产值上反映经济发展，农民收入从效益上反映经济增长，农民生活质量指数从生活上反映经济状况。

2）教育投资占 GDP 的比重。加强教育对中国农业可持续发展的实施有两个重大作用。一是增加农民的科技文化知识和提高农民素质；二是加强农民的可持续发展观念和创新意识。可见，教育投资占 GDP 比重的大小直接影响着中国农业可持续发展的实施进程。因而教育投资

占 GDP 的比重是经济发展指标体系中的一个重要评价指标。

3）农业科技投资占 GDP 的比重、科技贡献率。农业科技总体水平低、储备不足、投入低、成果转化率低、贡献率低等现状与中国农业可持续发展的要求有很大的差距，但农业科技在中国农业可持续发展的实施过程中起着重大的作用：一方面，科技是解决生态环境问题和自然资源问题的最有力手段；另一方面，科技是促进经济增长方式转变和产业结构调整的根本保证。所以，农业科技投资占 GDP 的比重、科技贡献率是经济指标体系中必不可少的两个指标，它们不仅从一定角度反映了当前中国农业可持续发展的程度，而且能够鞭策人们在具体实施过程中不断加大科技投入来改变农业科技现状，为农业可持续发展创造有利条件。

4）市场化程度指数和产业结构调整幅度指数。改革前的计划经济不适应中国农业经济的可持续发展，社会主义市场经济才是中国农业可持续发展的客观要求，特别在加入 WTO 后市场化程度指数在经济发展指标中的位置更为重要。经济发展不仅表现在量上，还表现在质上，且在质上的表现更为重要，产业结构调整是提高农业经济发展质量的有效手段之一。所以，产业结构调整幅度指数是经济指标体系中的一个重要指标。

（2）反映农村社会发展的指标体系子系统：

1）社会总成本利润率、综合要素增长率。可持续发展产生的效益是整体效益，既包含经济效益，又包含社会效益。社会总成本利润率和综合要素增长率准确反映了中国农业可持续发展的整体效益，但重点还是反映了中国农村社会的进步和发展。

2）农村人口自然增长率、农村剩余劳动力及转移指数、农业人才比例、农民负担指数。人口的可持续发展是中国农村社会可持续发展的核心内容，我国过多的农村人口直接影响农业可持续发展，我们必须采用科学的计划生育政策来平衡农村人口的自然增长。农村剩余劳动力问题是中国农业可持续发展实施过程中必须解决的一道难题，剩余劳动力会带来许多社会问题（如就业问题、社会稳定问题），影响中国农业可持续发展顺利实施，在具体实施过程中必须想方设法转移农村剩余劳动力。农业人才的多寡影响着中国农业可持续发展的进程。因此，我们要制定各项有利于人才发挥才能的政策和措施来诱使有关专业人才从事农业工作。农民负担过重是我国农业存在的一个严重问题，它影响农民生产的积极性和对社会建设的热情，成为中国农业可持续发展的一个制约因素。可见，农村人口自然增长率、农村剩余劳动力及转移指数、农业人才比例、农民负担指数是农村社会发展的重要指标。

（3）反映社会、经济发展与自然生态环境相适应的指标体系子系统：

1）单位标准能源创造的 GDP、资源浪费率、人均可再生资源变动指数。自然资源和能源是中国农业可持续发展的物质基础，资源利用率的现状能从一定角度反映出中国农业可持续发展的实现程度。单位标准能源创造 GDP 既能从个体上反映能源的利用率，又能从整体上反映经济增长的质量和效益，进而反映出可持续发展的状况，单位标准能源创造 GDP 越大，能源利用率越高，越有利于中国农业可持续发展的实施。资源浪费率直接反映着农业资源总体上的利用状况和浪费状况，间接反映着我国农业的科技现状和经济发展状况，进而反映出中国农业可持续发展的实施状况。我国自然资源总量是丰富的，但人均量很少，而且，相对于人类发展的需求来说，自然资源总是稀缺的。所以，在具体的实施过程中，我们必须加强资源的再生产。由于不可再生资源再生产的可能性不大，因而可再生资源的再生产是在所难免了。人均可再生资源变动指数就是体现在实施农业可持续发展过程中可再生资源的再生状况。可见，单位标准能源创造的 GDP、资源浪费率、人均可再生产资源变动指数都能反映社会、经济发展与自然生态环境相适应的状况，是中国农业可持续发展指标体系中的重要指标。

2）环保投入占 GDP 的比重、排污处理达标率。恶劣的生态环境会制约中国农业可持续发展的实施，因而人们要不断优化和改善生态环境为农业可持续发展的实施创造条件。环保投入占 GDP 的比重能从根本上说明有关部门对环保的重视程度及改善生态环境的决心和力度。排污处理达标率体现着治理生态环境的力度和效果。所以，环保投入占 GDP 的比重、排污处理达标率也是必需的指标。

（4）反映公平发展的指标体系子系统：

1）各地区 GDP 序列的全矩、各地区综合要素增长率的最大值和最小值之比。可持续发展要求在代际间、代内间都能公平发展，都有公平的发展权。各地区 GDP 序列的全矩由绝对差值来表现各地区经济增长的平衡性状况，各地区综合要素增长率的最大值和最小值之比由相对比值来体现各地区发展的平衡性状况。因此，它们都是反映中国农业可持续发展所要求的公平发展的重要指标。

2）基尼系数。基尼系数是判别一个国家收入分配平均程度的指标。基尼系数在中国农业可持续发展指标体系中能反映各地区获公平发展权的状况。

我国农业一直在动态地发展，其发展指标体系中的具体内容不可能是一成不变的，所以，我们要遵循系统的动态性特征和原理，在具体实施过程中不断完善农业可持续发展指标体系。

第四节　指标体系的评判标准

实践中常用的指标体系有：

（1）社区可持续发展评估指标体系；

（2）基础产业与第三产业可持续发展评估指标体系；

（3）社会可持续发展评估指标体系；

（4）资源合理利用评估指标体系；

（5）环境保护评估指标体系；

（6）地方可持续发展支撑体系评估指标体系；

（7）地方综合性可持续发展评估指标体系。

以上这些大体可以归纳为三大类型：其一，测定可持续发展的"单项指标"，如人均国民生产总值，调整的人均国民生产总值，调节国民经济模型等。虽然这些指标方法简单易行，但是无法反映可持续发展的复杂内容。其二，测定可持续发展的复合指标，例如联合国开发计划署的"人文发展指数"，以色列希伯来大学的"人类活动强度模型"等。这些指标方法比较全面地反映了可持续发展的基本内涵，而且资料收集容易，计算程度不繁杂，因而博得大多数研究者和管理者的青睐。其三，测定可持续发展的系统指标，例如牛文元等的"可持续发展度"及改型的科玛奈尔方程等。此类指标体系试图从理论层次上去解析可持续发展的本质特征，并将它们纳入到一个统一的系统模型之中，但由于各方面的限制，目前此方向的研究还很薄弱。综观上述，从应用和可操作的角度上去考虑，第二类指标体系（复合型）是现阶段的研究主体。

第三章　可持续发展的评价方法

实施可持续发展是当今世界各国的共识，建立可持续发展评估指标体系及其评估制度是亟待深入研究的课题，是落实可持续发展战略的基础。它不再限于一种概念、一种思想、一种理论，而是世界各国普遍认同的一种原则、一种发展战略，不仅被各国政府和首脑所高度重视，而且广泛地付诸实践成为人类发展的共同目标。在将可持续发展从概念和理论逐步推向实践的进程中，人们认识到一个亟待研究解决的核心问题就是如何评估可持续发展。

继 1992 年里约热内卢联合国环境与发展大会之后，可持续发展定量评价方法研究成为当前可持续发展研究的前沿和热点。世界各国的学者从不同角度对不同的评价方法和指标体系方面进行大量研究，其中较有影响的有 Meadows 的世界资源动态模型，Heoldren 等的 IPAT 公式及 Constanza 等的生态系统服务价值的评估研究等一系列的理论和方法。这些理论和方法的评价过程虽然不同，其出发点和目标却是相同的，即定量表示人类对自然的利用程度，使人类认识自身生存和发展对生态系统构成的压力状况，做出明智的选择，从而促进和实现区域的可持续发展。但由于可持续发展过程具有非线性、开放性和动态性等特性，要建立一种简单而又能反映可持续发展普遍规律的评价方法或模型难度较大。

我国学者构造的基于资源承载力的可持续发展评价模型也是通过比较自然资源的生产能力与区域人口的消费水平来衡量一个具体区域的可持续发展状况，它所提出的可持续性水平指标与生态足迹模型的基本思路是一致的，只不过生态足迹模型是从自然的角度出发，而基于资源承载力的可持续发展评价模型则是从人的角度出发。在可持续发展评估中，必须依据可持续发展理论和指标理论设计合理、科学的可持续发展指标、指标体系及评估测算方法，以定量化、可操作地衡量可持续发展水平、能力及动态趋势。

第一节　可持续发展的定量评估

一、可持续发展定量评估的作用

从实践上看，传统的定性描述无法准确、客观地评价可持续发展管理的成绩和实际效果。建立可持续发展评估指标体系，科学、客观、准确、定量地进行可持续发展管理的绩效评估，在可持续发展管理过程中能发挥不可替代的作用，具有重要意义。

可持续发展定量评估具有多种作用，其中比较重要的有以下几个方面。

（一）反映可持续发展管理的状况

反映可持续发展管理的状况是可持续发展定量评估指标体系的最基本作用。指标体系并不是全面、彻底地反映可持续发展管理绩效，而是具有较强的选择性、浓缩性，通过选择那些最重要的、有代表性的指标组成指标体系，来反映某个特定区域或部门的可持续发展管理状况，力求用尽量少的指标反映区域可持续发展系统的总体水平。

（二）监测可持续发展水平的变化

可持续发展管理手段运用得成功与否，很大程度上是通过区域可持续发展水平的变化表现出来。通过可持续发展定量评估可以监测区域可持续发展水平的变化，也就是从动态中反映可持续发展状况：一方面可以监测可持续发展系统内部经济、人口、资源、环境等子系统的发展变化，大到经济效益的提高、生态环境的改善，小到剩余劳动力的增减、物价指数的升降，都在监测范围之内；另一方面，可以间接地监测社会经济政策、社会经济计划执行情况，以及决策、管理等方面的进程情况。

（三）比较两个或多个研究对象的可持续发展管理状况

如果衡量多个对象的可持续发展水平，就需要对其进行比较：一是横向比较，即在同一时间序列上对不同研究对象进行比较，如同一时期地区与地区的比较、国家与国家的比较等；二是纵向比较，即对同一研究对象的不同时期发展状况的比较，如对环境质量进行可持续发展战略实施前后的比较。横向比较有助于认识自己的特点和位置，明确自己的长处和短处；纵向比较有助于认识自己的状况和发展趋势，明确自己是在前进、后退或停滞，他们都有助于对研究对象的可持续发展状况做出正确的判断。

（四）评价区域可持续发展的本质特征

评价区域可持续发展的本质特征是可持续发展定量评估的反映、监测、比较等作用的深化和发展。因为只有对反映、监测和比较的结果做出评价，即对它们的客观状况做出评论，对它们的前因后果做出解释，对它们的利弊得失做出判断，才算是对可持续发展管理状况做出了说明，才能把握其本质特征。从这个意义上说，评价作用是可持续发展定量评估的核心作用。

所谓评价，即价值的确定，是通过对照某些标准来判断测量结果，并赋予这种结果以一定的意义和价值的过程。在评价过程中所采用的确定价值高低的手段和途径可分为定量评价方法和定性评价方法两大类。其中定量评价包括：

（1）形态和机能发育水平评价，其中有离差法、百分位法、指数法、相关法等。

（2）身体素质和运动能力评价，其中有标准百分法、百分位法、指数法、累进计分法、相关法等。定性评价方法有质量学评价法、专家评价法、调查研究法等。

随着应用数学的不断发展，定量评价的方法也得到相应的发展。如模糊数学中的"模糊综合评价"与"相似优先比"方法、灰色系统理论中的"关联分析"与"优势分析"方法等的引进和应用，对难以量化的定性指标提供了量化评价的可行方法。

（五）预测可持续发展系统的发展趋势

可持续发展定量评估可以在评价的基础上，对可持续发展系统的发展趋势作预先测算，一方面对促进可持续发展战略贯彻实施的积极因素进行预测，从而加以正确地引导和强化；另一方面可以对影响和阻碍可持续发展进程的因素或矛盾进行预测，把握其发展趋势，从而采取有效措施加以弱化并最终解决。解决问题是关键，可持续发展或评价指标提得再多得不到实施也是枉然。

（六）为实施可持续发展战略制定科学的计划或安排

计划和规划是可持续发展管理行政手段中的重要环节。在评价和预测的基础上，可以针对本地区实际，对如何推进可持续发展战略的贯彻实施制定科学、切实的计划、安排和中长期发展规划。可以说，在可持续发展管理过程中，任何科学、有效的可持续发展计划和规划的制定和实施，都离不开可持续发展定量评估的反映、监测、比较、评价、预测等作用。

二、可持续发展定量评估的类型

（一）区域可持续发展评估

区域可持续发展系统是一个涵盖领域广泛的复杂系统，它既涉及经济、社会、生态等子系统，又涉及当代与后代人的时间因素，同时还体现了系统所做出的状态、响应、压力情况。但是，迄今为止，所有的指标或评估体系均是单独从某一角度进行论述。要完整、准确地反映可持续发展的内涵，所构建的评估体系必须能综合地体现时间、领域和影响三个方面。

对某一个特定区域的可持续发展状况进行评价，以科学、准确地反映其可持续发展的总体水平，明确该地区在实施可持续发展战略过程中的优势所在，洞悉制约可持续发展战略的主要因素和矛盾，把握可持续发展系统的发展趋势，从而有的放矢地采取管理措施，促进可持续发展战略的贯彻实施；实施可持续发展战略必须站在区域整体的高度上对未来发展进行总体布局和科学规划。在对大的区域进行可持续发展评估的基础上，根据区域原则和区划规律，对区域按可持续发展思想和原则进行可持续发展区划。根据各区自然、经济、社会状况，分析发展潜力和制约条件，制定各区发展战略和发展模式，提出推进整个区域可持续发展的战略对策，从而促进可持续发展决策和管理的科学化、系统化、定量化。

（二）可持续发展工程评估

开展重大工程项目对区域可持续发展影响的评估研究，重点分析重大工程项目对区域人口数量增长及人口素质提高、资源可持续利用、环境保护、经济建设、社会进步等方面的影响程度和风险大小，提出定量表示方法，采用可持续发展指标体系对影响效果进行综合评估，为项目论证提供科学依据。将定量评估纳入可行性论证，严禁对区域可持续发展产生严重负面影响的工程项目上马。

（三）可持续发展政策评估

随着可持续发展战略的贯彻实施，有许多单纯从行业、部门、区域利益出发制定的政策、法规，或者与实施可持续发展战略的全局利益相违背，或者制约了其他行业、部门、区域实施可持续发展战略的进程，急需进行修改、调整与完善。因此，按照可持续发展的原则，对现行的政策、法规进行可持续发展适应性评估，评估其是否符合可持续发展的思想与原则，是否能促进可持续发展战略的实施，是充分发挥可持续发展管理的政策法规手段的前提和重要保障，也是面临的紧迫任务。

中国已发表的一些可持续发展指标及其计算方法，都是通过评价自然环境、经济和人文系统的表现，来反映一定的政策对于环境、经济、社会的影响。通过分析这些指标的内涵与特点，可以发现如下问题：

（1）指标过于庞杂且不均衡。中国可持续发展指标体系的研究最初都是在理论层次上进行的。为了反映出可持续发展的丰富内涵，有些研究者详细列出了各种可能的指标，数量巨大而其中能够反映可持续发展变化的动态指标偏少。

（2）指标体系研究与评价模型研究彼此脱节。有很多指标难以量化甚至不能量化。许多模型研究者不是基于一套完整的指标构建其评价模型，故操作性较差。国内很少见到能从指标构建、评价模型到实证研究集于一体的研究成果。

（3）难以投入实际应用。现有的指标体系和评价模型对实践的指导性差，因此，需要国家与地方政府、高等院校、研究部门和统计部门等联合起来，共同推动可持续发展指标的研究，并积极指导这场全新的社会实践工程。指数方法尽管有其自身的价值所在，但是，可以证明，把一些范围很广的相关信息合成为一个可持续发展的指数有可能导致这样的情况：它所揭示的信息还不如它掩盖的多。因此，必须谨慎地使用可持续发展的各种指数及其评价程序。

第二节　综合评价法

综合评价（Synthetical evaluation）：对一个复杂系统用多个指标进行总体评价的方法。综合评价方法又称为多变量综合评价方法、多指标综合评估技术。综合评价是对一个复杂系统的多个指标信息，应用定量方法（包括数理统计方法），对数据进行加工和提炼，以求得其优劣等级的一种评价方法。

综合评价的分类：根据评价手段，可分为定量评价和定性评价。根据评价领域和目的，可以分为临床评价、卫生评价、管理评价与技术评价（TA）、药物经济学评价（PE）等。根据评价阶段，分可分为预评价、中期评价和事后评价。根据评价目的及评价对象的特征选定必要的评价指标逐个指标定出评价等级，每个等级的标准用分值表示，以恰当的方式确定各评价指标的权数。

选定累计总分的方案以及综合评价等级的总分值范围，以此为准则，对评价对象进行分析和评价，以决定优劣取舍。综合评价法包括指数评判法、专家评判法、数理统计筛选法。

一、指数评判法

指数评判法在可持续发展评判中主要用于对可持续发展进程的评判。指数的基本公式可以写为：

$$P = C/S \tag{3-1}$$

其中，P 为可持续发展指数；C 为可持续发展某项指标的数值；S 为其比较的标准值。

式（3-1）一般用于只对可持续发展中的某一个指标进行评价，计算求得的可持续发展进程指数可以反映可持续发展进程的概况。

若对可持续发展的多项因素进行评价，那么可持续发展进程指数计算公式可写为：

$$P = C_1/S_1 + C_2/S_2 + \cdots + C_N/S_N \tag{3-2}$$

这时不考虑各指标之间没有明显的联系作用，近似认为它们各自独立地发挥作用；若考虑多种评判指标间的作用，式（3-2）可以分别乘以 K_N 修正系数。

指数可以为专家评判法提供比较客观的量化依据，并对可持续发展状况进行分级，便于不同区域、不同时期的可持续发展进程进行比较；同时，将大量的数据归纳为少数有规律的指数表达形式，可提高可持续发展评判方法的可比性。

指数评判法包括几个环节：

（1）收集辨别数据和资料。

（2）确定所选评判的指标，确定评判指标的依据是：所选择的评判要素应能满足预定项目的目的和需求；选择可持续发展进程标准所规定分析因子；选择有监测数据和测试条件的要素。

（3）评判指标的选用和综合：应尽可能选择国内外或地区范围通用的评判指标，或较成熟的指标。这样使指标具有可比性。在必要的情况下可自行设计指标，自行设计的指标要求概念明确、易于计算。综合的目的在于能从整体上评判可持续发展进程。综合的方法常用的有三种，即代数叠加、加权平均和兼顾极值。

二、专家评判法

专家评判法是组织可持续发展相关领域的专家运用专业经验和理论对可持续发展状况进行评判的方法。该方法可将某些难以用数学模型定量化的因素考虑在内。现代的专家评判法已形成一套如何组织专家，充分利用专家们的创造发散思维进行评判的理论和方法。

比较有代表性的专家评判法是特尔斐法。特尔斐法由美国兰德公司于 1964 年首先用于技术预测，它是专家会议预测法的一种发展。它以匿名方式通过几封函询征求专家们的意见。预测领导小组对上一轮的意见都进行汇总整理，作为参考资料再给每个专家，以供他们分析判断，提出新的论证。如此反复论证，专家们的意见日趋一致，结论的可靠性也越来越大。由于能够对未来发展中的各种可能出现和期待出现的前景做出概率估价，特尔斐法为决策各提供了多方案的选择可能性，而用其他任何方法都难获得这样有价值的、以概率表示的明确答案。该方法的一般步骤是：首先预测主题，编制调查表；然后选择 10~15 名各个领域的专家对调查表进行 3~4 轮的填写和反馈；最后对比预测的结果，用频数分布和直方图的形式表达，对相对重要的预测结果用专家意见的集中程度和协调程度等指标表达。除特尔斐法外，还有专家会议、头脑风暴法等。

特尔斐法有以下特点：

(1) 匿名性。特尔斐法采用匿名咨询征求专家意见，可以消除某种心理因素的影响。

(2) 轮回反馈沟通情况。为了使参加评判的专家掌握每一轮的汇总结果和其他专家的评判意见，达到相互启发的目的，组织领导小组要经过 4 轮匿名咨询，对每一轮的结果进行统计，并作为反馈材料发给每个专家，为下一轮评判提供参考。

(3) 评判结果统计特性。特尔斐法另一个重要特性是采用统计方法。对结果进行定量处理。

下面详细介绍特尔斐法的具体过程。

(1)
$$n_j = \frac{1}{m_j} \sum_{i=1}^{m_1} C_{ij} \tag{3-3}$$

$$K'_j = \frac{m'_j}{m_j} \tag{3-4}$$

j 方案满分频率为 0~1，K'_j 可以作为 n_j 的指标补充。K'_j 越大，说明对方案给满分的专家人数越多，因而方案的重要性可能越大。

(2) 专家意见协调程度，这是一项十分重要的指标，通过协调程度的计算，还要找出高度协调专家组和持异端意见的专家。

1) 求 j 方案评判结果的变异系数。变异系数是代表评判相对波动大小的重要指标，具体求法如下：

$$V_j = \frac{\tau_j}{n_j} \tag{3-5}$$

式中，V_j 为变异系数；τ_j 为 j 方案的标准差。

$$\tau_j = \sqrt{S_j^2} = \sqrt{\frac{1}{m_j - 1}} = \sum_{i=1}^{m_i} (C_{ij} - n_j)^2 \tag{3-6}$$

2) 求专家意见的协调系数。变异系数仅仅能够说明 m_j 个专家对于 j 个方案的协调程度，但是我们更需要了解全部专家对 n 个方案的协调程度。这一协调程度用 W 表示：

$$W = \frac{12}{m^2(n^3 - n) - m \sum_{i=1}^{m} T_i} \sum_{i=1}^{n} d_j^2 \tag{3-7}$$

$$T_i = \sum_{i=0}^{L} (t_i^3 - t_i) \tag{3-8}$$

式中，d_j^2 是方案与全部方案等级总和的算术平均值之差的平方；L 为 i 专家评判中的相同评判指数组；t_i 为 L 组中的相同等级数。

协调系数 W 在 0~1 之间，表示所有专家对全部方案协调程度越好。协调系数不大，说明专家意见协调程度比较低。

(3) 专家的积极性系数。所谓专家的积极性系数就是专家对某方案的关心程度，计算方

法为参与对 j 方案预测的专家与全部专家数之比，即：

$$C_{aj} = \frac{m_j}{m} \tag{3-9}$$

式中，C_{aj} 为积极性系数；m_j 为参与 j 方案预测的专家数；m 为全部专家数。

（4）专家权威程度。专家权威程度一般由两个因素决定：一个是专家对方案做出预测的依据，用 C_i 表示；一个是专家对问题的熟悉程度，用 C_s 表示。专家权威程度为两个系数的平均值，即：

$$C_0 = (C_i + C_s)/2 \tag{3-10}$$

三、数理统计筛选法

数理统计筛选法是从数理统计方法出发，从指标的敏感性、特异性、代表性和独立性考虑对指标进行筛选，主要有六种方法。

（1）变异系数法：从指标的敏感性角度挑选指标。指标的变异系数太小，用于评价时的区别性就差，变异系数太大，意味着有极端值存在，故制定评估模型要注意剔除太大和太小的变异系数。

（2）相关系数法：从指标的代表性和独立性角度挑选指标。在将不符合正态分布的指标进行相应的正态分布转化后，计算各项指标的相关矩阵，组成指标体系的指标要有相当的独立性，即指标的相关程度低；同时，每一入选的指标要尽可能地代表未入选指标所包含的信息（有代表性），又要求入选的指标与未入选指标有较强的相关性。

（3）聚类分析法：从指标的代表性角度挑选指标。将不同的指标依据某些特征加以归类后，找出最有代表性的指标作为综合评估模型中的指标。聚类分析确定类与类之间的距离可以采用最短距离法、最大距离法、类平均法等。

（4）主成分分析法：从指标的代表性角度挑选指标。是将多个彼此相关的指标变换为较少的彼此独立的综合指标，而又不失去原来多指标信息的一种多元分析统计方法。

（5）因子分析法：从指标的代表性角度挑选指标。是从大量的数据中，寻找影响变量、支配变量的更本质的因子——公因子。在对备选指标进行因子分析时，取特征值大于1以上的公因子做最大方差旋转，绘制因子图，观察各指标在因子图的聚集情况。

（6）多元统计方法的逐步回归：首先将对变量影响较大的变量引入方程，再从未被选中的变量中选出一个变量使它与被引入的变量配合的方程贡献最大。同时，入选的变量要经过显著性检验，在统计学有意义时，此变量可以选入。

在综合评估中，评估模型中各指标的波动范围不同，波动范围大的指标对评估的影响大于波动范围小的指标，且各指标的性质、度量单位和社会意义也有不同，故不能直接进行综合评估和比较，需先对各原指标进行标准化。其目的是为了消除指标间计量单位各异、数值变化范围不同以及指标方向不同对综合评估结果的影响，从而使评价的结果更合理和科学。对各原指标进行标准化的方法很多，如综合指数法、加权平均法是用各单项指标经过标准化后转换成能够直接比较的指标；在确定权重系数时，TOPSIS法和秩和比法是事先将各指标标准化，去掉量纲和方向的影响。

第三节 模 糊 分 析 法

在可持续发展评判中，需要研究的变量关系很多，而且错综复杂，既有确定的可循的变化规律，又有不确定的随机变化规律，所以，既需要精确的语言来表述，也需要模糊的语言来表述。可持续发展模糊评判法是客观事物的需要，也是主观认识能力的发展。

一、可持续发展评判中的不确定因素分析

在可持续发展评判的整个过程中，被评判的对象、评判的方法、评判主体以及评判的准则都具有不确定性。把可持续发展评判中的不确定性的主要原因大致可归纳为认识上的局限性、数据的不充分性、可持续发展进程状况本身具有的随机性和可变性四个方面。

（1）认识的局限性主要是受学科和部门知识的局限、预测模式的局限以及检测技术发展的局限引起的。由于可持续发展评判是对社会、经济、资源、环境所组成的复杂系统的协调状况进行评判，不同学科和部门对系统的复杂性和重要性的因果关系缺乏认识。同时，预测模式永远存在着不可控制的变量的影响，而且人们的技术和手段尚不完善。

（2）指标数据的不充分性和不可靠性也容易引起不确定性。受采样条件如仪器、时间、经费等的限制，监测数据少，时间、空间重复率低，数据代表性差，缺少历史累计数据。

（3）持续发展评判涉及到很多指标对环境要素和资源要素都具有很强的随机性和可变性，这些都会产生不确定因素。

（4）评判主体的心理因素也会带来不确定性。

二、模糊集合理论在可持续发展评判中的应用

所谓模糊评判是利用模糊集理论对受多种因素所影响的事物或现象，根据所要的条件（评判标准和实测值），经过模糊变换后，对每个对象赋予一个非负实数——评出结果，再据此排序择优的一种方法。应用此法进行方案评价的主要步骤如下：

（1）请有关方面的专家组成评价小组。

（2）找出备选的对象集（如路线方案）X，$X = \{X_1, X_2, \cdots, X_k\}$。

（3）根据被评判对象，通过讨论，确定评价指标集 Y，$Y = \{Y_1, Y_2, \cdots, Y_n\}$。

（4）确定每个评价指标的评语集 V，$V = \{V_1, V_2, \cdots, V_m\}$，并对 Y 进行模糊映射，把定性结论模糊化。

（5）根据各评价指标的相对重要程度，依专家们的经验或用其他方法确定各评价指标的权重，它是 Y 上的一个模糊子集 $A = \{a_1, a_2, \cdots, a_n\}$，且 $\sum_{i=1}^{n} a_i = 1$。

（6）根据已经制定的评价尺度（评语集），对备选对象的各项评价指标进行评定，即建立一个从 Y 到 $F(V)$ 的模糊映射，并确定各备选方案（路线方案）X_k 的评价指标集的隶属度矩阵，也即模糊变换矩阵 R_k：

$$R_k = \begin{pmatrix} r_{11} & r_{12} & \cdots & r_{1m} \\ r_{21} & r_{22} & \cdots & r_{2m} \\ \vdots & \vdots & \vdots & \vdots \\ r_{n1} & r_{n2} & \cdots & r_{nm} \end{pmatrix} \tag{3-11}$$

元素 $r_{ij} = p^+/p$，其中 p 为参加评价的专家总人数，p^+ 为备选方案 X_k 对第 i 评价指标 Y_i 做出第 j 评价尺度 V_j 的专家人数。

（7）计算备选方案 X_k 的综合评定向量 B_k：

$$B_k = A_0 R_k = (b_{k1}, b_{k2}, \cdots, b_{km}) \tag{3-12}$$

$$b_{k1} = \sum a_i \cdot r_{ij} \quad (j = 1, 2, \cdots, m) \tag{3-13}$$

（8）计算各备选方案 X_k 的优先度 S_k：

$$S_k = B_k V^T (k = 1, 2, \cdots, i) \tag{3-14}$$

（9）综合评判，确定最佳方案。根据各备选方案的优先度 S_k 的大小，进行优先顺序排列，选出最佳方案。

第四节　层次分析法

一、层次分析法概述

（一）层次分析法的产生背景

定量分析方法对社会科学的发展产生了巨大的促进作用，因此越来越受到重视，特别是最优化模型，曾一度在决策问题中得到非常广泛应用。但在应用过程中，也出现了一些问题，主要体现在以下几个方面：

（1）社会问题的复杂性决定了难以构造合适的模型。即使构造出数学模型，有时也难以准确说明问题或者难以执行。

（2）决策问题带有相当多的主观性，而这很难体现在最优化模型中。

（3）庞大的模型成本太大，难以理解。

由于存在上述问题，人们重新思考数量方法在社会科学中的作用，特别是对于决策问题，如何既考虑数学分析的精确性，又考虑人类决策思维过程及思维规律，即定性与定量相结合，正是在这种背景下，产生了层次分析法。

（二）层次分析法的发展

层次分析法（The analytic hierarchy pricess，AHP）是由美国运筹学家、匹兹堡大学萨第（T. L. Saaty）教授于 20 世纪 70 年代提出的，他首先于 1971 年在为美国国防部研究"应急计划"时运用了 AHP，又于 1977 年在国际数学建模会议上发表了《无结构决策问题的建模——层次分析法》一文，此后 AHP 在决策问题的许多领域得到应用，同时 AHP 的理论也得到不断深入和发展。目前每年都有不少 AHP 的相关论文发表，以 AHP 为基本方法的决策分析系统——"专家选择系统"软件也早已推向市场，并日益成熟。

AHP 于 1982 年传入我国。在当年召开的中美能源、资源、环境会议上萨第教授的学生高兰尼柴（H. Gholamnezhad）向中国学者介绍了这一新的决策方法。随后，许树柏等发表了国内第一篇介绍 AHP 的文章《层次分析法——决策的一种实用方法》（1982 年）。此后，AHP 在我国得到迅速发展，1987 年 9 月我国召开了第一届 AHP 学术讨论会，1988 年在我国召开了第一届国际 AHP 学术会议，目前 AHP 在应用和理论方面得到不断发展与完善。

（三）层次分析法基本原理

层次分析法的基本原理是排序的原理，即最终将各方法（或措施）排出优劣次序，作为决策的依据。具体可描述为：层次分析法首先将决策的问题看作受多种因素影响的大系统，这些相互关联、相互制约的因素可以按照它们之间的隶属关系排成从高到低的若干层次，叫做构造递阶层次结构。然后请专家、学者、权威人士对各因素两两比较重要性，再利用数学方法，对各因素层层排序，最后对排序结果进行分析，辅助进行决策。

（四）层次分析法的特点

它的主要特点是定性与定量分析相结合，将人的主观判断用数量形式表达出来并进行科学处理，因此，更能适合复杂的社会科学领域的情况，较准确地反映社会科学领域的问题。同时，这一方法虽然有深刻的理论基础，但表现形式非常简单，容易被人理解、接受，因此，这一方法得到了较为广泛的应用。

（五）层次分析法的注意事项——准确构造递阶层次结构

构造递阶层次结构是层次分析法的基础，因此深入分析问题、找出影响因素及其相互关系，从而准确构造递阶层次结构就显得十分重要。准确构造递阶层次结构一般有以下要点：

（1）合理确定因素及相互关系。在深入分析问题后，首先详细找出各个影响因素。这时目标层因素和措施层因素一般都比较明确，而准则层因素通常较多，需要仔细分析它们的相互关系，及上下层次关系和同组关系，如果对于有关因素及因素间的相互关系不能明确，通常是对决策问题缺乏深入认识，这时需要重新分析问题。这里，真正认识问题、把握问题是关键。

（2）合理分组（每一因素所支配的元素不超过9个）。在层次分析法中，对于因素总个数及总层次数没有要求，即复杂的问题也能用多层次解决。但一般要求每一因素所支配的元素不超过9个，这是因为心理学研究表明，只有一组事物个数在9个以内，普通人对其属性进行辨别时才较为清晰。因此，当同一层次因素较多时，就需要进行分组归类，在增加层次数的同时减少每组个数，保证后面两两判断的准确性。

二、层次分析法的步骤

层次分析法的基本过程是：把复杂问题逐级分解成多个子问题（也可称为元素）、按所属或者支配关系将这些元素分组，使之形成有序的递阶层次结构。通过两两比较，判断各层次中诸元素的相对重要性，并进行进一步的一系列计算，从而获得各层元素各自的权重。再针对最后一层元素，两两比较解决问题的各方案，计算各方案权重。层次分析法的基本步骤可以分为三步。

（一）明确问题，建立层次结构

在对问题进行系统分析的基础上，将其分解成为内元素组成的各部分，并把这些按属性的不同分为若干组，形成不同层次。同一层次的元素作为准则对下一层次的某些因素起支配作用，同时它又受到上一层元素的支配。这种从上至下的支配关系形成了一个递阶层次。

（二）构造两两比较判断矩阵

在建立了递阶层次结构后，上下层之间元素的隶属或者支配关系就被确定，假定上一个层次的一个元素 C（$i=1,2,3,\cdots,n$）对下一层次的元素 A_1、A_2，$\cdots$，A_m 有支配关系，可以建立以 C_i 为判断准则的元素 A_1，A_2，$\cdots$，A_m 间的两两比较判断矩阵 M，其关系如表3-1所示。

表3-1　C（$i=1,2,\cdots,n$）对下一层次的元素 A_1、A_2，$\cdots$，A_m 有支配关系表

C_i	A_1	A_2	A_3	$\cdots$	A_m
A_1	a_{11}	a_{12}	a_{13}	$\cdots$	a_{1m}
A_2	a_{21}	a_{22}	a_{23}	$\cdots$	a_{2m}
A_3	a_{31}	a_{32}	a_{33}	$\cdots$	a_{3m}
$\vdots$	$\vdots$	$\vdots$	$\vdots$	$\vdots$	$\vdots$
A_m	a_{m1}	a_{m2}	a_{m3}	$\cdots$	a_{mm}

a_{ij} 的含义是针对 C_i 而言，元素 A_i 相对于 A_j 的重要程度。

（三）层次单排序

层次单排序是通过计算判断矩阵，求解 F 一层各元素针对上一层某一元素的相对权重过

程。这一过程是针对一个元素所进行的排序。针对上一层所有元素 C_t，下一层元素 A_1，A_2，$\cdots$，A_m 两两比较得到判断矩阵解特征根：

$$AW = \lambda_{\max} W$$

所得向量 W，经归一化及一致性检验后得到元素 A_1，A_2，$\cdots$，A_m 在准则 C_i 下的权重。

对于专家填写后的判断矩阵，利用一定数学方法进行层次排序。

单排序是指每一个判断矩阵各因素针对其准则的相对权重。计算权重有和法、根法、幂法等，这里简要介绍和法。

和法的原理是，对于一致性判断矩阵，每一列归一化后就是相应的权重。对于非一致性判断矩阵，每一列归一化后近似其相应的权重，在对这 n 个列向量求取算术平均值作为最后的权重。具体的公式是：

$$W_i = \frac{1}{n} \sum_{j=1}^{n} \frac{a_{ij}}{\sum_{k=1}^{n} a_{kl}} \tag{3-15}$$

需要注意的是，在层层排序中，要对判断矩阵进行一致性检验。

前面提到，在特殊情况下，判断矩阵可以具有传递性和一致性。一般情况下，并不要求判断矩阵具有这一性质。但从人类认识规律看，一个正确的判断矩阵重要性排序是有一定逻辑规律的，例如若 A 比 B 重要，B 又比 C 重要，则从逻辑上讲，A 应该比 C 重要，若两两比较时出现 A 比 C 重要的结果，则该判断矩阵违反了一致性准则，在逻辑上是不合理的。

因此在实际中要求判断矩阵满足大体上的一致性，需进行一致性检验。只有通过检验，才能说明判断矩阵在逻辑上是合理的，才能继续对结果进行分析。

一致性检验的步骤如下：

第一步，计算一致性指标 C. I. （Consistency index）：

$$\text{C. I.} = \frac{\lambda_{\max} - n}{n - 1} \tag{3-16}$$

第二步，查表确定相应的平均随机一致性指标 R. I. （Random index）。

（四）层次总排序

在单排序的基础上，计算每一层次中各个元素相对于总目标的综合权重，并进行综合判断一致性检验的过程叫做层次总排序。简而言之就是根据层次之间元素的所属或者支配关系，将各因素层的权数按照上下层元素的对应关系，逐层把对应的权重传递下来的过程。

假定已经计算出第 $(k-1)$ 层 k 个元素相对于总目标的排序权重向量为 $w^{(k-1)} = (w_1^{(k-1)}$，$w_2^{(k-1)}$，$\cdots$，$w_m^{(k-1)})^T$，第 k 层 m 个元素以第 $(k-1)$ 层第 1 个元素为准则的排序权重向量为 $p_j^{(k)} = (p_{1j}^{(k)}$，$p_{2j}^{(k)}$，$\cdots$，$p_{nj}^{(k)})^T$。令 $p^{(k)} = (p_1^{(k)}$，$p_2^{(k)}$，$\cdots$，$p_n^{(k)})$，表示 k 层所有元素针对 $(k-1)$ 层每一个元素的排序，这是一个 $1 \times M$ 的矩阵，则第 k 层元素对总目标的合成排序为：

$$w^{(k)} = (w_1^{(k)}, w_2^{(k)}, \cdots, w_n^{(k)})^T = p^{(k)} w^{(k-1)} \tag{3-17}$$

或

$$w_i^{(k)} = \sum_{j=1}^{m} p_{ij}^{(k)} w_j^{(k-1)}, i = 1, 2, \cdots, n \tag{3-18}$$

同样，也需要对总排序结果进行一致性检验。

假定已经算出针对第 $(k-1)$ 层第 j 个元素为准则的 C. I.$_j^{(k)}$、R. I.$_j^{(k)}$ 和 C. R.$_j^{(k)}$，$j=1$，2，$\cdots$，m，则第 k 层的综合检验指标：

$$\text{C. I.}_j^{(k)} = (\text{C. I.}_1^{(k)}, \text{C. I.}_2^{(k)}, \cdots, \text{C. I.}_m^{(k)}) w^{(k-1)}$$

$$\text{R. I.}_j^{(k)} = (\text{R. I.}_1^{(k)}, \text{R. I.}_2^{(k)}, \cdots, \text{R. I.}_m^{(k)}) w^{(k-1)}$$

$$C. R.^{(k)} = \frac{C. I.^{(k)}}{R. I.^{(k)}} \qquad (3-19)$$

当 C. R.$^{(k)}$ < 0.1 时，认为判断矩阵的整体一致性是可以接受的。

层次分析法具有操作简单、结构客观、完全一致性三大特点，越来越多地为人们所采用。但构造各层指标的权重判断矩阵时，一般采用的是分级定量赋值，这可能会造成同一类中同一指标是另一指标的5倍、7倍，甚至是9倍。从而影响了权重的合理性，有学者提出将特尔斐法与层次分析法联合运用，以弥补其不足。

层次分析法的优点：原理简单、层次分明、因素具体、结果可靠，不仅可用于同一单位不同时期的纵向比较，也可用于不同单位同一时期的横向比较，指标对比等级划分比较细，能充分显示权重作用，没有削弱原始信息量，能客观检验其判断思维全过程的一致性，能对定性与定量资料综合进行分析，特别适用于那些难以完全用定量指标进行分析的复杂问题。

层次分析法的缺点：构建递阶层次结构的过程比较复杂，各层因素较多时两两判断比较困难，计算比较复杂，在权重的确定上，由于有评价人的参与，评价结果难免受评价人主观因素的影响。

第五节　空间分析法

可持续发展评价是对经济、社会、生态复合大系统的协调性进行评判。可持续发展系统作为一个多要素的复杂系统，它除了具有集合性、关联性、整体性、功能性、层次性等一般的系统特性外，它还是一个多维立体的系统。可持续发展评判的数据来源、特点和表示方法等都具有空间性。

从数据的获取方式来看，除了通过实地抽样调查和获得统计资料外，随着空间技术的发展，利用现代观测手段来快速准确地获取数据已经成为可能，例如对于有关的资源、环境数据，通过对遥感数据的解译，可以获得植被状况、土地利用、环境状况等信息。而这些数据本身就介于空间数据的范畴，具有鲜明的空间特征。

从数据的特点来看，有些数据无论采用何种方法获取，其本身都具有一定的空间性，可以将这些数据配置到其所在的空间来进行比较，分析其空间结构的合理性，通过不同时段的数据比较分析，对需要评判的可持续发展现状进行评判，并对今后的发展趋势进行预测。

近年来，"3S"技术的不断完善和应用的深入，为可持续发展评判的空间分析方法提供了技术基础。

"3S"技术是遥感（Remote sensing）、地理信息系统（Geography information system）和全球定位系统（Global position system）三门技术的简称。

遥感是指从远距离、高空以及外层空间平台上，利用可见光、红外、微波等探测仪器，通过摄影或扫描、信息感应、传输和处理，从而识别地面物质的性质和运动状态的现代化技术系统。遥感技术在数据获取方面的发展是在不断地研制新型的传感器，其地面的分辨率也越来越高。目前，遥感技术已广泛地应用于资源调查、环境监测、区域分析、全球研究等领域中。

地理信息系统（GIS）是以采集、存储、管理、分析、描述和应用整个或部分地球表面（包括大气层在内）与空间和地理分布有关数据的计算机系统，由硬件、软件、数据和用户的有机结合而成，智能化的GIS中还包括由知识和推理有机组成的专家系统。GIS的应用可为区域可持续发展提供方便的空间分析工具和数据管理手段。

全球定位系统是以卫星为基础的无线电导航系统。可以为航空、航天、陆地、海洋等用户提供三维的导航、定位和定时。通过"3S"的技术集成，构成整体的、实时的和动态的对地观测、分析和应用的运行系统，提高了观测、监测、分析和研究的准确性和现时性。目前已经广泛应用于与资源、环境管理相关的各个领域。可持续发展的评判是其应用的最为重要的一个领域。基于"3S"技术的空间分析方法主要分为数据的空间化和数据的空间分析两大类。

一、数据的空间化

数据的空间化方法有许多种，比较常用的有三种。

（一）趋势面分析

地理学中许多特征量都是空间数据的函数，它们随空间位置而变化，并且地理量随空间的变化可以分为两个部分：第一部分，大尺度的区域性变化，反映某个地理量的大范围的变化趋势，又称趋势变化，主要受大范围的系统性因素所控制；第二部分，小尺度的局部性变化，反映局部地区小范围的明显变化，往往与局部特殊因素有关。可用公式表示为：

$$Z = z + R = f(x,y) + R(x,y) \tag{3-20}$$

对于 N 样本资料有：

$$Z_i = z_i + R_i = f(x_i, y_i) + R(x_i + y_i) \quad (i = 1, 2, \cdots, n) \tag{3-21}$$

式中，$Z = f(x,y)$。式（3-20）及式（3-21）描述了地理量大范围的变化趋势，称 Z 为趋势值。公式所对应的曲面称为趋势面。因此，在进行计算时，只要求出趋势面方程，就能把地理量的大范围趋势变化和局部变化区分开来，这样就有利于问题的进一步研究和解决，这种分析方法就叫趋势面分析。

在数据的获取过程中，有些是通过实地抽样得到的，这些数据可以视为在空间上的离散点，通过趋势面分析，建立趋势面方程，就可以计算任意一点的值。

（二）点状因素扩散

某一点因素按其影响力和影响距离，评判对周围地区的影响程度，所采用的扩散模型主要有线性模型公式和指数模型公式：

线性模型公式： $$F = FQ(1 - D/R) \tag{3-22}$$

指数模型公式： $$F = FQ \cdot e^{(1-D/R)} \tag{3-23}$$

式中，F 为某一网格单元的作用分值；FQ 为该因素的中心分值；D 为该网格距因素中心的距离；R 为影响半径。

（三）遥感信息解译

遥感图像经过解译可以获得所需有关资料与环境的信息。遥感解译的方法有多种：第一种是遥感影像的目视解译，就是借助于简单的工具直接由肉眼来识别影像特征，从而判断各种地物与自然现象；第二种是光学影像信息处理，借助于光学仪器来进行彩色合成、密度分割、光学傅里叶变化等方法，使目标影像凸现，帮助目视解译和识别目标；第三种是用计算机进行图像信息处理，就是把影像数字化，然后对数字化的影像进行各种校正、恢复、增强、识别、分类等研究。这三种方法配合使用，可以收到较好的效果。

二、数据的空间分析

（一）聚类、聚合分析

栅格数据的聚类、聚合分析均是指将一个单一层面的栅格数据系统以某种变换而得到一个具有新含义的栅格数据系统的数据处理过程。栅格数据的聚类是根据设定的聚类条件，对原有数据进行有选择的信息提取，而建立新的栅格数据系统的方法。栅格数据的聚合分析是指根据空间分辨力和分类表进行数据类型的合并或转换，以实现空间地域兼并，空间聚合的结果往往将较复杂的类别转化为简单的类别。

栅格数据的聚类聚合分析处理法在数字地形模型及遥感图像处理中的应用是十分普遍的。例如，由数字模型转换为数字高程分级模型便是空间数据的聚合，而从遥感数字图像信息中提取某一地物的方法则是栅格数据的聚类。

（二）多层栅格数据复合叠置分析

栅格数据能够方便地进行同地区多层空间信息的自动复合叠置分析，可以用来进行区域适应性评价、资源开发利用规划等多因子分析研究工作。在数字遥感图像处理过程中，利用该方法可以实现不同波段遥感信息的自动合成处理，还可以利用不同时间的数据信息进行某类现象的动态变化分析和预测。因此，该方法在空间数据的地学分析中具有重要意义，被广泛地应用到地学综合分析、环境质量评价、遥感数字图像处理等领域中。

（三）包含分析

包含分析是矢量数据的一种空间分析方法，用于确定要素之间是否存在着直接的联系，这种联系包括点、线、面相互之间的联系。例如，利用包含分析可以确定居民地与河流和道路之间的联系，确定某个矿区属于哪个行政区等。

（四）多边形叠置分析

指同一地区、同一比例尺的两组或两组以上的多边形要素的数据文件进行叠置。根据两组多边形边界的交点来建立具有多属性的多边形成进行多边形范围内的属性特性的统计分析。合成叠置的目的，是通过区域多重属性的模拟，寻找和确定同时具有几种同性的分布区域，或者按照确定的地理指标，对叠置后产生的具有不同属性级的多边形进行重新分类或分级。统计叠置的目的，是准确地计算一种要素在另一种要素的某个区域多边形范围内的分和情况和数量特征或提取某个区域范围内某种专题内容的数据。

在可持续发展评判中，空间分析法可应用于以下几个方面：

（1）单指标分析。指对区域可持续发展的某个指标所进行的多种分析。例如，人口状况指标可以通过人口数量、人口质量、人口自然增长率和人口空间分布等来描述，这些指标都可以将某数值配置到空间进行比较、分析，以地图的方式进行输出。另外，对单指标数据还可以通过聚类聚合分析，将满足一定条件的信息提取出来，或者将满足一定条件的数据进行合并，从而建立新的数据系统。

（2）多指标数据综合分析。通过对多个指标数据的运算，来产生新的数据，用于分析或图形输出。例如，可以通过某一地区的耕地面积和人口数两个指标来计算出该地区的人均耕地面积，通过人口统计值可以计算出该地区的人口自然增长率等。多指标数据综合还表现在通过多层栅格数据的复合叠置或矢量多边形的叠加分析来产生新的数据层。

（3）区域可持续发展区划。区域可持续发展区划是根据区域可持续发展的程度来划分可持续发展的类型。区域可持续发展程度是通过指标体系的综合运算得出的。首先确定各个指标数据的比较基准，然后将该指标不同区域的数据与此基准进行比较，用所得比值进行加权求和，最后得到的值即为该地区的可持续发展度，然后再以该值为基础进行空间聚类、聚合分析，就可划分不同的发展类型区域。

（4）区域可持续发展空间趋势分析。区域可持续发展的空间趋势分析是指某区域随着时间推移而表现出的在空间上的发展趋势或方向。利用地理信息系统的空间分析工具和遥感技术的数据快速更新功能相结合，可以准确地监测和预测某区域在空间的发展趋势，从而制定相应的方针、规划或对策，以促进区域的可持续发展。

第六节 时 间 分 析 法

可持续发展评判常采用时间系列法中的下述几类方法对可持续发展的程度和状况进行评判。

一、发展速度

发展速度是表明发展程度的相对指标。它是根据两个不同时期发展水平对比而得，说明报告期水平已发展到（或增加到）基期水平的若干倍（或百分之几），即

$$发展速度 = \frac{报告期水平}{基期水平} \qquad (3\text{-}24)$$

发展速度由于采用的基期不同，可分为定基发展速度和环比发展速度两种。

二、定基发展速度

定基发展速度也叫总速度。报告期水平与某已固定时期水平（通常为最初水平）之比。它说明报告期水平乘以固定时期水平已经发展到（或增加到）若干倍（或百分之几），表明某种现象在较长时期内总的发展速度。其计算公式为：

$$定基发展速度 = \frac{a_1}{a_0}, \frac{a_2}{a_0}, \cdots, \frac{a_{n-1}}{a_0}, \frac{a_n}{a_0} \qquad (3\text{-}25)$$

定基发展速度等于各个环比发展速度的连乘积，即：

$$\frac{a_n}{a_0} = \frac{a_1}{a_0} \times \frac{a_2}{a_1} \times \cdots \times \frac{a_{n-1}}{a_{n-2}} \times \frac{a_n}{a_{n-1}} \qquad (3\text{-}26)$$

定基发展速度与环比发展速度可以相互推算。

三、环比发展速度

环比发展速度指报告期水平与前一时期水平之比。说明报告期水平对前一期水平来说，已发展到（或增加到）若干倍（或百分之几），表明某种现象逐期的发展速度。其计算公式为：

$$环比发展速度 = \frac{a_1}{a_0}, \frac{a_2}{a_1}, \cdots, \frac{a_{n-1}}{a_{n-2}}, \frac{a_n}{a_{n-1}} \qquad (3\text{-}27)$$

环比发展速度等于两个相邻定基发展速度之商，即：

$$\frac{a_2}{a_1} = \frac{a_2}{a_0} \div \frac{a_1}{a_0} \qquad (3\text{-}28)$$

四、平均发展速度

平均发展速度是一定时期内各单位时期环比发展速度的序时平均数，它说明可持续发展现象在一个较长时期内发展的平均速度。平均发展速度的计算方法如下所述。

（一）根据环比发展速度计算

$$平均发展速度 = \overline{X} = \sqrt[n]{X_1 X_2 X_3 \cdots X_n} = \sqrt[n]{\prod X} \qquad (3\text{-}29)$$

在实际计算中，开 n 次方根是很复杂的，可以用对数的方法来计算。这样，以上公式可表述为：

$$\lg \overline{X} = \frac{1}{n} \sum_{i=1}^{n} \lg X_i \tag{3-30}$$

式中，$\overline{X}$ 表示平均发展速度；X 代表环比发展速度；n 代表基年以后各年的项数。

（二）根据定基发展速度计算

环比发展速度的连乘积等于定基发展速度。然后开 n 次方根。

（三）根据发展水平计算

由于定基发展速度是根据最末和最初水平对比计算而得的，因此，也可以用最末水平与最初水平之比再开 n 次方根来计算。

（四）根据平均增长速度计算

在实际工作中，为了提高工作效率，使计算简便，可以利用平均增长速度。

（五）增长速度

增长速度是表明增长程度的相对指标，它是报告期与基期发展水平之比，说明报告期水平比基期水平增加了若干倍（或百分之几）。计算公式为：

$$增长速率 = \frac{增长量}{基期水平} = \frac{报告期水平 - 基期水平}{基期水平} \tag{3-31}$$

增长速度由于采用的基期不同，可以分为定基增长速度和环比增长速度，增长速度与发展速度有着密切的关系，即：

$$增长速度 = 发展速度 - 1(或 - 100\%) \tag{3-32}$$

如果发展速度大于 1，则增长速度为正值，表示某种增长现象的程度和发展方向是上升的。如果发展速度小于 1，则增长速度为负值，表示某种现象降低的程度和发展方向是下降的，在这种情况下，这个指标实质上就是"降低速度"。

（六）定基增长速度

定基增长速度是报告期积累增长量与某一固定基期水平（通常为最初水平）之比。它表示某种社会现象在较长时间内总的增长程度。其计算公式为：

$$定期增长速度 = \frac{积累增长量}{最初水平} = 定基发展速度 - 1(或 - 100\%) \tag{3-33}$$

（七）环比增长速度

环比增长速度是报告期逐期增长量与前一期水平之比。表明可持续发展逐期的增长程度，计算公式为：

$$环比增长速率 = \frac{逐期增长量}{前一期水平} = 环比发展速度 - 1(或 - 100\%) \tag{3-34}$$

（八）平均增长速度

平均增长速度是环比增长速度的平均值，它说明可持续发展状况在一个较长时期内逐年平均增长变化的程度。

平均增长速度不能根据增长速度和增长量直接计算，它是通过平均发展速度计算的。计算公式为：

$$平均增长速度 = 平均发展速度 - 1(或 - 100\%) \tag{3-35}$$

平均增长速度与平均发展速度有着密切的联系。当平均发展速度大于 1 时，平均增长速度为正值，表明所研究的现象在一定发展阶段内逐期平均递增的程度。当平均发展速度小于 1 时，平均增长速度为负值，表明逐期递减的程度。

第四章　人口与可持续发展

人口是生活在特定社会制度、特定地域具有一定数量和质量的人的总称。人口是一切社会生活的基础和出发点。首先，人口是社会生产力构成的要素，人口的主要组成部分是劳动力，他们是社会生产力的主要因素，是第一个生产力。其次，人口是生产关系的体现者，人口的生产是社会性的，没有一定数量的人口，就不可能有社会生产，人类社会也不可能存在。人口是社会再生产的重要前提和条件，是人类社会发展的积极因素。因为人和其他动物一样，也有生长、死亡的自然发展过程，要延续和繁殖，进行人自身的生产和再生产。人口的数量和质量，以及增长状况会影响自然资源的开发和经济的发展。

事实上，人口作为一个变量，其在决定发展是否可以保持持续性的过程中，具有关键性的作用，中国人口发展与社会经济发展之间关系变化的历史已经充分说明了这一点。并且，关于人口对发展的影响，随着时期的变化，适时、积极地调整我们与自然界的关系，使人口与环境、资源、社会经济协调发展，以期最终达到《我们共同的未来中》所说的："既满足当代人需要，又不对后代人满足其需要的能力构成危害的发展"的目标。

可持续发展是人们在对发展带来的危机进行深刻反思之后提出的全新发展观。作为一种战略或者一种思想，其最初产生于人们对日益恶化的环境和不可再生资源的消耗殆尽的忧虑。但是我们必须认识到，对环境与资源的破坏，正是由于人们日益增长的消费需要，而这种需要是随着人口的增长而增加的。人口作为一个变量，在决定发展是否可以保持持续性的过程中，具有关键性的作用。因此，人口的增长如何与自然资源的利用、对环境的优化协调发展，使经济社会发展具有可持续性，逐渐成为人们在使用可持续发展这一概念时最关心的问题。

第一节　全球与中国人口发展现状

一、世界人口发展现状

在人类发展历史上，主要的三次人口快速增长时期都与社会生产力的革命性发展有密切的联系。新式的代表更高生产力的生产工具的应用可以直接地为人类提供更多的食物，它也可以间接地为人们提供更方便、更舒适的生存空间，因而引起了人口的快速增长。

第一次人口快速增长归功于农业和畜牧业的发展，把人类从石器时代以狩猎和采集的生产方式中解放出来，生活安定，食物充足，营养结构改善。人口年增长率比石器时期增加了约1倍，全世界人口增加到1亿。这一时期生产力虽比石器时代有了很大的提高，但仍处在受自然条件支配的阶段。人类主要聚居于资源丰富、气候条件适宜的大河流域地区。相对于当时的生产力水平来说，资源似乎是无限的，只要增加劳动力投入，产出就能相应地增加。这一时期可以称为人口增长与经济发展并行的时期。

第二个人口快速增长期是随着18世纪产业革命所带来的工业化程度和社会生产力的发展而出现的，从公元1700年到1850年，世界人口由4.25亿增加到12亿。而且由于工业革命的关系，这次快速的人口增长主要发生在欧洲。工业革命使人口分布和城镇格局发生了剧烈的变动。快速的人口增长，给欧洲带来严重的经济问题，灾荒、瘟疫、战争都曾夺去许多人的生命。争夺有限的资源和空间的斗争变得十分剧烈。但是，这一时期世界其他地区还有大片未开发的土地，向外移民及掠夺殖民地资源就成为解决人口过剩的办法。直到 19 世纪后半叶，经过 100 多年的自发调节，人口增长也稳定下来。这一时期可以称为人口增长与经济发展失衡期。

第二次世界大战以后，具有完全不同特征的人口快速增长时期迅速形成。许多发展中国家摆脱了殖民统治，稳定的生活带来高出生率。同时，由于引进先进的医疗技术和药物，死亡率大幅度降低。由于过去的高死亡率，形成了多生子女的观念，这一观念并不能随着死亡率的猛烈下降而立即改变，出生率在发展中国家普遍维持在很高的水平上。因此，第二次人口增长高峰来得极其突然，人口增加的速度远远超过前两次，其覆盖面之广，来势之猛烈，令人叹为观止。表 4-1 列出了 20 世纪每 10 年的世界人口总数。

表 4-1　20 世纪每 10 年的世界人口总数

年　　份	人口总数/10 亿	年　　份	人口总数/10 亿
1900	1.62	1960	3.02
1910	1.75	1970	3.69
1920	1.81	1980	4.45
1930	1.99	1990	5.33
1940	2.21	2000	6.06
1950	2.52		

根据世界现有人口发展之趋势，预计世界人口 2025 年将达到 78 亿，2050 年将达到 90 亿。目前，人口问题已成为全球政治经济发展中令人关注的一个重要问题，对世界各国的社会经济发展产生着越来越重要的影响，控制人口的过快增长是各国政府和人民，特别是发展中国家政府和人民的目标。

二、中国人口发展现状

在有文字记载的历史中，我国的人口数量也有阶段性的增长。

第一个阶段是奴隶社会时期，由于落后的生产方式和战乱、疾病等因素的影响，在长达两千多年的奴隶社会，中国人口数量一直在 1000 多万左右。

第二个阶段是封建社会时期，人口数量有了较大的增加。据《汉书》记载，西汉平帝元年，全国人口为 5960 万人。清朝是这个阶段人口增长最快的时期，"四万万中国人"的规模一直维持到中华人民共和国建立。

第三个阶段是中华人民共和国成立之后，人民当家作主，生活条件得到改善，尤其是随着医疗卫生事业的发展，中国人口进入高速增长期。

第四个阶段是计划生育政策实施之后，1971 年，国务院以文件的形式第一次明确要求全国推行计划生育，至此中国开始了控制人口数量。在 30 多年的严格计划生育政策的作用下，中国人口过快增长的势头终于得到了有效的控制。

但是，中国仍是世界上人口最多的发展中国家。人口众多、资源相对不足、环境承载能力较弱是中国现阶段的基本国情，短时间内难以改变。根据第五次全国人口普查公报，截至 2000 年 11 月 1 日全国总人口为 129533 万人。其中：大陆 31 个省、区、直辖市（不包括福建省的金门、马祖等岛屿）和现役军人的人口共126583万人，香港特别行政区人口为678万人，澳门特别行政区人口为44万人，台湾省和福建省的金门、马祖等岛屿人口为2228万人。2005年，中国人口总数达到13亿（不包括香港、澳门特别行政区和台湾省），约占世界总人口的21%。由于实行计划生育，中国13亿人口日的到来推迟了4年。庞大的人口数量一直是中国国情最显著的特点之一。虽然中国已经进入了低生育率国家行列，但由于人口增长的惯性作用，当前和今后十几年，中国人口仍将以年均800万～1000万的速度增长。按照目前总和生育率1.8预测，2010年和2020年，中国人口总量将分别达到13.7亿和14.6亿；人口总量高峰将出现在2033年前后，达15亿左右。庞大的人口数量对中国经济社会发展产生多方面影响，在给经济社会的发展提供了丰富的劳动力资源的同时，也给经济发展、社会进步、资源利用、环境保护等诸多方面带来沉重的压力。

我国不仅人口数量众多，同时还有自身的一些特点。

（一）人口素质

我国政府不断加大公共卫生事业建设力度，不断提高人口健康素质。平均预期寿命已从新中国成立前的35岁上升到2004年的71.8岁，孕产妇死亡率从20世纪50年代初期的1500/10万下降到2004年的51/10万，婴儿死亡率从新中国成立前的200‰下降到2004年的29.9‰，传染病、寄生虫病和地方病的发病率和死亡率均大幅度减少。从总体上讲，中国人口健康素质仍然不高。每年出生缺陷发生率为4%～6%，约100万例。数以千万计的地方病患者和残疾人给家庭和社会带来沉重的负担。防治艾滋病形势依然十分严峻。截至2003年12月，中国现存艾滋病病毒感染者和艾滋病病人约84万，2004年疫情处于从全国低流行和局部地区及特定人群高流行并存的态势。

同时政府加快发展教育事业，努力提高人口科学文化素质。2004年，中国普及九年义务制义务教育的人口覆盖率达到93.6%，6岁及以上人口平均受教育年限达到8.01年（其中男性8.5年，女性7.51年），比1990年提高了1.75年；人口粗文盲率（15岁及15岁以上不识字或识字很少的人口占总人口的比重）降低到8.33%，比1990年时下降了7.55个百分点。各种受教育程度人口占总人口的比重分别为：大学以上占5.42%、高中占12.59%、初中占36.93%、小学占30.44%，受高层次教育的人数大幅度增加，受小学教育人口比重逐步下降。但是中国人口科学文化素质的总体水平还不高，主要表现在：一是人口粗文盲率大大高于发达国家2%以下的水平；二是大学粗入学率大大低于发达国家；三是平均受教育年限不仅低于发达国家的人均受教育水平，而且低于世界平均水平（11年）。并且，城乡人口受教育程度存在明显差异。2004年，城镇人均受教育年限为9.43年，乡村为7年；城镇文盲率为4.91%，乡村为10.71%。

（二）人口结构

从人口年龄结构看，在2004年末全国总人口129988万人中，0～14岁人口为27947万人，占总人口的21.50%，15～64岁人口为92184万人，占70.92%；65岁及以上人口为9857万人，占7.58%。上述数据表明：

（1）当前中国人口社会抚养程度比较低，劳动年龄人口比重大，劳动力资源丰富，为经济快速发展提供了强大的动力。未来一二十年是中国经济社会发展的人口红利期。但庞大的劳动年龄人口也给就业带来了巨大的压力，目前，中国城镇每年新增劳动力近千万，农村剩余劳动力2亿多。并且，劳动年龄人口将保持增长态势。据预测，2016年15～64岁劳动年龄人口将达到峰值10.1亿，2020年仍高达10亿左右。这对就业、产业结构调整和社会发展事业提出了更高要求。

（2）2000 年，65 岁以上老年人口比重达 7% 以上，根据国际标准，中国已经进入老龄社会。据预测，到 2020 年，65 岁老年人口将达 1.64 亿，占总人口比重 16.1%，80 岁以上老人达 2200 万。中国老龄化呈现速度快、规模大、"未富先老"等特点，对未来社会抚养比、储蓄率、消费结构及社会保障等产生重大影响。

（3）从人口性别结构看，2004 年末男性人口 66976 万人，占 51.5%，女性人口 63012 万人，占 48.5%，总人口性别比为 106 左右。从 20 世纪 80 年代开始，出生人口性别比持续升高，第五次全国人口普查时为 117，2003 年为 119，少数省份高达 130。为遏制出生人口性别比升高的势头，国家采取了一系列措施，颁布了《人口与计划生育法》、《关于禁止非医学需要的胎儿性别鉴定和选择性别的人工终止妊娠的规定》等法律法规，启动了"关爱女孩行动"，倡导男女平等，综合治理出生人口性别比偏高。

（三）人口分布

从城乡分布来看，2004 年末全国城镇人口达到 54283 万人，占总人口的 41.76%，乡村人口为 75705 万人，占 58.24%。近年来，由于积极推进人口城镇化和产业结构升级，实施城市带动农村、人口城镇化率以每年超过 1 个百分点的速度增长的政策，采取多种措施和合理规划，引导农村富余劳动力向非农产业转移，努力改善农民进城务工环境，促进农村劳动力有序流动，至 2004 年，中国流动人口已经超过 1.4 亿。大量农村劳动力进城务工，为城市发展提供了充裕的劳动力，同时也改善了农村的经济状况。按人口城镇化率每年增加 1 个百分点测算，到 2020 年还将从农村转移出 3 亿左右的人口。

与此同时，流动人口管理与服务体系却严重滞后，亟待完善。庞大的流动迁移人口对城市基础设施和公共服务构成巨大压力。流动人口就业、子女受教育、医疗卫生、社会保障以及计划生育等方面的权利得不到有效保障，严重制约着人口的有序流动和合理分布，统筹城乡、区域协调发展面临困难。

面对复杂的人口问题，统筹解决人口问题始终是中国实现经济发展、社会进步和可持续发展面临的重大而紧迫的战略任务。

第二节　人口与可持续发展的关系

人口是可持续发展系统中人的泛称，是生活在一定社会生产方式下，在一定时间、一定地域内，由一定社会关系联系起来的，由一定数量和质量的有生命的个人所组成的不断运动的社会群体，是可持续发展系统中最积极、最活跃的因素。人口与可持续发展密切相关，人口的数量、质量、结构等，都影响到资源、环境及经济、社会发展，从而对可持续发展系统造成直接或间接的影响。研究人口与可持续发展的关系应将人口与资源、环境、经济、社会作为一个协调统一的系统。

人口与可持续发展的关系是极为复杂的，这不仅因为可持续发展本身包含着非常丰富的内涵并由多种因素构成，而且因为人口本身也是具有多种属性的社会群体；人口可以通过多个能量、信息通道作用于可持续发展的方方面面，所起的作用既有正的，也有负的。而且不同的人口现象，如数量、质量、结构等所表现的作用也不同，因此不能简单地认为某种人口状态是有利于或不利于可持续发展的，必须进行具体的综合分析。

如上所述，从世界范围看，特别是从我国的人口现状看，人口对环境、经济和社会发展产生了双重的作用和影响：一方面，由于控制人口增长取得了巨大成绩，人口素质提高和结构的调整也有显著进展，减少了许多来自人口方面的压力，不断改善了人口条件；另一方面必须明确，仅仅是"减少压力"、"改善条件"而已，人口压力还没有从根本上解除，人口条件也远未完成由不利到有利的转变，还存在许多制约可持续发展的人口问题。

一、人口对资源、环境的影响

为了满足自身的生存需要，人类通过不断改进的工具和技术改造自然环境。利用资源，人类对自然环境的改造，实际上是对自然环境生态系统的一种干扰，这种干扰既是对自然环境的改变，也是对自然环境的适应，取决于人类活动是否符合自然环境的自然规律。一般而言，这种干扰只要不超过一定的限度，生态系统将通过自身的自我调节机能而保持正常的运行，达到生态系统的动态平衡。但是，如果这种干扰超过一定的限度造成生态系统的破坏，最终也会危及人类生存和发展。

人类在不断征服自然的过程中，已经不自觉地把自己放到大自然的对立面。世界范围内的环境恶化、资源短缺程度开始变得越来越严重。而且非常可悲的是，大自然以各种方式对人类的报复反而使我们更加变本加厉地向自然界索取。直到有一天我们发现，人类赖以生存的环境已变得如此恶劣，我们曾以为取之不竭、用之不尽的资源已几近枯竭。实际上，当100多年前，人类为工业革命所带来的各种好处而欢喜若狂的时候，恩格斯就曾深刻地指出："我们不要过分陶醉于我们人类对自然界的胜利。对于每一次这样的胜利，自然界都对我们进行了报复。每一次胜利，起初确实取得了我们预期的结果，但是往后和再往后却发生完全不同的、出乎预料的影响，常常把最初的结果又消除了。美索不达米亚、希腊、小亚细亚及其他各地的居民，为了得到耕地，毁灭了森林，但是他们做梦也想不到，今天这些地方竟然因此成为不毛之地，因为失去了森林，也就失去了水分的积聚中心和贮藏库。因此，我们每走一步都要记住：我们统治自然界，决不能像征服者统治异族人那样，决不能站在自然界之外，相反，我们要记住：我们属于自然界，存在于自然界之中，我们对自然界的全部统治力量，就在于我们比其他一切生物强，能够认识和正确运用自然规律。"今天，我们重温这一论述，仍不禁为其的"先知先觉"而感慨。

人类为了自身的生存和发展，通过不断改进的技术和不断丰富的科学知识，改变着自身的生存环境。更多地关注如何更快地发展生产力以满足不断增加的人口和不断提高的生活水平的需要，而较少考虑这样做的后果，环境变化的后果以及对人类的长远影响。真正引起人们对人类与其生存环境的关系问题加以重视的主要是在20世纪以来，伴随着人口的不断膨胀，围绕着人口、资源、环境关系，在学术界却展开激烈的争论，焦点集中在资源环境问题是否由人口增长所致，人口增长究竟是利是弊？由此形成了各种理论，总结起来可以归纳为四种：

（1）以古典经济学家和自然科学家为代表。他们认为，高速的人口增长导致了环境的退化，人口增长是独立的作用因素。不断增长的人口给可利用资源带来压力或者提高人口的生活水平时，在资源耗竭时，环境退化将不可避免。人口、资源、环境的关系可以用占用土地资源的人口承载量的方式来衡量给定可利用资源的能负荷的人口数。这一理论强调的是人口规模的绝对影响。

（2）以新古典经济学家为代表。他们认为，人口增长是一个中性因素，与资源、环境之间没有内在的联系，人口增长是否影响资源、环境取决于自由市场政策的可操作性。也就是说，在一个有效的市场体系中、人口增长将与先进技术的发展相适应，不会出现资源环境问题；相反地，在一个充满畸变的经济中、高速的人口增长可能加剧那些畸变因素的影响。这种理论更多地强调市场经济和资源配置的作用，而不认为人口增长是一个独立的作用因素。

（3）以理论家为代表。他们认为，环境退化是经济制度和社会制度变化的一个后果，主

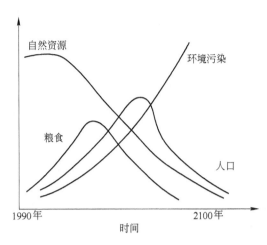

图 4-1　人口膨胀-自然资源耗竭-环境污染模型

要是贫困的后果。而人口的高速增长不过是深层次社会经济问题——贫困问题的一个征兆，环境退化与人口增长无疑是相联系的，但是这种联系不在于一个问题导致了另外一个问题，而在于他们具有共同的根源，那就是，资源的不平等分配。而资源的不平等分配，是与畸变的政治和经济制度相联系的。这种理论强调的是资源分配问题。

国内外的大量研究都指出了人口增长对环境恶化和资源浪费都有直接的影响，几乎所有的环境问题都是人口增长引起的或因人口增长而加剧的。1970 年，梅托斯（Meadows）提出一个 "人口膨胀-自然资源耗竭-环境污染" 的世界模型（见图 4-1）。该模型认为，人口增长必然导致下列三种危机同时发生：1）土地利用过度，因而不能继续加以使用，粮食产量下降；2）自然资源因世界人口稠密而发生严重枯竭，工业产品也随之下降；3）环境污染严重，破坏惊人，促使粮食加速减少，人口数量急剧减少，人类走向灭亡。

该模型为纯数学计算结果，为考虑人类控制自身发展的能力和人类的创造力，但该模型也反映了人口增长对资源和环境的影响。众所周知，人既是生产者，也是消费者。从生产者人的角度来说，任何生产都需要大量的自然资源来支持，如农业生产需要耕地、工业生产需要能源、各类矿产资源、各类生物资源等。随着人口的增加，生产规模的扩大，一方面所需要的资源要继续或急剧增大，一方面在任何生产中都有废物排出，而随着生产规模的增大而使环境污染加重。从消费者人的角度来说，随着人口的增加、生活水平的提高，则对土地的占用（食、住、行）越大，对各类资源如不可再生的能源和矿物、水资源等的利用，也急剧增加，当然排出的废物量也增加，加重了环境污染。资源问题是当今人类发展所面临的一个主要问题。自然资源是人类生存发展不可缺少的物质依托和条件，自然资源与人类社会和经济发展存在着相互作用、相互制约的密切关系。然而，随着全球人口的增长和经济的发展，对资源的需求与日俱增，人类正受到某些资源短缺或耗竭的严重挑战。

可持续发展有三个基本的支撑系统：一是人口系统；二是资源系统；三是环境系统。人口系统可持续发展所面对的主要困难，就是世界人口在持续增长，人口规模过大并不断扩张，使资源稀缺性加剧，并引发出生态环境的日益恶化。人口增长之所以会成为问题，就是因为资源稀缺加剧，可持续供给能力在持续减弱。环境之所以会不断恶化，也是由于资源过度开采和消耗，使资源面临耗竭殆尽的危险结局。首先是人口系统出现问题，才导致资源系统出现问题，而资源系统问题又直接导致环境系统出现问题。并且在可持续发展遇到严重挑战时，这三个系统问题又相互作用，形成不断恶化的趋势。环境的作用有：提供人类活动不可缺少的各种自然资源；对人类经济活动产生的废物和废能量进行消纳和同化，即环境自净功能或环境容量；提供舒适性环境的精神享受。环境问题的实质在于：人类索取资源的速度超过资源本身，替代品的再生速度和向环境排放废弃物的数量超过了环境自净能力。因为其环境容量有限；自然资源的补给、再生和增殖需要时间，一旦超过极限便不可逆转。

人口对环境的压力有两条途径：一是人口数量压力；二是人口平均消费能力的压力。当前，这两者形成的过度的需求与地球有限资源之间的矛盾，部分地区已经突破了临界点。伴随着世界人口的不断增长，人口数量对资源、环境的影响主要是负面的。人口数量的不断增大，在人的消费水平不降低甚至上升的前提下，将会导致物质总需求的急剧增大。沉重的人口负荷与高速的经济增长相结合，加上不可持续的消费模式，对有限的资源构成巨大的压力。

一方面使得短缺性资源（如耕地、水资源、能源、生物资源）的消耗量日渐增加，导致耕地资源承载加重，水资源紧缺，能源缺口扩大，生物多样性锐减等；同时，人口增长进一步使人均资源占有量降低，从而农业资源负担过重，工业资源供给不足，削弱了人均产量的提高。人口增长需要更多的粮食、消费品以及用于公共服务和基础设施的投资。减少了国家生产性投资，使人均储蓄和人均投资量不断降低，严重影响了经济、社会发展。另一方面，沉重的人口生存压力和短期效益的驱动，加重资源的掠夺性、粗放性开发，加速生态环境的破坏，引起水污染、大气污染、水土流失、次生盐碱化及海水入侵等问题。中国由于种种原因，过早地走入了破坏自然生态、加重环境污染的尴尬境地。工业先天不足、布局规划严重不合理、工艺水平普遍落后、管理水平低下，是粗放外延发展；靠高投入、高消耗求得增长，结果物耗和污染代价巨大。

就我国目前情况来看，人口对资源的影响是巨大的。民以食为天，但目前我国的人均耕地还不及世界平均水平的一半，全国已有600多个县人均耕地低于530平方米的警戒线，而且近年来，我国耕地的数量还以0.2%的速度减少，随着人口的增加，对粮食需求量的增加，人与地之间的矛盾将更加尖锐。2000年，全世界森林覆盖率为31.3%，我国仅为14%。由于草场利用不合理，草原呈现出退化、沙漠化和盐渍化趋势。在干旱和半干旱地区，降水量远远低于蒸发量，植被稀疏，生态脆弱，轻度人类活动就有可能引发土地退化和沙漠化。我国是世界上水土流失最严重的国家之一。全国200多个贫困县都属于水土流失严重地区。美国学者巴尔尼博士把中国的土壤和人口问题提高到影响国家安全的重要问题看待。他把黄河平均每年流失16亿吨泥沙比做主动脉出血，大声疾呼："中国水土流失面积185万平方千米，每年土壤流失50亿吨，养分流失量相当于4000万～5000万吨化肥，生产这些化肥需要巨额资金。"上述数字的估算，单是为生产化肥所需的煤炭，就要投资25亿元，用20年时间建设20个大型煤矿，还不算化肥厂本身建设所需的投资。

中国能源利用率只有30%，而发达国家都在50%。我国二氧化碳排放量仅次于美国和原苏联，是世界第三大排放源。工艺原材料几乎全从大自然中索取，而大量的需求，加大了给本已脆弱的大自然的压力。矿产的开采，破坏了地貌，大量的采矿废物，占用了更多空间。淡水资源是人类生活和工农业生产中无可替代的宝贵资源。对淡水资源的消耗随着人口的增长而迅速增加。1900年，全球淡水总消耗约为400万立方米，但到了1999年，就增加到6000立方米，是1900年的25倍，到2015年，全球的淡水总消耗量将达到8500立方米，其中农业用水将上升2.2倍。工业用水上升4.4倍。遗憾的是，当水的需要量不断上升时，供水量却越来越少，原因是人口的增加以及人类的经济活动不当，破坏了自然生态环境。使本来就紧张的水资源更加不均衡，并且水质污染越来越严重，使更多的水源不能使用。我国的水资源总量为2.8万亿立方米，枯水年减少到2.46万亿立方米，平均为2.6万亿立方米。但由于人口基数过大，人均占有量只有2700立方米，还不及世界人均占有量的1/4。而且，水资源分配不均，水资源浪费、污染也非常严重。多数地区，尤其是华北、东北和西北地区，水资源严重短缺。根据有关资料，目前我国有188个城市供水紧张，日缺水量达1240立方米，每年缺水量45亿立方米，从全国来看，年缺水达350亿立方米。2005年我国人口是13亿，今后生活和工农业生产需水量呈将急剧增加，我国将面临水资源危机。

生物多样性不断减少。我国生物多样性非常丰富，高等植物和生物物种均占世界60%。

但是，生物多样性正受来自人口增长与环境恶化的双重威胁。近半个世纪，我国已有1000多种物种灭绝，其中包括约200种高等植物。有15%～20%的动植物种类处于濒危，其中包括约4600种高等植物和400多种野生动物。保护和合理利用野生动物资源，在国际上是衡量一个国家和地区自然环境、科学文化和社会文明的标志。而在我国，对鸟类和野生动物的乱捕滥猎却成为极少数人发家致富的途径。

这些事实说明，人口增长本身并不直接意味着对环境的破坏，但人口增长带来的对满足其生存需要而进行的各类经济活动却可能对环境形成巨大的压力。如果设想我国的人口规模是8亿，不是现在的12亿，与此同时由于更高的人口素质使得8亿人具有与12亿人等价的生产力，那么我们经济发展水平的提高速度可能要快得多，人民生活水平也会高很多，原本用来满足增加人口各种需要的支出便可以用来增加社会进步、环境保护、发展教育等等方面的投入。从这个角度看，人口增长确实成为了环境恶化的主要原因之一。尤其在我国这样一个人口众多的国家，人口规模任何一点微小的扩大，都会进一步加大这种压力。从这个意义上讲，控制人口仍是防止环境进一步恶化的重要方面。

二、人口对经济、社会发展的影响

一般来说，人口与经济发展的关系并不是永远以同样的规律相互联系起来的。人口过分稀少显然对发展经济不利。农业方面，水利系统必须在人口密度达到一定水平以上才能充分发挥效益。工业方面，必须有相当规模的人口才能形成市场，形成促进生产的有效需求，也只有相当数量的人口才能提供充裕的劳动力，形成规模经济效应。现代城市经济学认为，少于25万人口的城市缺乏内在的刺激经济发展的动力。但是，人口也绝不是越多越好，这一点已为许多历史经验、特别是第二次世界大战以后的经验所证明。

（一）人口对经济、社会发展的促进

一定数量的人口为经济发展提供动力。人的生存和发展需要有必要的物质基础。人在衣、食、住、行等方面的需求可以带来经济的繁荣和发展。居民收入和消费的不断增长，人口城市化的加速，消费结构向现代型的转变，会为工、农业生产和整个国民经济发展提供广阔的市场，产生强有力的拉动。一定数量的人口可以满足社会生产对劳动力的需求。经济和社会的发展需要一定数量的适龄劳动人口，适度的人口规模可以充分满足这种需求。众多的人口为经济发展和社会进步提供了大量廉价的农业劳动力、熟练的产业工人，以及一大批优秀的管理人才、科技人员，为发展劳动密集型产业、技术密集型产业奠定了坚实的劳动力和人才基础。

（二）人口对经济、社会发展的制约

人口，指居住在一定历史时期一定地域的总体人群，其作用、影响和问题，首先在于它的数量，在于总体人口的数量变动。经济是社会发展的基础，经济活动分为生产、交换、分配、消费环节，消费为经济活动的终点，消费品为最终产品，因而总体人口增长与消费水平的变动，可以在宏观上概括地反映出人口数量与社会经济发展之间的基本关系。

人口是生产者和消费者的统一。作为生产者是有条件的，而作为消费者则是无条件的，任何社会形态下都必须生产满足全体居民需要的消费资料，都必须使总体人口的需要同物质生活资料保持一定的比例。这个比例，首先依赖于人口与国民经济增长速度之间的比例。一般情况下，总是经济增长速度高出人口增长速度许多。那么二者之间的比例关系是否就协调了呢？不一定，它还取决于固定资产投资系数。如目前中国固定资产投资系数在3.0左右，这个投资系数即成为人口投资增长的倍率，即保持原有居民消费水平的增长率。1999年中国人口自然增长率为0.88%，要使居民生活水平不致下降，人口投资增长速度应在2.46%左右。实际国民收入等指标的增长速度远高于此，才有居民生活水平的继续提高。我们在进行人口与经济增长速度的比较时，还要注意到原有的基础和已形成的水平，在一个人口平均消费水平较高的国家，即使消费资料增长速度低一些、人口增长速度稍高一些，二者之间的比例很可能还是适当的。相反，在一些人口平均消费水平较低的国家，短期内消费资料增长速度高于人口增长速度也不能改变人口过剩的态势。一般说来，不经历一个与人口平均预期寿命相仿的时间，是难以从根本上解决由人口过多所带来的一系列问题的。我国人口多，底子薄，生产力不发达，这是基本国情的主要特点。虽然改革开放以来经济持续快速发展，但仍不能改变人口过剩的基本现状，人口增长对消费水平的制约还将长期存在。

人口不仅通过其总量作用于经济的增长，还通过其结构对经济的增长施加影响，特别是劳动年龄人口变动对就业的影响。今后20年，伴随人口总量的增长，劳动年龄人口数量以及劳动力供给仍将呈上升趋势。预测表明，我国15～59岁劳动年龄人口2000年为8.23亿，2010年可增至9.26亿，2020年增至9.41亿，其后才会逐渐减少。从而带来双重影响：一方面，随着劳动人口年龄比例的上升、被赡养的老年人口与少年人口之和所占比例，即从属比下降，社会负担较轻，出现一个有利于经济和社会发展的"黄金时期"；另一方面，对于像中国这样人口与劳动力过剩的国度来说，劳动年龄人口的继续增长，劳动力市场供大于求，使劳动就业形势更为严峻。据世界银行统计，1997年中国劳动力资源占世界总量的26.2%，但资本资源占世界总量不足4%，这一现实决定了我国就业岗位不足、劳动力供大于求的状况将长期存在，劳动生产率增长缓慢，显性的、隐性的失业会越发严重起来。需要指出的是，目前统计到的失业人口数量和失业率还仅限于城镇登记失业人口和据此推算出来的失业率，对失业人数和失业率的估计是偏低的，因为分子仅限于城镇失业人口，分母却包含数量庞大的农村劳动力在内的全社会劳动年龄人口。如果将农村剩余劳动力计入失业人口，显然失业人口数量更为庞大，尽管绝大部分还是隐性的失业人口，但今后随着劳动力市场化的不断推进会逐步显性化。

人口老龄化是指老年人口比例升高的过程。它是出生率下降和预期寿命延长的结果，国际上一般是将60岁及以上老年人口占总人口比例达到10%，或65岁以上老年人口占总人口比例达到7%，称为老年型年龄结构。按照这一标准，我国城市早在1996年就已经过渡到老年型，全国2000年过渡到老年型。预测表明，2000年、2025年和2050年，中国60岁以上人口比重分别比世界平均水平高出0.1、4.4和7.6个百分点，尽管比发达国家还低一些，但在发展中国家水平中居最高水平之列。发达国家是在经济发达以后迎来老龄化高潮，而我们却是在经济尚未发展起来时就受到"银色浪潮"的冲击，基本上是发展中国家的经济和接近发达国家的年龄结构。这样一种"时间差"，是中国人口老龄化问题的根本困难所在。

人口老龄化在人口年龄结构方面反映为：总体人口的老龄化，劳动年龄人口的老龄化人口老龄化会对我国经济、社会的可持续发展带来深远的影响。老年负担系数上升，21世纪前半叶，我国人口老龄化呈持续增加的态势，相应的中国社会总抚养比、中老年赡养比也会增加。劳动力参与率下降，目前我国劳动力参与率高达80%左右。劳动年龄人口数量庞大、劳动力资源充沛，有利于国民经济的持续快速发展。但是10多年后，如果现行法定劳动年龄标准保持不变，随着老年人口比重的急速上升，劳动力参与率会有所下降。降低劳动力的创新能力，人口老龄化的加速推进，意味着劳动年龄人口中较高年龄层所占的比率不断增大，青年劳动力所占的比重相对下降。劳动力年龄结构的这一变动趋势，会影响到劳动力的创新能力和劳动的效率。虽然目前劳动年龄人口高龄化是否真的会影响劳动生产率的问题还有不同意见，或许只对某些行业劳动生产率有影响，但劳动者高龄化至少会造成劳动力流动性下降和失业风险加大，与老年保障相关的公共支出上升，储蓄和投资水平下降。相关研究表明，平均赡养一位老年人的费用要大大高于抚养一个人从婴儿到青年（0~18岁）的费用，政府支付给老年人的赡养费用是负担青少年的费用的3倍。从投入、产出的角度分析，花在孩子身上的大部分支出属于人力资本投资，当他们成长为劳动力后，这些投入将会得到回报。老年人尽管在其经济活动年龄期间创造过剩余价值，但是从预期的角度看，支付给老年人的费用属于纯消费性支出，这种消费性支出会随着老龄人口的增加而增加，相应地减少用于社会生产的资本积累，可能导致未来经济增长率的降低。

如果说，中国的人口类型转变是用30多年时间走完发达国家逾百年的历史的话，中国人口就业结构的转换却严重滞后于产业结构的变动，表现为我国的人口城乡结构，较之产业结构和发展水平相近的国家，将要落后十几年至几十年之久。城镇化滞后，势必影响中国经济由"二元结构"向"一元结构"的转变，从而在未来现代化进程中，转移农村剩余劳动力的任务变得更为艰巨。

在人口与经济发展的关系上，传统的农业和工业经济时代关注的重点，是人口的数量和结构，知识经济时代关注的重点则转向人口的质量。一个国家的综合国力，将主要取决于这个国家的科技创新能力，取决于人口文化教育素质，归根结底取决于人力资本。改革开放以来，虽然我国经济增长率一直位居世界前列，但是人均国内生产总值与发达国家的差距未见明显缩小。究其原因，除人口总量年复一年增长外，主要在于我们的劳动生产率并没有随同国民生产总值的增长而提高、增长方式基本上是外延扩张型的。同国外特别是同发达国家相比较，我国劳动生产率之低是十分突出的，美国年生产10亿吨煤炭只用15万人，劳动生产率为6666吨/（人·年）；我国700万煤矿工人生产13亿吨煤炭，劳动生产率为186吨/（人·年），仅相当于美国的28%。1998年按现行汇率计算的制造业劳动生产率，大致相当于美国的3.7%、日本的3.5%、德国的4.2%、韩国的6.2%、马来西亚的20.0%。劳动生产率低一直是困扰中国经济发展的重要问题，是需要重点解决的问题。

决定劳动生产率高低的因素很多，如经济体制、规模、结构、激励机制等，但基本的因素是劳动者素质。我国劳动力总体文化教育素质不高，是妨碍劳动生产率提高的主要原因。21世纪的社会将是一个以知识为主导的知识型社会。我国政府抓住这一发展机遇，及时地提出了"科教兴国"战略。关于"科教兴国"，"教"是基础，只有教育得到超前的发展，才能普遍提高劳动者的素质，培养出一大批高素质的人才，才能提高我国的技术创新水平和国际竞争能力。由于我国人口多，原有教育基础远远不能适应人口素质提高的需要，对实施"科教兴国"的困难要有充分的估计，关键在于人口文化教育素质的提高。

第三节　人口可持续发展

一、人口可持续发展概念的由来

1989年，国际21世纪人口论坛在荷兰首都阿姆斯特丹举行。论坛结束时发表的《阿姆斯特丹宣言——让后代过更美好的生活》中讨论人口方面的迫切需求的紧迫问题时有如下的内容："强调我们对后代所负的责任，特别是人口方面的责任，因为一代人在人口方面采取的行动和做出的决定将在很大程度上决定后代的人口结构，并且将在暗中决定千百万尚未出生的人将来所在世界和社会的性质，确认人口、资源和环境之间有不可分割的联系，并强调我们致力于在人口数量、资源和发展之间建立一种可持续的关系。"

1994年9月在埃及召开的联合国人口与发展大会将可持续发展列为中心议题，182个国家参加这次大会。会议通过的《关于国际人口与发展的行动纲领》指出："可持续发展作为确保当今与以后所有人公平享受福利的手段，要求充分认识到和妥善处理人口、资源环境和发展之间的关系，并使它们协调一致求得互动平衡。为了实现可持续发展，使所有人民都享有较高的生活质量，各国应当减少和消除无法持续的生产和消费模式，并推行适当的政策，包括与人口有关的政策，以满足当代的需要而又不会影响后代自身需要的能力。"这次大会特别提出"可持续发展问题的中心是人"的观点，是针对世界人口连续有较大幅度的增长态势，强调了人口因素在可持续发展中的地位和作用，特别是指对于发展中国家由于人口增长快、人口素质低和人口结构不合理对经济社会的发展已构成严重的影响，使得我们不得不重新认识人口自身发展的重要性。

可持续发展的出发点和归宿点是为了人类更好地生存和发展。可持续发展的主要障碍是人类自身发展观的失衡，包括过快的人口增长、不可持续的生产和消费格局与模式以及相应的发展观，而要实现可持续发展的关键，则在于发挥人的主观能动性，对人类自身的繁衍进行调整，转换原有的思维和发展模式，创造一种适合可持续发展的良好人口状况，这是可持续发展的前提。明确地将人口因素纳入经济和社会发展的战略，可以加快实现可持续发展的步伐，还有助于反对贫困，实现人口目标，提高人们的生活质量。人口作为居住在一定时间、地域的人的总体而言，由特定的数量、素质、结构组成。进行着相对稳定的人口再生产，完成世代更替和自身发展，客观上存在一个何种状况更为合理，更符合可持续发展要求的问题；因此，人口可持续发展的定义至少要包括人口数量的适度发展、人口素质的不断提高和人口结构的不断合理化三个重要部分。在人口可持续发展中，人口数量是最重要的。

二、人口可持续发展的内容

（一）以人为本的发展观

发展的宗旨是为了满足人的需要，满足人的生理、心理、交往、文化等全面发展的需要；发展的途径为实现资源的合理有效配置，尤其注重人力资源的开发和利用，并逐步过渡到以人力资本的积聚和集中为主要手段的发展；发展的基本模式为人口、资源、环境、经济、社会相互促进和协调的发展。然而，随着社会生产力的发展，特别是工业革命后竞争的日趋激烈，空前积聚起来的资本强烈地表现出自我增值的本性，片面追求增值速度和积聚规模。以最大限度的自我增值为己任，使其脱离满足人的需要，走上为发展而发展的道路。

人的全面发展的需要，按层次划分可分成生存、享乐、发展三种需要，最基本的是生存需要，它是任何社会人口再生产得以正常进行的条件，是社会稳定的基础。若不能满足个体人口对生活资料的需要，就会造成社会秩序混乱；若不能满足生产年龄人口对生产资料、产业结构的需要，存在大量的失业人口，社会也难以维持安定团结的局面，发展就会受到影响，更谈不上可持续发展。不过，生存需要有个限度，当经济发展到一定阶段以后，这种需要相对容易满足，而人们追求高生活质量的享乐需要是无限的。但由于这样的享乐需要同样为发展提供着需求动力，因而也是人的全面发展需要之一。只是正常的享乐需要，应限定在有益于人的生理和心理健康，有利于社会进步这个范围内。至于发展需要，特别是提高人口科学、技术、文化素质方面的发展需要，不仅为人的全面发展需要所必需，而且是实现可持续发展的主要手段。

满足人的全面发展需要中的"人"，既包括现实的当代人，也包括他们的子孙后代，可持续发展要求摆正和处理好代际之间的发展需要的关系。传统发展观谈到满足人的发展需要时，一般仅指当代人的需要，忽视了为满足当代人需要会给后代人带来什么样的结果。这种满足当代人全面发展需要的发展，不应损害后代人的利益，不能建立在危及后代人需求的基础上。传统的经济增长等于发展，导致环境恶化和资源枯竭，是典型的功利向当代人倾斜的发展；以满足人的全面发展需要为目的可持续发展，意在改变这种倾斜，强调发展的代际公平性、持续性、共同性，是强调既利于当代又利及子孙，有益于代际延续的发展。

以人为本的发展观，不仅体现在发展的出发点和目的、发展的决定性因素和路径上，而且贯穿于人口、资源、环境、经济、社会发展各个方向，形成不同方面的交叉发展。可持续发展的一项基本要求，是这诸多交叉发展的协调性和连续性，而这一点只有坚持以人为本才能做到，才能建立起涉及发展主要方面和交叉发展的，以人为本，或称为人本理论的可持续发展理论体系。

（二）适度的人口论

人口问题是一把双刃剑，一方面是人口增长过快与社会经济发展不相适应，那么它就会对社会经济发展产生负效应，并且在人口再生产惯性的作用下，这种负效应不断积累和加强，一直成为社会经济发展的障碍；另一方面是人口增长太慢甚至减少与经济发展不相适应，影响社会需求从而不利于经济发展对人口规模的要求，对区域经济发展来说，只有适度人口规模才能形成对社会经济发展的正效应，甚至使之成为社会发展的强大推动力。

对于"适度人口"这个概念，人们从各种不同的角度给予不同的定义。"适度"一词的意思是非常清楚的，即"最适宜"、"最优"、"最好"或"最佳"之含义。人口可持续发展强调以人为本，以人类的繁衍必须围绕人的全面自由发展这个中心，人口适度发展是指人口的规模或人口的数量，从某一国或某一区域的经济、自然资源、生态环境和社会发展多项标准来衡量是适宜的或适中的。这样就能促使某一国或某一区域经济的发展、社会的进步和人民物质文化生活的改善和提高。而人口素质的提高是人口可持续发展的重要内容，通过人力资源的开发，提高劳动者的劳动生产率和经济效益。人口结构特别是人口的分布结构是人口可持续发展的主要内容，人口规模过大形成对土地、资源、生态环境的压力，而人口过于分散难以形成经济发展对人口规模的要求。

我们提出的全方位适度人口论，包括人口的数量、质量、结构三个基本的方面，是三个方面以及三个方面相结合的"适度"，即：人口的数量是适当的，人口的质量是稳定提高的，人口结构是比较合理的。这里，关键是要弄清三方面之间的关系。

首先，人口的数量状况怎样，对人口质量和结构有着很大的作用和影响。如在一个人口数量过剩、增长速度很快的国度，人口多、消费大、积累少，未成年人口消费所占比例高，既妨碍社会和家庭积累的增加，从而影响到经济和社会的发展速度，又影响到科学、教育、文化投资的增长，从而影响到医疗、卫生、保健事业的发展，最终影响到人口文化教育素质和身体健康素质的提高。如在一个人口和劳动力不足的国家，一定的人口数量增长有利于经济的增长和社会的发展，从而对人口质量也会产生良好的影响。正常情况下，人口年龄、性别结构的调控，是具体的人口出生率变动的结果，年龄和性别结构的变动是由出生人口和年龄、性别、死亡人数决定的。人口城乡结构和地区分布结构的变动，主要的原因在于人口的迁移和流动；然而也与城市和乡村、不同地区间的人口出生率、死亡率的变动相关，是数量变动的空间表现。

其次，质量和结构对人口的数量变动，同样具有不可替代的意义。在人口变动过程中，生育率与人口文化教育素质成反比是普遍存在的现象，总的趋势是人口文化教育素质越低生育率越高，人口文化教育素质越高生育率越低。人口身体素质与生育率之间没有一定的直接关系，但是婴儿死亡率的下降和年龄差别死亡率的下降，预期寿命的延长，显然有利于增大生存人年数，有利于人口的数量增长。然而人口身体素质的提高除了仰仗于物质生活的改善和医药卫生事业的发展外，还依赖于文化、体育等活动的有效开展。丰富多彩的精神生活和生活兴趣的多样化也有利于生育率的降低。人口城乡结构对生育率的影响是显而易见的。一般来说，城市特别是发展中国家的城市生育率低于农村。这在本质上是由抚养孩子的成本－效益决定的。就抚养孩子的成本而论，城市抚养一个孩子用在医疗保健特别是用在教育上面的成本普遍高于农村，发展中国家相差更为显著。而就抚养孩子的效益而言，一是农村技术构成较低，抚养孩子的劳动经济效益易于及早实现；二是发展中国家社会保障事业不发达，抚养孩子的养老保险效益普遍存在，在一些国家中，抚养孩子养老还是农村养老的主要方式；三是农村家庭、宗族观念一般强于城市，相应地抚养孩子对家庭的效益也较大。凡此种种，说明抚养孩子的效益农村高于城市，发展中国家尤为突出。因此，人口城乡结构对人口数量变动有着相当大的影响，在一定历史发展阶段，人口城市化速度的加快，就意味着生育率的降低。适当调整人口的地区分布结构，同样可以收到降低或升高生育率的效果。只是改变人口地区分布和消除地区经济差异绝非易事，因而对人口数量变动的作用也常常被忽略。但在理论上和在特定历史时期的实践上，其存在是确定无疑的。

适度人口是一个很复杂的问题，适度人口的标准不仅是多元的，而且同一个标准也有较大的弹性。基于可持续发展观的适度人口包括人口数量、质量、结构三个基本的方面和它们之间的关系，是一个完整的体系。人口的数量控制不仅为解决人口过剩所必须，而且有利于身体素质和文化教育素质的提高，并且是正常状态下调整年龄性别结构唯一的手段，对城乡、地区分布结构也会产生重要影响；人口素质的提高对生育率产生积极作用，对人口年龄性别结构、城乡和地区分布结构也产生某种影响。人口结构的某种改变，也会影响到人口的数量控制和素质的提高，一定程度的老龄化是实现人口零增长和适度人口目标的必经之路。同时，适度人口因不同的区域、不同的时间、不同的生产力发展水平、不同的人均消费水平而不同。

（1）适度人口因地而异。人类生存环境是有限的，地球所能提供的资源也是有限的；有限的空间、资源、环境条件对于所能容纳的包括人类在内的任何生物种群的数量、规模都有一定的客观规定性；无论是从历史还是现实的角度看，资源与环境对人口增长和数量规模的限制作用都是不以人的意志为转移的客观存在。不同地区的资源有不同的丰度、种类和质量。即使在同一纬度地区也会由于地形及海陆距离的远近而使水分、土壤、植被等自然条件产生很大差异。自然条件和自然资源相似的两个区域由于社会、经济和技术条件等人文资源的差异而导致适度人口的明显差别。因而，适度人口因地而异。

（2）适度人口因人口的消费标准而异。在一定时期内，无论是可再生资源还是不可再生资源，可被人们利用的数量都是有限的。对于有限的资源，较低的需求标准能供养较多的人口，而较高的需求标准则只能供养较少的人口。因此，合理的消费对于适度人口的研究至关重要。合理的消费标准的制定既要考虑实际需求，也要考虑经济能力，还要考虑资源丰度和潜力。由于各国各地区资源潜力、经济技术水平和文化历史背景及消费习惯不同，人均消费水准也不同，这就使得适度人口的研究更加复杂化。

（3）适度人口因经济生产力和技术水平而异。在相同的自然资源和自然条件下，经济生产力和技术水平越高，资源的利用率就越高，满足人们需求的物质产品的生产量也就越高，所以适度人口也就越大。经济及技术水平的提高也可以使原先条件下不能开发利用的资源得到开发利用，为面临枯竭的资源找出新的储量或替代资源，设计出更充分、更合理、更节约的资源利用途径，从面提高资源的人口承载力。随着区际劳动分工和区际贸易的发展，自然资源贫乏的地区可能因经济生产力和技术水平较高而比同类地区甚至是资源较丰富的地区有较大的适度人口。

（4）适度人口因时间而异。不同时期有不同的生产力水平和与之相应的人均消费标准，因而有不同的适度人口。20 世纪之前，人口规模小的时候，资源特别丰富，但生产力水平低，限制适度人口的因素是生产力。当前，人口规模已相当大，经济生产力和技术水平也具有相当高的水平，但资源的人均数量却相当有限，资源数量成为限制适度人口的主要因素。另外，不同时期的文化、观念、思想意识、消费时尚、消费水平也都影响或制约着不同时期的适度人口。

综上所述，可持续发展观的适度人口应当是：相对于一定历史条件下的资源、环境、经济和社会发展，人口的规模必须与资源、环境的承载能力相适应，人口数量、素质、结构与经济、社会发展水平相协调，并且能够促进人口与其他发展要素的协调发展。一个可持续发展的社会必须是一个人口适度的社会，为了获得一个适度人口，必须大力控制人口数量，提高人口质量，调整人口结构，实行"控制"、"提高"、"调整"相结合，当前以"控制"为重点的方略。

（三）人力资本理论

从本质上讲，所谓发展是指人类通过合理的开发、利用、保护自然资源环境，创造并不断调整协调的社会环境，以实现和促进人类共同进步的过程。而这个过程的推进则依赖于人类自身能力的持续发展。人类自身能力的持续发展是构成和推进人类发展过程的原动力。因此，人类可持续发展的希望在于人类自身发展能力的持续发展。

诺贝尔经济学奖获得者、美国著名经济学家西墨多·舒尔茨和 G·S·贝克尔等人于 20 世纪 50 年代末 60 年代初创立的"人力资本理论"，从经济学角度揭示了人的素质的经济价值及其在现代经济增长和社会发展中的作用。他们认为，人力资本是现代经济增长的主要动力和决定性因素；对人的投资不仅能使人力资本自身形成递增的收益，而且使劳动和资本等要素的投入也能产生递增的收益，因而能使整个经济产生递增的规模收益；个人受教育程度的高低与其可获得的收入水平是正相关的；各个国家的人力资本水平与其国民经济增长率也是正相关的。

从个体角度看，人力资本是指存在于人体之中，后天获得的具有经济价值的知识、技术、能力和健康等质量因素之和；从群体角度看，人力资本是指存在于一个国家或地区人口群体每一个人体之中，后天获得的具有经济价值的知识、技术、能力及健康等质量因素之和。人力资本具有以下几个方面的含义：人力资本不是指人本身或人口群体本身，而是指一个人或群体所拥有的知识、技术、能力和健康等质量因素；人力资本是一种具有经济价值的生产能力；一个人所拥有的人力资本并非与生俱有，而是靠后天投入获得的。

人力资本以不同的形式存在于人体之中，一般而言，人力资本主要有教育资本、技术等知识资本、健康资本以及迁移与流动资本等几种类型：

（1）教育资本。教育资本一般是指通过正规教育而获得的人力资本。这种资本是人力资本最基本的形式之一。因为教育资本不仅能够作为生产要素直接投入产品生产和服务的过程，而且更为重要的是，它还是许多其他形式人力资本形成的投入要素。或者说，这种资本是一种能力资本，利用这种资本可以获得其他形式的人力资本，如专业技术和知识资本等。

（2）技术与知识资本。技术与知识资本是人力资本的核心，它是指一个人所具有的可以直接用于生产商品与提供服务的人力资本；技术与知识资本的取得主要通过专业学习（大学教育）、在职培训等途径。

（3）健康资本。人力资本存在于人体之中，因此人的体能、精力及健康状况与生命长短可以直接影响到一个人的人力资本投资效率和收益率，以及人力资本生产效率的发挥。无论是从其提供的工作总量来看，还是从单位时间内的工作数量与工作质量，莫不如此。所以人的健康也是一种主要的人力资本，健康资本主要通过医疗、保健、营养和体能锻炼，以及闲暇与休息等途径获得。

（4）迁移与流动资本。人口迁移与职业流动也属于人力资本范畴，因为这类活动需要投入成本，包括直接成本和间接成本，并且可以带来收入的增加。迁移与流动资本实际上是一种资源配置资本，因为它可以通过人力资本所有者位置包括地理位置和职业位置的变化带来收入的增加；或者说，迁移与流动资本可以带来积极的配置效应，通常讲迁移与流动资本是一种"影子资本"，因为一旦迁移或流动过程结束，其本身就失去了独立存在的形式。

人力资本并非天赋，而是靠后天获得的。获得的途径即人力资本投资，人力资本投资理论是人力资本理论的核心。不同形式的人力资本投资可以增加不同的人力资本存量，即提高人的生产能力和收入能力。人力资本投资形式可以归纳为以下几种：

（1）对人的学习能力的投资。这类投资的主要作用是增加人的教育与知识资本存量，提高人们接收与收集、分析与处理各种信息的能力。这类投资的主要形式是学校正规教育。

（2）对人的技术能力或生产能力的投资。这类投资主要是通过职业与技术教育和在职培训，提高人的生产技术或工作技能，增强人的生产能力。

（3）对人的工作效能的投资。所谓人的效能，在这里是指人的体力和精力。这类投资主要是通过医疗、保健、体育锻炼等形式来实现。

（4）对人的能力空间配置的投资。如同物质资本一样，人力资本也有一个空间配置问题，空间位置的调整与变化也需要投入一定成本。这类投资主要包括迁移与流动及有关的信息成本。

人力资本理论所揭示的上述原理，对于解决人口与经济可持续发展的问题，具有启示性意义。在经济增长中，劳动力的素质比劳动力的数量更重要，如果缺乏对人力资本的投资，就很难获得高素质的劳动者，因而也就难以获得物质资本的高收益。要不断提高劳动者的素质，促进人口本身的可持续发展，就必须大力发展教育。

第四节　中国人口可持续发展的战略

人口问题从本质上说是一个发展问题，只有坚持发展生产力，促进经济和社会的全面发展才能从根本上解决人口问题。为了实现可持续发展，减轻人口对资源、环境、经济、社会的压力，提高人民生活质量，中国必须控制人口规模，提高人口素质，改善人民的生活质量。因此，我国必须控制人口数量，提高人口，调整人口结构。

一、继续实施计划生育，控制人口数量

（一）全方位地做好计划生育工作

逐步把计划生育工作纳入法制化轨道，加强对计划生育工作的领导，继续实行目标管理责任制；加大计划生育工作的宣传和教育力度，促进群众婚育观念的转变，特别是要以农村为重点，做好基层计划生育工作；切实加强对流动人口的计划生育管理工作；努力增加收入，为计划生育工作的开展创造必要的基础条件。

（二）努力改善计划生育的服务质量

包括引进推广高效的新型避孕药具，保证社会经济发展落后地区的育龄妇女能够经常获得避孕知识和避孕药具及技术服务。把计划生育与妇女、儿童的卫生保健紧密结合起来，加强计划生育、妇幼保健人员的培训，使他们不断增加新知识、掌握新技术，提高计划生育的服务效率。将计划生育和扶贫工作密切结合起来，对自觉实行计划生育的贫困户，给予发展生产方面

的优惠和奖励。

（三）坚持优生优育，为提高人口质量打下基础

通过多种形式的文化教育和职业培训，改善妇女受教育的条件，促进妇女参与政治和经济发展，应把向育龄妇女提供少生优生的知识与学习科学技术的培训结合起来，动员她们积极参与社会经济活动。通过教育，使她们真正掌握充分参加发展进程所需要的知识和技能。

（四）加强对人口问题的研究，建立协调管理机制

把控制人口出生率、提高人口素质和防止人口过度老龄化综合考虑，制订合理的方案。加强对目前人口状况和人口动态的研究分析，为人口控制、人口就业、人口迁移与城市化等决策提供依据；加强各部门之间的合作，为社会各阶层开展信息、教育和交流活动提供机会；加强政府的人口管理职能，明确职责，建立协调管理机制。

（五）建立和完善社会保障体系

养老保障体系的建立，必须坚持在大力发展社会保障事业的同时，建立健全社会养老保障制度。建立完善的老年社区服务网站，继续提倡子女供养的家庭养老保障，还要适当组织老年人口再就业的自养保障，建立起社会、家庭和自养"三位一体"的全社会全方位的养老保障体系。

二、加强教育事业的发展，不断提高人口素质

加强教育事业的发展，不断提高人口素质已成为我国正确处理人口与可持续发展之间关系的必要的宏观政策选择。长期以来，由于我国人口众多，经济基础比较薄弱，各地区经济发展不平衡，在支持教育事业发展的国家投资方面存在一些问题。

财政性教育投资结构不合理。一方面，从教育本身看教育投资结构不合理。在国家财力有限，教育经费严重不足的情况下，应把教育投资重点放在初、中等教育和职业教育上，这是许多发展中国家的经验。但我国却正相反，高等教育投入的比重相对偏高，而初、中等教育和职业教育投入严重不足。从理论上讲，高等教育是混合产品，可以在一定程度上推向市场，由个人或企业投资或采取收费的形式。这样可以逐渐减轻国家财政的负担，把有限的财力用在刀刃上，投入到真正该由财政发挥职能的领域。另一方面，教育投资的地区结构不合理。由于地区间经济的发达程度不同、对教育投资的承受力和承担意愿不同，这样既造成了教育投入的地区间差异，也使各地区间的三级教育结构存在着差异。这种结构的形成，不是根据受教育者的需求结构做出的投入结构调整，而是由各地区间经济发展状况、贫富差异造成的。因此，这可以说是发达地区和落后地区经济发展有差距且不断拉大的必然反映。

要加强教育事业的发展，必须从宏观上解决教育投资问题。

（1）增强国力，提高中央财政收入占全国财政收入的比重。财政收入占国民收入的比重，这是对教育实施积极财政政策的财力保证。从经济运行角度看，经济发展了，将使国民收入增加，财政收入占国民收入比重不断上升，中央财政收入占全国财政收入的比重上升，这就为财政对教育投资的增加提供了财力保证。教育投资增加，人们受教育的机会加大，劳动技能增强，进而会使全社会的劳动生产率不断提高，经济发展水平不断上升，这样就形成了一个教育投资的良性循环，财政性教育投资的乘数作用才能充分发挥。

（2）调整财政支出结构，发挥财政支持教育的主导作用。在社会主义市场经济中，政府要率先转变职能，强化社会管理者职能、国有资产所有者职能等宏观调控职能，把自己从微观事务中解脱出来，避免对微观经济领域的直接经营、干预、包办。对国家社会事务实施管理，对经济运行实行间接的宏观调控，明确自己的职能定位，切实转变财政职能，调整支出结构，

把有限的财力用到该用的地方，发挥财政支持教育的主导作用。

（3）区分教育生产的不同性质。有效地发挥国家教育投资的基础性作用，可根据教育的混合产品特征，考虑征收教育税和发行教育公债，确保财政对教育的稳定支出。从理论上讲，教育是一种混合产品，教育的发展和进步，使每个人、每个企业乃至社会都受益，具有外部经济性，因此，政府可以考虑以税收的形式增加财政收入，然后再以财政支出的形式投资于教育，使教育呈现良性的可持续发展态势。另外，教育投资特别是教育基建的支出具有极强的投资性质，政府可以考虑这一特点，以发行建设性公债的方式支持教育的基本建设。

（4）利用转移支付手段，平衡不同地位、不同收入水平人群的教育机会，充分体现社会公平。在合理界定中央和地方分配格局，保证中央财政收入比重不断提高的前提下，充分利用转移支付手段，既包括中央与地方间，又包括地方与地方间的转移支付手段，实现财政的社会公平职能。这是因为，我国幅员辽阔，各地区间差异很大，单靠地方政府各自的财力，无法保证义务教育的足够投入，而且日益扩大的地区间经济发展差距使地区间的受教育机会差距不断扩大。因此，中央财政应集中财力，强化平衡各地区教育条件的职能，主要是采取教育补贴的手段，专款专用，不得挪用和挤占。

（5）通过多种渠道筹资，加强教育建设。我国特殊的国情，决定我们能为教育提供的经费十分有限。目前我国主要采用的是以国家财政拨款为主，多渠道筹资的体制，同时鼓励社会各方面和个人捐资办学、集资办学。除增强国内教育经费的投入外，还同国际上的一些组织进行合作，如联合国教科文组织、人口基金会、儿童基金会、开发署以及世界银行等，已卓有成效。为保证经费，支持教育事业的可持续发展，今后我们还要积极地拓展筹资渠道，扩大国际合作，加速我国教育事业的发展，为人力资本投资提供应有的财力保障。

三、扩大劳动力就业渠道，努力实现合理的充分就业

保持适度的经济增长速度，扩大生产性就业领域、创造更多的就业岗位。在保证转变经济增长方式和产业结构升级的前提下，适当保留和发展一些适应市场需求的劳动密集型产业，解决城市劳动就业问题。大力发展城乡集体经济以及个体和私营等非国有经济，多渠道广开就业门路，努力增加第一产业的就业容量，促进农村劳动力的开发性就业。

采取灵活多样的就业形式，增加就业岗位。积极推行非全日制工作、临时性工作、小时工、弹性工时、阶段性就业等多种就业形式，鼓励失业人员通过多样的形式实现就业。

规范劳动力市场，完善劳动就业服务体系，促进劳动力的合理有序流动。首先，要进一步打破城乡封锁，加快建立健全城乡统一、区域相通的劳动力市场的步伐；其次是建立健全各类就业服务机构、如街道、城区、县城、乡镇的劳动服务站、职业介绍所，为用人单位和求职者沟通信息，提供服务，整顿职业介绍机构；另外，完善劳动力市场的运行规则，通过强化劳动力市场的法制管理，全面贯彻《劳动法》，使就业供求双方的行为法制化、规范化；同时，通过建立失业调控体系，利用劳动力市场，有效控制失业过度增加。

积极发展城乡第三产业和中小企业，开辟新的就业领域，提高生活质量。在城镇要加快发展适应中国劳动力素质、服务生产、方便人民生活以及就业容量大的服务行业，创造更多的就业机会、转移和吸纳更多的劳动力。

除此以外，引导可持续的人口消费模式也很重要，因为消费模式的变化同人口的增长一样，在社会经济持续发展的过程中起着重要的作用。合理的消费模式和适度消费规模不仅有利于经济的持续增长，同时还会减缓由于人口增长带来的种种压力，使人们赖以生存的环境得到保护和改善。

第五章 资源与可持续发展

自然资源是人类赖以生存和发展的重要物质基础，也是人类社会可持续发展的基础。第一次工业革命以来，人类对自然资源大规模、高强度的开发利用，带来了前所未有的经济繁荣，创造了灿烂的工业文明。20世纪以来，特别是第二次世界大战以来，世界科学技术突飞猛进，人类生活方式发生重大变化，生活水平得到极大提高。但是，人类社会中自然资源的基础地位并没有发生改变，而且人类以更高和更苛刻的要求向自然界索取各种资源，由于人类对自然资源的大量的没有节制的消耗，人类赖以生存的资源基础遭到持续削弱，我们赖以生存的地球承载人类社会的能力已大大降低。

资源在可持续发展中具有非常重要的地位。任何一个国家，不管是发达国家还是发展中国家，要保持国民经济整体上长期持续发展，弄清资源态势、制定正确的资源战略与措施都非常重要。本章中如不特别指明，资源主要指自然资源。

第一节 自然资源概述

一、自然资源的定义及分类

（一）自然资源的定义

自然资源是人类从自然条件中经过特定形式摄取，利于生存、生活、生产所必需的各种自然组成成分。联合国环境规划署给自然资源下的定义是："所谓资源，特别是自然资源，是指在一定时间、地点、条件下能够产生经济价值，以提高人类当前和将来福利的自然环境因素和条件。"《辞海》一书关于自然资源的定义是："一般天然存在的自然物（不包括人类加工制造的原材料），如土地资源、矿藏资源、水利资源、生物资源、海洋资源等，是生产的原料来源和布局场所，随着社会生产力的提高和科学技术的发展，人类开发自然资源的广度和深度也在不断增加。"大英百科全书的自然资源定义是："人类可以利用的自然生成物，以及形成这些成分的源泉的环境功能。前者如土地、水、大气、岩石、矿物、生物及其群集的森林、草场、矿藏、陆地、海洋等；后者如太阳能、环境的地球物理机能（气象、海洋现象、水文地理现象）、环境的生态学机能（植物的光合作用、生物的食物链、微生物的腐蚀分解作用等）、地球化学循环机能（地热现象、化石燃料、非金属矿物的生成作用等）。"

自然资源主要有土地、土壤、水、森林、草地、湿地、海域、野生动植物、微生物、矿物以及其他等等。但随着社会进步、科技发展、人类需求的转变和环境的变化，自然资源的含义也不断地转化和扩大，古代所谓的环境因素如水、空气等等，现在也已转变为自然资源。随着人类密度分布的发展变迁，人类赖以生存、生活和生产的所有原来的自然环境组成成分，现在都将成为自然资源。

（二）自然资源的分类

自然资源种类繁多，体系庞杂，从不同的角度可以对自然资源进行若干不同的分类。

（1）按自然资源的空间分布属性，可划分为地面资源、地下矿产资源和海洋资源三个部分。

（2）按照存在形态分类，自然资源可以划分为：

1）环境资源，即现成可以利用的资源。如水、土地、气候等。

2）矿产资源，它们埋藏于地表或地下，通过采掘才能得到。它们又可以分为：金属矿，如黑色金属、有色金属、贵金属，以及稀有、稀土、分散元素矿产；化工矿，如磷灰石、钾盐、硫磺矿、重晶石矿、硼矿等；天然建材及非金属矿，如宝石、大理石、水晶、玛瑙等；冶金辅助材料以及矿质燃料。

3）生物资源，又可分为：野生动植物，如原始森林、天然草场、海洋鱼贝等；人工培育的动植物，如农作物、人工林、家畜、家禽、家鱼等；各种有用的微生物。

（3）按照用途分类，可分为能源性资源和原料性资源。能源性资源包括矿质燃料、生物燃料、太阳能、风能、水能、地热能、海洋潮汐能、核能等。除此以外均为原料性资源，通过工业加工，实现物质转化。

（4）按自然资源在不同产业部门中所占的主导地位，可分为农业资源、工业资源、能源、旅游资源、医药卫生资源、水产资源等。各类型之下可进一步细分，如农业资源可再分为土地资源、水资源、牧地及饲料资源、森林资源、野生动物资源及遗传种质资源等。

（5）按照能否再生分类，可分为可再生资源和不可再生资源。能够通过自然力以某一增长率保持或增加蕴藏量的自然资源是可更新资源。可更新资源如光、水、空气、土地、生物资源，它们经过采集、利用后不会耗竭，还可以恢复、更新或再生。但是从某个时段或地区来考虑，它们所能提供资源也是有限的，如我国缺水的城市已占城市总数的近一半，因缺水制约了经济的发展，而且这些资源如果不加保护地利用，其再生能力是有限的，如土地和森林。假定在任何对人类有意义的时间范围内，资源质量保持不变，资源蕴藏量不再增加的资源称为不可更新资源。不可更新资源主要是矿产资源，开采一点就减少一点，总有耗竭之日，而且其开采的难度越来越大，成本越来越高。

这些分类各有优点，简明实用，但往往缺乏系统性和完整性。遗憾的是到目前为止，尚无一个统一的自然资源分类系统。

二、自然资源的特点

（一）变动性

由于对自然资源理解的深度和广度的不同，自然资源的范畴也不是一成不变的，随着社会和科技的发展，人们对自然资源的了解不断加深，资源开发和保护的范围不断扩大。自然资源的概念、自然资源利用的广度和深度都在历史进程中不断演变。在不同的历史时期，从不同的角度对自然资源的分类也有较大的差别。不可再生资源不断被消耗，同时又随地质勘探的进展不断被发现；可再生资源有日变化、季节变化、年变化和多年变化。过去被视为外在的环境因素，如空气、风景等，现在已属于自然资源的范畴。

（二）整体性

整体性是指各类资源之间不是孤立存在的，而是相互联系，相互制约，共同构成一个完整复杂的资源系统。对任何一种资源的开发利用，可能引起其他资源的连锁反应，从而影响到整个自然资源系统的变化。大部分自然资源的功能是多重的，并且这种功能往往整体存在而不可分割。例如，森林既可以提供树木、林木等副产品，还具有涵养水源、调节气候、净化空气等多重生态功能，这些功能整体地发挥作用，人们不可能在改变资源系统中某一项成分的同时又使周围的其他因素保持不变。

（三）区域性

自然资源并不是平均分布在地球的每一空间的，其种类特性、数量多少、质量优劣都具有明显的区域差异。例如，太阳辐射热量随纬度带呈递变规律；水力资源多与崇山峻岭地貌相联系；有色金属矿藏主要分布在地质构造活动活跃的褶皱带等等。自然资源的区域性特点是形成各地比较优势的客观基础，也是区域经济形成与发展的基本原因。区域性是指资源分布的不平衡，存在数量或质量上的显著地域差异，并有其特殊分布规律。自然资源的地域分布受太阳辐射、大气环流、地质构造和地表形态结构等因素的影响。因此其种类特性、数量多寡、质量优劣等都具有明显的区域差异，分布也不均匀，又由于影响自然资源地域分布的因素基本上是恒定的，在特定条件下必定会形成和分布着相应的自然资源区域，所以自然资源的区域分布也有一定的规律性。

（四）有限性

有限性是自然资源最本质的特征。由于地球表层空间是有限的，任何资源在数量上都是有限的，无论可再生资源还是不可再生资源都不例外。矿产资源是不可再生资源，是历经亿万年的漫长岁月，在特殊的地质活动条件下才得以形成的，所以不可能被永无止境地开采利用。与人类开发利用的历史相比是不能重复和再生的，其变化趋势是越用越少。太阳能、潮汐能、风能等这些恒定性资源似乎是取之不尽、用之不竭的，但从某个时段或地区来考虑，所能提供的能量也是有限的。空气、水、生物等可再生资源尽管可以周而复始、循环再生，但是每一时期的循环量也是有限的，如果不合理地利用和管理，不仅会造成污染，如其利用强度超过其再生和自净能力，就会使资源质量下降，可利用的资源数量会越来越少，良性循环将变为恶性循环。从人类开发利用自然资源的历史长河看，宇宙空间的自然资源是没有极限的，但在一定历史时期，在生产力和科学技术水平一定的条件下，自然资源是有限的。

（五）稀缺性

在一定的时空范围内能够被人类利用的自然资源是有限的，而人们对物质需求的欲望是无限的，两者之间的矛盾构成资源的稀缺性。自然资源的稀缺性是有限性的反映，与自然资源的有限性又有所区别，它反映一定时空范围内自然资源与社会需求之间的矛盾。随着时间、地点、资源种类的不同，其稀缺程度也不同。

（六）多用性

自然资源的可用性主要体现在以下三个方面：一是增加财富资本的可用性；二是维持人类生存条件的可用性；三是提高生活质量的可用性。从发展的角度看，既有经济发展创造财富的可用性，也有生态平衡保证人类生存条件的可用性。同时，任何一种自然资源都有多种用途，开发利用自然资源的过程中，一定要兼顾自然资源的多用性，例如森林，不仅可以提供木材，又可以提供食品工业所需的原料，还可以开辟为公园，服务于旅游事业。另外一种资源也可能含有多种组分，例如石油经过提炼，可以生产出汽油、煤油、柴油、润滑油、沥青等多种产品，还可以获得合成纤维、合成塑料、合成橡胶等高分子合成材料的基本原料，如乙烯等。

（七）不可替代性

随着科学技术的不断进步，大多数自然资源产品可由人工合成品代替，但几乎所有替代品的原材料仍然来自于自然资源或其衍生物，在本质上仍然是自然资源；同时也有许多自然资源是完全不可由人工产品替代的。

三、自然资源的蕴藏量

关于资源蕴藏量有三个不同的概念：（1）已探明储量；（2）未探明储量；（3）蕴藏量。

（一）已探明储量

已探明储量是利用现有的技术条件对资源位置、数量和质量可以得到明确证实的储量。又分为：

（1）可开采储量，定义为在目前的经济技术水平下有开采价值的资源。

（2）待开采储量，定义为储量虽已探明，但由于经济技术条件的限制，尚不具备开采价值的资源。在技术条件不变的情况下，待开采储量转变为可开采储量，在很大程度上取决于人们对这些资源的支付意愿。

（二）未探明储量

未探明储量是指目前尚未探明但可以根据科学理论推测其存在或应当存在的资源，分为：

（1）推测存在的储量，可以根据现有科学理论推测其存在的资源；

（2）应当存在的资源，今后由于科学的发展可以推测其存在的资源。

（三）蕴藏量

资源蕴藏量等于已探明储量与未探明储量之和，是指地球上所有资源储量的总和。因为资源价格与资源蕴藏量的大小无关，所以蕴藏量主要是一个物质概念而非经济概念。对于不可再生资源来说，蕴藏量是绝对减少的；对于可再生资源来说，蕴藏量则是一个可变量。这个概念之所以重要，是因为它代表着地球上所有有用资源的最高极限。资源蕴藏量的关系如图5-1所示。

图 5-1　自然资源蕴藏量的关系

掌握这三个概念的区别非常重要，否则就会导致错误的结论。如果把已探明储量当作是资源蕴藏量，再根据目前的资源消费水平估算地球上的资源还能使用多少年，就会得出非常悲观的结论。1934 年，有人估计铜的蕴藏量（实际是已探明储量）只够开采 40 年。但是 40 年以后，即到 1974 年，铜的已探明储量却还能再开采 57 年。罗马俱乐部 1971 年发表的《增长的极限》，也犯有类似的错误。实际上，这种计算方法只有符合以下两个条件才可能是正确的：一是已探明储量等于资源蕴藏量；二是资源消费量一直保持不变。但是在今后一段时期，对于大多数自然资源来说，需求会随着价格而变化，已探明储量也会继续增加。所以这种计算方法是不正确的。

另一个错误是认为全部资源蕴藏量都是可利用的，即把所有资源看成是同质的，认为人们愿意为最后一个单位的资源付钱。如果价格是无限增长的，那么最后一个单位的资源蕴藏量也有可能被开采，然而价格不可能无限增加，总有一些资源由于开采成本过高，最终不会被利用。因此，资源的最大可利用量是小于资源蕴藏量的。更确切地说，可能被利用的最大资源储量是不能以某一具体数字来表示的。

四、自然资源对社会经济发展的影响

资源，顾名思义即资产的来源，是人类创造社会财富的起点。自然资源的开发和利用对推动人类文明、促进生产力发展具有至关重要的作用。自然资源是社会和经济发展必不可少的物质基础，是人类生存和生活的重要物质源泉。同时，自然资源为社会生产力发展提供了劳动资料，是人类自身再生产的营养库和能量来源。无论是作为活动场所、环境、劳动对象，还是从中制造劳动对象，都要开发利用自然资源，而被开发利用的自然资源数量、种类、组成等都会受到社会生产系统中经济政策、技术措施及人的数量、质量等方面的影响，也就是说，社会经济发展又对自然资源利用产生巨大的作用。

自然资源是一切生产的基础，是整个经济的食粮，一旦出现资源危机，将对整个国家乃至整个世界的社会经济产生严重的影响。一个非常突出的实例是石油危机对世界经济增长的影响。第二次世界大战以后，一直到1973年第一次石油危机之前，不论是苏联、中国等，还是美国、西欧、日本等，经济发展都很快，世界经济的年均增长率在6%以上。但1973年的石油大涨价，使世界经济的增长速度陡然放慢，年均增长率降到4%以下。可见廉价、稳定的资源供给对整个经济发展的重要性，尽管在资源价格较低时似乎显不出资源的重要。一旦失去廉价的资源供给，资源价格大幅上涨，资源的重要性明显的显露出来时，整个经济都将付出代价。

因此，要使社会生产得以正常进行，经济得到较快发展，就要求人类在开发利用自然资源的过程中，正确对待作为社会生产和经济发展基础的自然资源，按照资源生态系统的特性和运动规律来组织社会生产和规定经济发展的方向和速度。同时因为资源对整个国民经济的极端重要性，如何保障国家的资源供给，理所当然是国家安全战略的重要组成部分。

第二节　全球资源现状特点

人类社会对自然资源的需求随着世界经济的发展和人口的增加而增长。1998年全球经济总产值（GNP）约为30万亿美元，比1980年增长15万亿美元，年均增长3.5%。人口近60亿，比1980年增加15亿，年均增长1.7%。经济和人口的持续增长大大刺激了人类社会对自然资源的需求。科学技术的发展以及人类生活质量的提高，在某些方面降低了自然资源消耗的程度，如部分矿产资源被塑料等替代、蔬菜水果的人工无土栽培、无纸化办公、资源节约和二次利用等。但另一方面，又扩大了自然资源的需求和利用，如资源开发生产成本下降使获取资源更便宜、资源新用途的发现、荒野地的开发和人类未知自然世界的探寻和开发等。因此，人类社会不论在前工业化或工业化时期，还是在后工业化时代，对自然资源的需求都在持续增长。总的来看，目前全球自然资源形势较为严峻。下面分别进行具体介绍。

一、能源和矿产资源

能源是人类进行生产和各种社会活动的重要物质基础，其消费量，总的来说一直与经济发展和社会进步的速率相平行。自进入工业时代以来，尤其是20世纪下半叶以来，全球能源的消耗一直呈明显的加速度增长，以至西方许多人为"能源耗竭"而惊恐不安。

进入20世纪以来，全球能源的主要且越来越大的部分，是依赖不可再生的矿物性能源。20世纪初，全世界矿物性能源的消耗量约为8亿吨标准煤，1950年上升到27亿吨标准煤，80年代中期达到90亿吨标准煤。到20世纪末全球矿物能源的消耗量，达到1970年的4倍。

一个多世纪以来，随着人类社会对能源和矿产资源需要的持续增长，大量能源和矿产资源

被探明和开发，地球上剩余的总资源量在明显减少。大多数重要矿产的总资源量/探明储量比在减小，如石油为 2，天然气 2.7，铁矿石 2.8，铜 5.1。同时，能源和矿产的资源探明潜力大大下降。许多重要矿产探明的储量虽在增长，但增长的速度在明显下降。高品位、易选冶、近地表、易开发、规模大的矿床更难发现。例如铜、铅、锌、铝等几种重要的基本金属矿产从 20 世纪 40 年代以来探明的储量增长速度明显下降。

总之，未来能源形势不容乐观，主要表现在：总量不足，1998 年石油剩余可采量 1434 亿吨，天然气 146 万亿立方米，静态可采用年限分别为 41 年和 63 年；石油分布不均，约 87% 石油分布在中东；政治因素使石油市场波动很大。

二、土地资源

土地是人类生存的基地，是所有生活活动和生产活动必不可少的一种自然资源。土地是地球陆地的表层部分。土地资源是指在生产上能够满足或即将满足人类当前和未来能够利用的土地。整个地球的表面大体上是"七分水三分地"，陆地面积只占 29.2%，约 1490 亿公顷。而在这三分陆地中，能够耕种的农田又仅占约 0.93%，共约 14 亿公顷；放牧地约 1.4%，共约 21 亿公顷。其余大部分土地主要分布于高纬度地区和山地，不是太干燥就是太潮湿，或没有足够的土层，或土壤养分不足、有毒，或者是永久的冻土，目前还难以利用。

目前世界上土地资源的破坏和丧失是很严重的，其中与人类关系最大的是可耕土地。全世界适于农业生产用的耕地约占陆地面积的十分之一，而且各个国家、地区间分配极不成比例。例如，丹麦的耕地面积占全国的 65%，英国占 30%，美国占 20%，中国占 10.4%，前苏联占 10%，有些国家只有 5%。近几十年来，土地的过度开发以及人类其他活动的影响，使得土地资源面临有史以来最严峻的形势。水土流失成为一个全球性问题，世界耕地的表土流失量每年约为 240 亿吨，美国 15 亿吨，前苏联 23 亿吨，印度 47 亿吨，中国 50 亿吨。土壤流失的直接后果是土层变薄，土地生产力下降。土地沙漠化的范围和强度不断扩大。从 19 世纪末到现在，荒漠和干旱区的土地面积由 0.11 亿平方千米增加到 0.26 亿平方千米。据联合国估计每年有 21 亿公顷农田由于沙漠化而变得完全无用或近于无用状态。每年损失的畜牧业产值达 260 亿美元。因风和水的侵蚀而受到破坏的土地，在过去一百年内达到了总耕地面积的 27% 左右。不仅如此，全世界 35% 以上的土地面积正处在沙漠化的直接威胁之下，其中以亚洲、非洲和南美洲尤为严重。

在许多发展中国家，由于人口增长过快，人均耕地面积在减少。目前，全世界人均耕地约 2440 平方米，亚洲人均耕地只有 1450 平方米，且全部可耕地的 82% 以上已投入耕作生产，多年来粮食生产的增长一直低于世界人口的增长。发展中国家特别是非洲国家近 30 年来一直受到粮食短缺问题的困扰。

工业城市的发展和地下资源的开采等也是造成土地面积缩小的一个重要因素。这种情况特别是在发展中国家比较严重，由于工业迅速发展和城市化规模不断扩大，工矿企业、运输业、旅游业、民用军用设施建设等占用大量的土地。另外，由于地下矿产资源和水资源的大量开采过程中也造成了地表土地资源的严重破坏。

土壤污染也是目前土地资源破坏的重要原因之一。土壤污染就是人类在生产和生活活动中产生的"三废"物质直接或通过大气、水体和生物间接地向土壤系统排放，当排入土壤系统的"三废"物质数量，破坏了土壤系统原来的平衡，引起土壤系统成分、结构和功能的变化，即发生土壤污染。土壤被污染后，土壤的可更新性就受到了破坏。土壤受污染物主要有以下几种来源：由于土壤是农业生产的对象和生产的手段，所以土壤污染是与其特殊的地位和功能相联系的。首先，施用化肥和农药就是污染土壤的主要途径；其次，垃圾、废渣、污水都以土壤作为处理场所，这里包括不合理的灌溉，也会造成土壤污染；最后，污染物还可以通过大气、水体的迁移转化而进入土壤，例如大气中的二氧化硫、重金属，可以经"干沉降"或"湿沉降"而进入土壤，使土壤"酸化"或造成重金属污染。

三、水资源

水资源是一种可再生的自然资源。广义的水资源是指地球水圈中多个环节多种形态的水。狭义的水资源是指参与自然界的水循环，通过陆海间的水分交换，陆地上逐年可得到更新的淡水资源，而大气降水是其补充源。狭义水资源是人类重点调查评价、开发利用和保护的水资源。

地球上虽然70%的面积为水所覆盖，共拥有1385984万亿立方米水，但其中被盐化的海水占了96.5%，能够为人类和陆生动植物生存所需的淡水仅占不足3%。问题还在于，这不足3%的淡水的2/3是以冰川和积雪的形式存在的、另外的1/3存在于水层、潮湿的土壤和空气中。前者如全部融化，全世界海平面将上升6～7米，足以淹没全球的海港城市和沿海冲积平原。因而，正如联合国教科文组织总干事一再强调指出的，作为人类在地球上真正可资利用的河湖淡水和地下淡水，只占全部水资源的0.007%。

同时由于以下原因，全球面临日益严重的水资源短缺。一是水的需求量不断增加。进入21世纪以来，人类的取水量增加了5倍，达3800立方千米，其增加的速度相当于同期人口增长速度的2倍；二是水污染的不断加重使许多水越来越不能适合需要；三是水资源使用的不平等现象正在加剧。

人类可利用的淡水资源是十分缺少的。这部分淡水与人类的关系最密切，并且具有经济利用价值。虽然在较长时间内，它可以保持平衡，但在一定时间、空间范围内，它的数量却是有限的，并不像人们所想像的那样可以取之不尽、用之不竭。世界银行的研究报告指出，世界上有22个国家的人均可再生水资源拥有量不到2000立方米，可再生水资源有限的国家大部分集中在中东、北非等干旱区。另外，中国、印度、墨西哥的部分地区缺水也很严重。

缺水类型可分为资源缺水、水利缺水、环境缺水三种类型。因自然条件导致水资源稀少的为资源缺水，如干旱区；自然条件不缺水，但地表蓄水条件差而缺水的为水利缺水，这种缺水限制可通过水利工程解决，如喀斯特地形区；在资源和水利都不缺水的情况下，因环境污染而导致的有水不能用的情况为环境缺水。目前，水质污染使得全世界的缺水问题更为严重。世界卫生组织估计，能得到未受污染用水的人口数几乎仅相当于人口增长数。

四、森林资源

从生态学观点看，森林是世界上较复杂的一种自然生态系统，是自然界物质和能量交换的最重要的枢纽。在净化城市空气方面，森林可以吸收二氧化碳并制造氧气、过滤灰尘和防止风沙、杀死病菌、减弱噪声；在工农业生产方面，森林是木材和木材产品的来源；在环境保护方面，森林具有调节气候、增加降水、保持水土的作用等。

和其他自然资源一样，它们也受到不同程度的破坏。据联合国粮农组织统计、自1950年以来，全世界森林已损失了一半，其中减少量最高的是中美洲（66%），其次是中部非洲（52%），再次是东南亚（38%）。据世界资源研究所、联合国环境规划署和联合国开发署汇集各国际组织和各国有关资料所进行的分析统计表明：20世纪80年代前中期，世界森林每年减少1150万公顷，1981～1990年期间，世界每年损失的森林平均数为1690万公顷；90年代以来，世界森林正以每年1700多万公顷以上的速度消失。联合国调查小组1999年6月的一份调查报告说：从1990～2025年，全球森林正在以或将以每年减少1600万～2000万公顷的速度在消失。为此，大气中 CO_2 含量将每年增加 22 亿 ~ 27 亿吨。森林资源的损失不仅仅表现在量的减少，还表现在质的降低上，如林木覆盖密度或森林生产力或森林组成方面的变化等等。

值得重视的是，森林减少主要发生在发展中国家。联合国粮农组织和联合国环境规划署的调查报告认为，若按目前的毁林速度，在今后 25 年内将有 9 个发展中国家的阔叶林被砍光，另有 13 个发展中国家的阔叶林在今后 50 年内也会消失。到 21 世纪末，全球会有 2.32 亿公顷的热带森林将会消失或退化。

最近二三十年来，人们逐渐认识到森林巨大而良好的生态作用。许多国家都采取积极措施、以图恢复被破坏的森林生态系统。20 世纪 80 年代以来，温带地区的森林面积出现了恢复和增长的趋势。法国的森林覆盖率已从 1946 年的 20.7% 提高到 1989 的 27%，美国每年新造林 1 万多公顷，现在森林面积已比第二次世界大战前提高了 40%。90 年代以来，我国每年的造林面积都在 400 万公顷以上。

五、海洋资源

海洋覆盖着地表 71% 的面积，海岸线总长 59.4 万千米，具有广阔的空间和丰富的资源。浩瀚的海洋中生长着 18 万种动物和 2 万种植物，海洋鱼类可捕量每年达 1 亿多吨。目前，世界石油产量的四分之一来自海上，采自海上石油的比例将会进一步扩大。大洋底的其他矿产如锰、镍、钴、铜、铀蕴藏量巨大，远远超过陆地同类资源总量，海盐取之不尽。海洋由于丰富的资源而被誉为 21 世纪的资源宝库，但目前这个宝库却面临着重要问题：海洋生物资源过度捕捞，某些物种面临灭绝；海洋污染问题严重。污染物质进入海洋有三种途径：第一种途径是由陆地通过河川流入海洋，主要是工业、生活及农业污水，也有少量固态废弃物，如重金属、化工产品、洗涤剂、化肥及农药等；第二种途径是从陆地先扩散到大气中，再沉降到海洋，主要是各类气态化合物及微粒物质，如硫氧化物、氮氧化物、碳氢化合物等；第三种途径是污染物质直接排入海洋，包括航行中的船舶及海上设施排出的废弃物、海底管道的渗漏物、海洋工业及生活设施等直接排入海洋的废水废物、在海上沉没的各类运输工具、海上军事活动所产生的各类废弃物、由陆地直接排入海洋的包括工业污染物在内的各类固态或液态污染物等等。经第三种途径输入海洋的污染物成分相当复杂，危害最大的主要是石油、重金属及放射性废物。据《世界资源报告》的资料显示，目前，全世界倾入海洋的石油每年约达 354 万吨，来自船舶的塑料容器每天达 63.9 万个，放射性物质每年约达 9 万 ~ 10 万吨，河流带入海洋的各类废物、淤泥每年达 93 亿吨，海洋环境状况的恶化，使人类未来的资源面临浩劫，如果不能及时制止这一可怕的趋势，留给后代的将是一个百病丛生的海洋，在某种程度上，是扼杀了人类的未来。

当我们剖析和评价当代资源问题的同时，有必要把我们的视域扩大到与资源问题相关的其他一系列全球问题，如人口、粮食、贫困、环境、灾害、战争等，大量的事实证明，这一切问题都与资源问题密切相关。资源的不合理开发利用既是资源问题的根源，又是产生其他问题如粮食、环境、贫困问题的最重要的原因之一。从某种程度上说，资源问题的发展趋势，将决定着其他全球问题的发展趋势，决定着地球未来的命运，尽管关于资源与环境的关系还存在着不同的理论观点。

第三节　中国自然资源现状及问题

自然资源是经济发展的基础，是生产力的重要组成部分。改革开放以来，我国自然资源的供给有效地保证了经济的持续快速增长，但是我国物质资料消耗的增长高于国民经济的增长。

同时，由于我国特殊的国情，我国自然资源有其独特性：

（1）人均占有资源少，资源相对紧缺。中国人口众多，已超过13亿，人均占有资源量少是中国资源的一大劣势。一个国家居民消费水平和生活方式在很大程度上取决于该国的人均自然资源的占有量或消费量。中国人口仍将持续增长，人均占有资源量还将继续降低，这些难以改变的事实，表明中国人口对资源的压力过大。中国资源相对紧缺，特别是决定国计民生的耕地人均量过小与淡水供应不足，成为约束性的两大稀缺资源。21世纪20～30年代，中国人口将达到15亿，那时人均耕地面积将下降到800平方米，人均占有淡水资源下降到1800立方米，资源供应形势将越来越严重。人口多，耕地少，供水不足，是中国的基本国情。

（2）资源质量相差悬殊，低劣资源比重偏大。中国不同地区与不同种类的资源质量相差悬殊，但低劣资源比重偏大。从地面资源看，草地资源质量普遍较差，中下等草地占87%，天然草地质量差异也很大，东部的草甸草原质量较佳，产草量可高于荒漠草地10倍。中国林地质量总的看是较好，一等林地占65%，但现有林地的中幼龄林比重大，林场生产力普遍较低，与林地潜力很不相称。中国的耕地资源一般情况下都是在最好的土地上开垦，但质量也相差悬殊，好地即无限制的一等耕地占40%左右，而有各种限制的耕地，即不同程度的水土流失、风沙、盐碱、洪涝灾害的中下等耕地与中低产田则占总耕地面积的60%左右，这是由于中国人口多，平原好地不足，山坡地、沙荒地、滩地、湿地开垦以及管理不善造成的。中国耕地质量总体看不算好。

矿产资源，不同矿种质量相差也很悬殊。煤炭资源总体看质量较好，品种较全，分布集中，开采条件也较好。还有一些矿种如钨、稀土等质量也较好。但相当部分矿种质量较差，表现为富矿少，贫矿多，综合组分多，单一整装矿少，开采难度大，如铁矿，贫矿占95%以上，铜矿中，品位低于1%的占2/3，大于30%（P_2O_5）的富矿占全国磷矿总储量的7.1%，而小于12%的贫矿却占总储量的19%。而且中国矿产一般埋藏较深，可供露天开采的大型巨型矿产极少，这个特征大大加重了资源更新、改造、开发利用的难度，对投资和技术条件的要求较高。

（3）资源地区分布不平衡，组合错位。各类资源分布的差异，它的组合特点，在很大程度上影响着资源开发利用与经济发展。我国各类资源匹配总体看不理想，组合错位。我国南方地区水多耕地少，水资源占全国水资源的总量81%，而耕地只占全国耕地的35.9%，能源资源普遍短缺。西南地区，水力资源占全国的70%，铁、有色金属、磷、硫较为丰富，也有一定煤炭资源（占全国的10.3%），但山高坡陡，耕地资源更缺，也是严重的石油短缺地区。北方地区，水少耕地多，耕地资源占全国耕地总面积的64.1%，而水资源只占全国水资源总量的19%，能源与矿产资源丰富，煤炭资源占90%，铁矿占60%，石油资源几乎全部在北方。从人与资源关系的角度分析，可以认为，我国南方是人地矛盾，而我国北方普遍是水土矛盾，华北地区即黄淮海地区则处于水土矛盾与人地矛盾叠加的焦点，又是矿产资源丰富、经济重心地区，因此为促进华北地区经济的发展，解决水资源短缺是首要问题。

（4）资源开发强度大，后备资源普遍不足。我国人口众多，各类资源在经济技术所能及的范围内，都得到开发利用。宜农地资源的利用率达到90%以上，后备资源不足。而且适宜开发种植农作物的后备耕地资源面积仅10万～13.3万平方千米。天然草地过牧超载1/3，造成草地生产力普遍下降30%～50%。中国林地资源丰富，利用率只有50%略多，还有113.3万平方千米的宜林荒山荒地，提高森林覆盖率潜力很大，但现实森林资源同样是采大于育，采育失调，木材供应赶不上需要，将有枯竭危险。华北平原地下水资源开采过度，缺乏水资源补充，普遍发生大漏斗，有些滨海地区已发生海水倒灌。东部油田，储采比降到约10：1，大都已进入中晚期，且新油田接替不上，后续资源不足。中国的铁矿资源，由于富矿少，已部分由国外供应。因此，为了社会经济的持续发展，一方面必须坚持资源的节约利用，综合利用，持续利用，另一方面要大力寻找新的后备资源，是刻不容缓的。

一、中国矿产资源现状与问题

中国矿产资源及其开发利用中的问题十分突出，主要表现在以下几个方面：

（1）许多矿山后备资源不足或枯竭，未来资源形势十分严峻。到2010年，45种矿产已探明有半数以上不能保证建设的需要，资源形势日趋严峻。特别是一些能源基础性矿产、大宗支柱型矿产不能满足需要，对国民经济和社会发展将带来重大制约。到2020年后，45种矿产中大多数矿产将不能保证需要。

（2）矿产资源开发利用率低，浪费大。据对全国719个国营坑采矿山调查，有56%的矿山回采率低于设计要求。全国矿产开发综合回收率仅为30%～50%，全国金属矿矿井开采回采率平均为50%，国有煤矿矿井回采率仅50%，乡镇煤矿20%～30%，一些个体煤矿回采率在10%以下，资源总回收率为30%。矿产资源综合利用率低。据对1845个矿山的调查，全国50%的矿山有益伴生组分综合回收率不到25%，二次资源利用率低。我国废铝回收只占全国铝产量的1.12%，锌不到6%，铁只有15%。国民经济发展对资源消耗强度过大，单位资源的效益大大低于发达国家。

（3）矿产资源尚未形成强有力的有效的统一的政府和社会管理。资源无偿使用的现象还没有完全扭转，尚未建立矿权的流转制度，缺乏完善的资源核算制度和资源价值管理，资源的消耗补偿尚未形成合理机制。

（4）矿产资源开采利用中的环境问题严重。据统计，中国因矿产采掘产生的废弃物每年为6亿吨左右。由于固体废弃物乱堆乱放，造成压占、采空塌陷等损坏土地面积达2万平方千米，现每年仍以0.025万平方千米速度发展。矿产资源的不合理利用，尾矿及废气、烟尘的排泄，造成了水体和大气的严重污染。我国火电厂中小型发电机组发电煤耗高出发达国家约30%，大量中小型水泥厂的水泥排尘量在3千克/吨水平。目前全国工业固体废物历年积存量超过60亿吨，而其综合利用率仅40%，处理率低，严重地污染了地下水和地表水体。

二、中国水资源现状与问题

水资源是人类社会一切生产、生活的物质基础。随着人类活动的加剧，水资源的利用越来越多，有的地区已经出现了水污染、水危机、水战争，因此，不少国际机构和专家告诫人们："水资源不久将成为一场深刻的社会危机"、"我们正在进入一个新的水资源紧缺时代。"中国属于贫水国，水资源总量2.8万亿立方米，占世界总量的6%，人均资源量很少，只有世界人均的1/4，排名110位，被列为13个人均水资源最贫乏的国家之一。

中国面临的严重水问题主要表现为城乡水资源供需矛盾突出、洪涝旱灾频发以及水污染严重。

（1）城乡水资源的供需矛盾突出。目前全国市级以上的城市660多座，供水不足的约有300座，其中最严重的有110座。每年因供水不足造成工业产值损失近2000亿元。农业上用水因城市与工业的发展而大量占用，目前46.7万平方千米的有效灌溉面积中约有6.7万平方千米因水源不足而无法灌溉，仅此一项就少生产粮食150亿～200亿千克。进入21世纪，我国人口还在继续增加，城市化进程的加快，使得城市水资源的供需问题将会在目前尖锐局势下变得更加尖锐。农业要满足人口的粮食需求，灌溉用水的需求自然也要兼顾，会使城乡之间用水竞争更为加剧。因此，可以预见现有的城乡水资源供需矛盾还会呈扩大的趋势。

（2）洪涝旱灾频发。据粗略统计，全国每年平均水灾面积约 7.3 万平方千米。黄淮海和长江中下游地区，受灾面积占全国的 3/4 以上，全国年平均旱灾面积 19.5 万平方千米，黄河下游连续发生断流，对国民经济带来极大的影响。近年来，南北各地相继出现大洪灾，比以往更加频繁。七大江河流域面积占全国国土面积 44.5%，人口占 88%，耕地面积占 83%，河川径流量占 58%，工农业总产值约占全国 80% 以上。这些流域的中下游地区是我国社会经济最为发达的区域，但由于下游人口密集，人水争地，是我国最易遭受洪涝灾害的地区。频繁的洪涝灾害极大地影响着社会经济的发展，随着人口与经济的进一步发展，灾害威胁将有增无减，因此七大江河能否得到根本治理，将关系到我国 21 世纪社会和经济的可持续发展。

（3）水污染严重。目前，全国约 1/3 以上的工业废水和九成以上的生活污水未经处理排入河湖，水污染呈进一步恶化的趋势。全国七大江河和内陆河的 110 个重点河段统计表明，符合《地面水环境质量标准》第一、二类的河段占 32%，第三类占 29%，属第四、五类的占 39%。全国各主要城市地下水超采和严重超采现象十分普遍，地下水位大幅度下降，水质变坏，导致地面下沉与沿海地带的海水入侵等问题。全国 79% 的人饮用被次生污染的水，其中有 1.7 亿人饮用受有机污染的水。同时，水源污染不仅破坏环境，也破坏水资源，造成无好水可用而缺水，即污染型缺水。目前，全国污水排放量达到数百亿吨，80% 的污水未经处理就直接排入江河湖海。最为严重的是淮河。全国 90% 以上的城市水环境恶化，城市附近的河流或河段多已成排污水沟，直接影响农用水源，污染农产品。水源污染将成为今后一个亟待解决的重大问题。

三、土地资源呈下降趋势

土地是人类生存和从事劳动生产的基础性物质条件，与劳动力一起形成财富的两个原始要素，"民以食为天，食以地为本"，由于我国仍有近 70% 的人口在农村，土地资源对于我国农业、农村和农民，乃至对国家的可持续发展都具有特别重要的意义。

我国土地资源有以下基本特点：

（1）土地资源总量大、人均少；

（2）土地类型多样；

（3）山地比重大；

（4）农用土地比重小，耕地分布很不平衡，自然条件较差；

（5）后备耕地资源不足。

由于我国人口的压力，使得土地资源的利用面临严峻的形势：

（1）土地资源生产力集中在耕地上，但耕地面积减少严重。耕地是土地的精华，根据有关资料，我国耕地的现实生产力（生物生产量）约占农用土地的 3/4，林草用地合计约 400 万平方千米，而实现生产力仅占农业用地的 1/4，产值仅占 1/10。至 20 世纪末，耕地的生物生产量达 23 亿吨，仍占农林牧总生产量的 68%，林草地仅占 32%。即使到 2025 年，耕地生物产量仍将占 70%。

我国耕地正在逐年减少。据有关统计资料表明，从 1986 年到 1994 年的 15 年中，净减耕地 5 万平方千米，平均每年减少 3000 多平方千米，1994 年全国耕地减少了 7144.7 平方千米，净减少近 4000 平方千米。这样高速地减少耕地，已经成为我国经济持续稳定发展的隐患。

（2）土地的总需求和总供给不平衡，各业争地矛盾突出。我国土地资源数量有限，而人口增长和经济发展对土地的需求增加，各业存在着较为严重的用地竞争和争地矛盾。据中国农业科学院研究，我国耕地资源的粮食生产潜力扣除受气候变化影响，理论总产量为 8400 亿千克，它与近十年来我国粮食产量比较（实际丰收年粮食产量为 4099.2 亿千克），比现年产量增加 52%。如果把理论产量换算为预测产量，那么 2000 年为 4788 亿千克；2020 年为 5712 亿千克，按 2000 年达到 13.02 亿人，人均占有粮食 400 千克，则粮食缺口为 300 亿～400 亿千克。我国目前正处在工业化和城市化的快速发展阶段，据对交通、铁道、水利、民航、地矿、煤炭、石油、电力等部门调查，估计今后 15 年需占用耕地近 2 万平方千米。土地利用既要满足保证吃饭的需要，还要考虑非农建设的要求，如何处理好耕地保护和经济发展建设用地供给的关系是中国土地利用的一个非常棘手的难题。

（3）土地利用不合理，土地资源退化。我国是一个人多地少的国家，为了求得人口的生存与发展，一方面人们在合理开发利用土地资源，促进经济的发展；另一方面也出现了一些不合理开发利用土地的情况，有些地区十分严重，致使土地退化和破坏，土地生态环境日趋恶化。水土流失、土地污染对土地质量的破坏，使土地利用环境恶化，土地产品变劣，价值下降，其危害更是众所周知的，应当予以控制。土地开发和土地保护的关系也是土地可持续利用过程中需要认真解决好的问题。

（4）土地管理不尽完善，土地利用的个体目标与社会目标难统一。我国土地实行社会主义公有制，全国农村土地主要为集体所有，城市土地为国家所有。社会主义土地公有制，为充分合理地利用土地、不断提高土地生产力开辟了广阔的前景。社会主义土地利用应当突出社会目标，主要是：1）最大限度地满足整个社会经常增长的物质和文化的需要；2）充分合理地利用全部土地，使土地利用的社会效益、经济效益和生态效益达到最佳。

然而，我国长期实行的土地无偿、无限期的使用制度。用地单位一旦取得土地使用权，实际上就获得了土地的长期占有权，他们把国有土地或集体所有土地视为己有，有的地方甚至面临着土地所有单位的名存实亡的危险。从全国范围看，土地产权关系带有浓厚的行政色彩，土地权属紊乱不清的问题还不能完全解决。土地无偿、无限期的使用制度，不仅造成土地所有者权益得不到实现，而且也使土地利用上容易出现浪费，如"吃大锅饭"、乱占滥用和破坏土地等，企业占用土地无成本，也不利于企业管理的提高，不利于公平竞争。随着经济体制改革和商品经济的发展，土地使用制度改革，逐步改变无偿为有偿，无限期为有限期。

四、中国能源利用的现状

中国的能源资源种类多样，但人均水平较低。目前的能源消费水平远低于发达国家，也低于世界平均水平。能源利用的特点既不同于发达国家又不同于其他发展中国家，主要特点是：

（1）中国是世界上少数几个以煤为主要燃料的国家之一，1994 年煤占能源消费量的 76%。这种能源结构面临着运输和环境的巨大挑战。

（2）广大农村地区的家庭能源消费主要靠薪柴、作物秸秆和动物粪便，造成严重的环境后果。

（3）能源总储量不低，但人均储量少。

（4）能源与经济的布局很不匹配，近 80% 的能源资源分布在西部和北部，但 60% 的能源消费却在东南部。

（5）能源供应的不足与浪费并存，能耗很高。每单位产值的能耗大约是发达国家的 3～10 倍。

（6）经济结构和社会生活主要依靠本国的能源资源。

中国的能源消费结构很不理想，如石油、天然气等优质能源所占比例太小，一些边远地区和不发达地区还使用着非商品能源，如生物质燃料，包括薪柴、树叶、作物秸秆以及动物粪便，能源消费结构中煤炭占主要地位。如 2000 年能源消费结构中原煤占 67%，原油占 23.6%，天然气占 2.5%，水电占 6.9%。由于国家调整能源结构，煤炭的比重从 1990 年的 76.2% 下降到现在水平。

我国从 20 世纪 90 年代初期开始，从石油净出口国转变成石油净进口国，2001 年达到 8000 万吨，1999 年，探明石油储量为 32.7 亿吨，占世界总量的 2.3%，生产量占世界的 4.8%，大大低于国土面积占世界的 7.2% 和人口占世界约 20% 的比重。国内石油经过 30 年的稳产期后，大庆油田的石油可采量在不断减少。与之相类似，我国不少传统的主力油田已陆续进入资源枯竭期，油田面临着无油可采的局面，势必转变向国外开发和大量进口的战略。同时，我国能源的利用率和利用效率不高，与发达国家比较有很大差距，如按单位 GDP 能耗比较，我国分别是日本、德国和美国的 10.6 倍、8.3 倍和 4.6 倍，有相当大的能源资源在开采、加工转换、储运和终端利用过程中损失和浪费了。

第四节　中国实现资源可持续利用的对策

人类已经进入 21 世纪，我国开始实施第三步战略部署。我们面临一个全新的发展环境：加入 WTO 使我国更多地参与国际分工；工业化和城市化的加速需要有更多的资源能源投入。要顺利完成到 21 世纪中叶人均国民生产收入达到中等发达国家水平这一目标，提高我国的社会生产力，增强综合国力，不断提高人民的生活水平，就必须毫不动摇地将发展放在第一位，发展是硬道理。同时，发展必须是可持续的。否则，我国的发展就有可能受到资源供给的制约。展望未来，我国面临的资源环境形势仍然严峻：资源的基础的地位受到大大削弱，资源供给前景堪忧。

地球演化的规律及其所控制的地质作用决定了我国自然资源的状态，这种状态是制定我国自然资源规划，也是制定国民经济发展战略必须考虑的重要因素。为加速我国社会主义建设的步伐，并走可持续发展的道路，必须根据我国的自然资源实际情况及存在问题，决定我国的资源政策和措施。

一、中国矿产资源可持续利用的对策

（一）加强机构调整，按客观规律办事

对自然资源中的矿产资源而言，许多矿种都受共同的地质规律所支配，有不少矿还共生在一起，这个客观实际要求我们在进行矿产资源找矿、评价和利用时要进行综合找矿、综合评价、综合开发和综合利用。我国过去由于政府机构设置等原因，造成专业性地质找矿部门过多。除有专门的地质矿产部外，还有石油部（主管油气）、冶金部（主管黑色金属）、有色金属工业总公司（主管有色金属）、化工部（主管磷、硫、盐等）、煤炭部（主管煤炭）、建材部（主管非金属建筑材料）、水利部（主管水资源开发）、核工业部（主管铀等核燃料）、黄金部队（主管金和银）等等。各自都有自己的资源勘探和开发队伍，各自为政，分别找矿、采矿。

在自然界，矿产资源是一个整体，但过多的机构设置使得矿产资源的找寻、评价和开发被人为地分割开来了，尽管这种分工一时会给特定的矿产带来好处，但从长远的眼光看，却是弊大于利。它以行政手段代替自然规律，客观上助长了单打一的趋势，它带来人力、物力和财力的重复和浪费，管理上的困难，更有甚者，造成矿产资源的极大浪费。

在矿产的开发和回收上，现在仍有许多矿山存在只采或回收上级下达任务的矿种，而与它

们并生在一起的矿种却弃之不顾。这一方面造成资源的极大浪费，另一方面，没回收的金属进入自然生态环境中，还将造成环境的严重污染。九届人大一次会议后，我国政府机构开始进行大规模调整，许多重复的机构，如地质矿产部、石油部、化工部、核工业部等都被撤销或合并，这为消除人为割裂自然规律造成资源严重浪费现象的弊端创造了前提条件，但深层次的工作任重而道远，还需做出艰苦的努力。

（二）加大执法力度，切实保护自然资源

国家要依法治国，自然资源也必须进行依法治理。近几年来，为了保护自然资源，我国相继出台了许多法律法规，如矿产资源法、水资源法、森林资源法和土地法等。但这些法律尚未得到有效执行。全国各地非法乱采滥挖、乱砍滥伐、乱垦乱耕等现象时有发生，给各种资源带来了十分严重的破坏。特别是对矿产资源，它们在现阶段是不可能再生的，就是说，人类现阶段还不能人为造一个矿出来，一个矿采完后，在人类社会的时间尺度内也就永远不存在了。这就决定了我们对矿产资源的政策更要统筹安排、精打细算、扬长避短、深谋远虑。主要措施是：

（1）坚决维护"自然资源国家所有"这一基本原则。《矿产资源法》明确规定："地表或地下的矿产资源的国家所有权，不因其所依附的土地的所有权的不同而改变。"但是在这个问题上，还存在许多不正确认识，有的地区、个人把矿产资源的所有权归地区或个人所有，进行非法开采，造成极大破坏。必须贯彻"自然资源国家所有"这一基本原则，尽快纠正各种不正确的做法。

（2）依法行政，加强自然资源行政管理。自然资源管理的内容很多，最主要的内容是探测权和开发权的管理。许多问题的出现与管理的不当或进行非法管理有关。要消除各种自然资源的破坏行为，依法行政也是关键。

（三）发挥自然资源优势，建立相关工业

我国虽然总体自然资源贫乏，但同时存在优势资源，有色、稀土、稀有金属居世界前列，水电资源和煤炭资源也十分丰富。这些都是我国的自然资源优势，我国应在这些自然资源领域中加强工作，使之成为真正的优势，以弥补其他自然资源不足带来的问题。在发挥优势方面，我国的伴生矿多，这是缺点，同时也是优势。如果处理得好，将一矿变多矿，可收到事半功倍的效果。解决伴生矿问题，关键在于加强综合利用研究，其目标在于：

（1）要提高矿产资源利用的三率（采矿回收率、选矿回收率和冶炼回收率）。

（2）要加强资源的综合利用。

（3）储量的耗损必须合理，防止由于不合理的管理等原因造成储量丢失。

二、中国水资源可持续利用的对策

水资源的可持续性主要面临以下两方面的问题：一是要保证水资源开发的连续性和持久性，不能只顾一时，不考虑长远；二是水资源的开发利用应尽力满足和适应社会与经济不断发展的需求。二者统一，缺一不可。没有可持续开发利用的水资源，就谈不上社会、经济的持续、稳定发展。

（一）依法治水统一管理水资源

发挥管理的巨大作用是今后解决我国水问题的主要途径。水资源的管理涉及很多方面，包括政策、法规、体制、组织结构、人员、资金、运行调度以及与之有关的其他方面，但应围绕可持续发展方针，立足节水和需水控制，合理开发利用水资源的原则强化管理。而在长期执行计划经济时代形成的"重建轻管"的惯性必须彻底改变。当前有待解决的重要问题是管理分散，水权不集中，形成"多龙治水"的松散管理体制，从而使得水资源工程管理中人力、物力、财力分散，在部门之间、地区之间以及工农之间产生用水矛盾和不合理的用水与浪费。为了实现水资源的合理利用管理，必须对流域和区域内多种水源与各用水部门进行协调与统一的管理和调度。

（二）实现需水量零增长

我国供水量已在国际上名列前茅，但城市、工农业用水存在着大量的浪费，用水效率普遍低下。目前我国已由建国以来以大规模水利建设开发为主的阶段逐步进入发挥管理作用的阶段。21世纪，我国水资源工作应以实施管理机制为主、开发为辅，充分提高和发挥现有的供水工程效率。根据国外的经验，今后控制需水增长将势在必行。美国水资源开发利用的过程具有一定的代表性，从20世纪80年代开始其总用水量与人均用水量均呈逐年减少趋势。1990年已由80年代的每年6100亿立方米减至5640亿立方米，相应人均用水量由每年2600立方米减至2240立方米。20世纪60年代以来经济发展速度最快的日本，工业用水于70年代末，农业用水于80年代初分别出现零增长。西欧许多国家如瑞典、荷兰等国，甚至先于日、美出现用水零增长和负增长。以上这些国家全国大力开发水资源后，发挥管理内涵实现科学用水的经验，值得我们借鉴。总之，实行节水和实现需水量零增长是解决我国水问题的重要战略目标。

（三）推行农业节水与高效用水

农业灌溉的节水潜力很大。由于农业灌溉长期沿袭旧的灌溉制度与方法，水的浪费很大。若改变灌溉方式，在全面推行节水技术，加强管理，减少损失的条件下，粗略估算可使目前全国农业用水量下降20%以上。农业节水主要包括节水灌溉工程、节水农艺、节水型产业布局与结构、节水管理等，因此应有计划地予以全面实施，在合理配水与高效用水基础上建立节水型农业。

（四）建立节水型城市

全国大多数城市工业用水仍存在严重浪费现象，重复利用率不高。大多数城市平均只有30%～40%的重复利用率。城市生活用水的节水也有很大潜力，由于管理水平低，用水严重浪费，管网漏水达到供水量的20%，杜绝城市生活用水的浪费和漏水损失，将可节水1/3。城市工业节水的经济效益主要体现在单位用水量所产生的经济价值。发展城市工业节水与高效利用的关键措施是推进水资源的市场化，水价必须大于或等于供水成本。在城市水价中必须计入排放污水后的治理成本，作为污染治理的投入。

对于大、中城市应加快大型污水深度处理厂的建设，对中小城市则应采取污水处理厂和氧化塘、氧化沟等相结合的处理办法，并大力发展清洁水生产工艺和高效用水技术。随着用水量的增加，如能全面实现污水资源化，在不新建水源工程的情况下，弥补当前全国缺水量是绰绰有余的。城市工业节水涉及的方面十分广泛，也是一项系统工程。考虑工业是城市用水的大户，在诸多的节水措施中，最重要的是调整水价，利用经济杠杆作用控制用水，其中最为关键的措施是抓工业污水的排放，大力发展工业清洁水生产。

（五）提高全民节水与保护水环境的意识

加强节水教育，使人们充分了解节水的深远意义，普及节水知识、方法与各种节水器具。在城乡有计划的发起全国性的节水行动。

（六）雨水、海水与劣质水利用

水资源可以分为两类：一是集中型的水资源，其特征是来水强度集中，诸如江河之水；二是分散型的，其特点是来水强度弱、分布范围广，这就是常见的降水资源。后者可为分散性用水提供水源。如甘肃省雨水集流工程获得巨大成效，使当地脱贫致富。

我国沿海城市的水资源供需矛盾也很突出，发展海水利用具有重要的意义，特别是用水量大的工业冷却水，现在已有比较成熟的技术解决防腐问题，经济上也是合算的。随着技术的进步，海水的淡化利用也会有很大的开拓前景。

（七）清污分治，保护与扩大再生水源

从可持续发展的角度看，保护现有的清洁水源不受污染，对已经污染的水域进行治理，实现污水资源化，均具有深刻的意义。采用以防为主的方针，建立清洁水源保护区，确定水源保护区的功能与加强其法律地位。对现有的污水排放不仅依法进行管制，同时在加强监测的基础上，分别对污染的点源与面源制定防治措施。大力发展污水资源化应是今后的长期方针。

（八）水量调蓄与区域水资源再分配

中国的水资源东南、西北地区分布相差悬殊，加之受季风影响，水资源的时间分布极其不均。考虑国民经济全面发展，缩小东西差距，要采取措施，解决不同区域的水分布不均问题。

三、中国能源可持续利用的对策

能源是人类赖以生存和发展的不可缺少的物质基础。但是，目前人类使用的能源，特别是不可再生能源却是有限的，甚至是稀缺的。能源在不同程度上制约着人类社会的发展。同时，出于利用方式的不合理，能源利用在不同程度上损害着地球环境，甚至威胁着人类自身的生存。可持续发展战略要求建立可持续的能源支持系统和不危害环境的能源利用方式。因此，能源利用是实施可持续发展的重要课题之一。因此，21世纪头20年的中国能源战略应着眼于长远目标，实现发展方向和发展方式的转型，实现转型主要体现在三个方面：

（1）要求能源供应要从简单满足经济发展的基本需求为目标转向在满足需求的基础上重视环境效益的双重目标，实现经济、社会、环境的协调发展；

（2）能源产业的发展方式由政府计划和强制管制向政府引导下充分发挥市场机制的方向转变，进一步发挥体制改革的作用；

（3）在经济全球化以及中国加入WTO的背景下，中国的能源发展应从依据国内资源的"自我平衡"转变到国际化战略，充分利用国内外两种资源、两个市场。

按照上述原则着眼解决能源发展遇到的严峻挑战，国务院发展研究中心在"中国能源发展战略和改革国际研讨会"上提出，在未来20年中国应实行"节能优先、结构多元、环境友好"的可持续能源发展战略。

（一）节能优先

分析结果表明，如果采取强化节能和提高能效的政策，到2020年的能源消费总量可以减少15%～27%。预计在2000～2020年间，我国累计可节能10.4亿吨标准煤，价值9320亿元。可以减排$SO_2$1880万吨，$CO_2$6.56万吨。据测算，目前市场上技术可行、经济上合理的节能潜力仍高达1.5亿～2亿吨标准煤。

节能和提高能效有着巨大的潜力和可能，能否以较少的能源投入实现经济增长的目标，在很大程度上取决于节能的潜力能否有效挖掘出来，节能也对保障能源安全和减少能源利用造成的环境污染产生明显的效益，因此，应将节能放在能源战略的首要地位。节能的领域应该是全面的，以工业、交通和建筑三大耗能部门为主全方面采取节能措施。一方面今后20年能耗始终占一半以上的工业部门仍是节能的重点领域，预计节能潜力有5亿吨标准煤左右；另一方面需要尽快改变偏重工业节能，忽视建筑、交通节能的现状，对当前已进入快速增长期、今后需求比例明显提高的建筑、交通部门，必须及早采取有效措施。

（二）结构多元化

自 1990 年以来，中国一次能源消费构成中煤炭比重下降趋势比较明显，由 1990 年的 76.2% 下降到 2002 年的 66.1%。但是中国能源结构长期过度依赖煤炭的问题并没有得到根本解决，重要原因之一是缺乏明确的能源战略和能源结构优化政策。这种能源结构：一是造成了当前的严重环境污染；二是化石燃料长期无节制消耗对能源可持续供应能力构成潜在威胁；三是影响能源利用效率，天然气平均利用效率比煤炭高 30%，石油利用效率比煤炭高 23%。

能源结构的优质化对能源需求总量影响很大，据分析，能源消费结构中煤炭比重每下降一个百分点，能源需求总量可降低 2000 万吨标准煤。从未来的走势看，由于对石油、天然气等优质能源消费快速增加，将出现有需求则推动的结构性变化。能源结构调整的原则为：一是立足国内资源、充分利用国际资源，在保证供给和经济可承受性的前提下最大限度地优化能源结构；二是国家能源安全有充分保障；三是环境质量明显改善，可持续发展能力明显增强。为此，能源结构调整的方向为：逐步降低煤炭消费比例，加速发展天然气，依靠国内外资源满足国内市场对石油的基本需求，积极发展水电、核电和可再生能源，用 20 年时间，初步形成多元化的局面。

（三）环境友好

在世界各国社会经济发展过程中，环境约束对能源战略和能源供求技术产生的影响十分显著。鉴于中国在能源生产和利用中已经对环境造成了严重破坏，必须把环境保护作为能源战略决策的内部因素，即将环境容量以及小康社会对环境的需求作为能源政策的重要决策变量之一。

实施环境友好的能源战略需要通过政府推动、公众参与、总量控制、排污交易四个方面加以落实。具体措施包括：

（1）发展环境友好能源，把发展洁净能源和能源洁净利用技术作为可持续发展能源战略的重要目标；

（2）按空气质量要求，对主要污染物实行严格的总量控制；

（3）高排污收费标准，实行排污交易；

（4）实行环保折价，将环境污染的外部成本内部化；

（5）及早控制城市交通环境污染；

（6）取消对高耗能产品的生产补贴；

（7）应对全球气候变暖的国际行动。

四、中国耕地可持续利用的对策

耕地保护事业任重而道远。必须坚定不移地贯彻"十分珍惜、合理利用土地和切实保护耕地"的基本国策，继续实行世界上最严格的土地管理制度，确保实现耕地总量动态平衡目标。因此，应抓好下述几个方面的工作。

（一）提高认识，建立完善耕地保护目标责任制

国家实施积极的财政政策大力进行基础设施建设和农业结构调控，实施西部大开发战略和生态退耕工程，这些都对耕地保护有一定影响。在新的形势下，要加强耕地保护宏观政策研究，正确处理农业结构调整、生态退耕与保护耕地的关系。确保本行政区内耕地总量不减少，要建立完善耕地保护监督责任机制。

（二）严格土地用途管制制度，从严控制城乡建设占用耕地

关键是严把农地转用、土地征用审批关，实行建设占用耕地与补充耕地的项目挂钩制度，

坚决落实耕地"占一补一"制度。推进耕地储备制度的建立，逐步做到土地先补后占。研究完善农村集体土地产权制度，保护农民群众的土地权益和主体地位，充分调动广大农民保护耕地的积极性。

（三）切实保护基本农田，大力推进土地开发整理，确保耕地不减少，认真执行基本农田保护制度

在承包的耕地上调整种植结构，不得破坏耕作层，不得修建永久性工程建筑。积极推进土地开发整理。实行田水路林村综合整治，切实增加有效耕地面积，提高耕地质量。对中央和地方新增建设用地有偿使用费，要严格收取，严格管理，专款用于土地开发管理，确保补充耕地资金。加大工矿废弃地复垦力度，有计划地适度开发土地后备资源。

（四）努力盘活存量土地，促进土地集约利用

据调查，通过内涵挖潜，多数地区可以做到 10 年内城镇和农村居民点占地面积不增加，可以有效缓解对耕地的压力。积极培育土地市场，鼓励建设用地使用权有序流转，探索建立政府土地收购储备制度，建立起宏观调控下市场配置土地资源的新机制，推动建设用地由粗放向集约转变。健全土地税费和地价管理体系，降低存量土地流转成本，促进建设用地向内涵挖潜转变。

（五）严格依法行政，强化执法监察

国土资源管理系统全面推进依法行政，严肃查处各类土地违法案件。

第六章　环境与可持续发展

第一节　环境与环境问题

一、什么是环境

环境是一个被广泛使用的名词，理解其概念是认识环境和环境问题的前提。

1972 年联合国在瑞典斯德哥尔摩召开了第一次人类环境会议，会议宣言中对人类与环境的关系作了如下阐述："人类既是环境的产物，又是环境的创造者。环境不仅向人类提供维持生存的物质，同时也提供了人类在智力、道德、社会和精神等方面发展的机会。人类通过在地球上的漫长和曲折的进化过程，达到了这样一个阶段：即借助于科学技术的迅速发展，人类无论在改造环境方法的数量上还是在改造环境的规模上，均获得了巨大的改造环境能力。而人类环境的两个属性，即自然环境和人工环境，对于人类的幸福和对于享受基本人权，甚至生存权利本身而言，都是必不可少的。"由此可见，人类与环境是相互联系、相互影响和共同发展的关系。

人类的生存和发展离不开环境，同时人类的活动又不断地对环境产生影响。目前地球上所形成的适于生命体的环境，正是在亿万年的生命活动的参与下形成的，一切生命体和环境都是相互依存的统一体。人类作为地球上最高级的生命体，对环境也产生了最为深远的影响。当人类为了生存而进行物质生产时，就不断地同环境打交道，利用自然环境和自然资源发展生产和创造物质财富，不断地创造和改善人类的生存环境。人类社会不断改造环境，同样，环境也在无时无刻不影响着人类社会。

从人类与环境的关系可以看出，所谓环境是指围绕着人类的全部空间以及其中一切可以影响人类生活与发展的各种天然的与人工改造过的自然要素的总称。因此，可以认为环境是以人为中心的一切外部事物的总和，是人类生活和生产的场所，并为人类进行生产、生活提供必要的物质基础。但是，环境是一个极其广泛的概念，在不同的考虑范围内，环境具有不同的内涵和外延。

随着人类文明发展和科学技术的进步，环境的范畴也在扩展，概念也在进一步深化。例如宇宙环境就是在人类活动进入大气层后以外的空间和地球邻近的天体的过程中提出的新概念。它是指大气层外的环境，也称为空环境或星际环境，现在人类能够触及的宇宙环境仅限于人和飞行器在太阳系内飞行的环境，但是人类能够观测到的空间范围已达 100 多亿光年的距离。随着空间科学技术的发展，人类活动的空间范围日益扩大，宇宙环境这一概念也将进一步深化。因此，我们应该用发展、辩证的眼光来看待环境。

二、环境的分类

按照系统论观点，环境是由若干个规模大小不同、复杂程度有别、等级高低有序、彼此交错重叠、彼此互相转化的子系统所组成，是一个具有程序性和层次结构的网络。人们可以从不同的角度或以不同的原则，按照环境的组成和结构关系，将它划分为一系列层次，每一层次就是一个等级的环境系统，或称等类环境。根据不同原则，人类环境有不同的分类方法。通常的分类原则是环境范围的大小、环境的主体、环境的要素、人类对环境的作用，以及环境的功能。下面介绍一种按环境的范围由近及远进行的分类。

（一）聚落环境

聚落是人类聚居的地方与活动的中心。它可分为院落环境、村落环境和城市环境。院落环境是由一些功能不同的构筑物和与之联系在一起的场院组成的基本环境单元，如我国西南地区的竹楼、陕北的窑洞、北京的四合院、机关大院等。村落环境则是农业人口聚居的地方，由于自然条件的不同，以及从事农、林、牧、渔业的种类，规模大小，现代化程度不同，因而村落环境无论从结构上、形态上、规模上，还是从功能上看，其类型都极多，最普遍的有所谓农村、渔村、山村。城市环境则是非农业人口聚居的地方，城市是人类社会发展到一定阶段的产物，是工业、商业、交通汇集的地方。随着社会的发展，城市的发展越来越快，越来越大，越来越成为政治、经济和文化的中心。但由于人口高度集中，城市中人与环境的矛盾异常尖锐，成了当前环境保护工作的重要环节。

（二）地理环境

地理环境位于地球的表层，即岩石圈、土圈、水圈、大气圈和生物圈相互制约、相互渗透、相互转化的交错带上，其厚度约10～30千米。地理环境是能量的交锋带。它具有三个特点：有来自地球内部的内能和主要来自太阳的外部能量，并在此相互作用；它具有构成人类活动舞台和基地的三大条件，即常温常压的物理条件、适当的化学条件和多样的生物条件；这一环境与人类的生产者和生活密切相关，直接影响着人类的饮食、呼吸、衣着和住行。

然而当今的地理环境概念又有所发展，它是自然地理环境和人文地理环境的统一体。人文地理环境是人类的社会、文化和生产生活活动的地域组合，包括人口、民族、聚落、政治、社团、经济、交通、军争、社会行为等许多成分。它们在地球表面构成的圈层，称为人文圈，或称为社会圈、智慧圈、技术圈。无疑，自然地理环境是自然地理物质发展的产物，人文地理环境是人类在前者的基础上进行社会、文化和生产活动的结果。

因此，从大的范围来说，地理环境、特别是自然地理环境是环境科学的重点研究对象。

（三）地质环境

简单地说，它是指地理环境中除生物圈以外的其余部分。它能为人类提供丰富的矿物资源。

（四）宇宙环境

"宇"即上下四方，"宙"乃古往今来，"宇宙"即无限的时间和空间，目前人类能够观察到的空间范围已达100多亿光年的距离。环境科学中宇宙环境是指地球大气圈以外的环境，又称星际环境。

毫无疑问，任何一个层次的环境系统，都是由低一级层次的各个子系统所组成；而它自身又是构成更高级环境系统的组成部分。系统和子系统是整体和部分的关系。在系统程序上，有些层次间的关系比较密切，有些层次间则可能出现较大的质变。根据其质变关系，可以将人类环境划分成不同的层次等级。前面介绍的聚落环境、地理环境、地质环境和宇宙环境就是四个层次的环境等级。当然，在层次结构上，由于主成分的分布不平衡，往往形成该层次的环境系统的中心和边缘的不同。两种不同类型的环境的交错地带，简称边际。边际属于两种相邻环境的过渡带，它通常具有此两种环境的特征和色彩。如城市环境和农村环境是两种不同类型的聚落环境，但城市郊区和某些集镇就是边际。人类环境的其他分类方法，此处就不再介绍了。

三、环境的特点

环境系统是一个复杂的，有时、空、量、序变化的动态系统和开放系统。系统内外存在着物质和能量的变化和交换。系统外部的各种物质和能量，通过外部作用而进入系统内部，这种过程称为输入；通过系统内部作用，一些物质和能量排放到系统外部，这种过程称为输出。在一定的时空尺度内，若系统的输入等于输出，就出现平衡，叫做环境平衡或生态平衡。

环境构成为一个系统，是由于在各个系统和各组成分之间，存在着相互作用，并构成一定的网络结构。正是这种网络结构，使环境具有整体功能，形成集体效应，发挥着协同作用。环境的整体功能大于各子系统和各组成成分部分功能之和。

人类环境由于存在连续不断的、巨大和高速的物质、能量和信息的流动，表现出其对人类活动的干扰与压力，具有不容忽视的特性。

（一）整体性

人与地球环境是一个整体，地球的任一部分，或任一个系统，都是人类环境的组成部分。各部分之间存在着紧密的相互联系、相互制约关系。局部地区的环境污染或破坏，总会对其他地区造成影响和危害。所以人类的生存环境，从整体上看是没有地区界线、省界和国界的。

（二）有限性

这不仅是指地球在宇宙中独一无二，而且其空间也有限，有人称其为"地球村"。还意味着人类环境的稳定性有限，资源有限，容纳污染物质的能力有限，或对污染物质的自净能力有限。人类活动产生的污染物或污染因素、进入环境的量，超越环境容量或环境自净能力时，就会导致环境质量恶化，出现环境污染。

（三）不可逆性

人类的环境系统在其运转过程中，存在两个过程：能量流动和物质循环。后一过程是可逆的，但前一过程不可逆，因此根据热力学理论，整个过程是不可逆的。所以环境一旦遭到破坏，利用物质循环规律，可以实现局部的恢复，但不能彻底回到原来的状态。

（四）隐显性

除了事故性的污染与破坏（如森林大火、农药厂事故等）可直观其后果外，日常的环境污染与环境破坏对人们的影响，其后果的显现要有一个过程，需要经过一段时间。如日本汞污染引起的水俣病，经过了 20 年的时间才显现出来；又如 DDT 农药，虽然已经停止使用，但已进入生物圈和人体中的 DDT，还得再经过几十年才能从生物体中彻底排除出去。

（五）持续反应性

事实告诉人们，环境污染不但影响当代人的健康，而且还会造成世世代代的遗传隐患。我国历史上黄河流域生态环境的破坏，至今仍给炎黄子孙带来无尽的水旱灾害。

（六）灾害放大性

实践证明，某方面不引人注目的环境污染与破坏，经过环境的作用以后，其危害性或灾害性，无论从深度和广度，都会明显放大。如上游小片林地的毁坏，可能造成下游地区的水、旱、虫灾害；燃烧释放出来的 SO_2、CO_2 等气体，不仅造成局部地区空气污染，还可能造成酸沉陷，毁坏大片森林、大量湖泊不宜鱼类生存；或因温室效应，全球气温升高，冰雪融化，海平面上升，淹没大片城市和农田。又如，由于大量生产与使用氟氯烃化合物，破坏了大气臭氧层，结果不但使人类皮癌患者增加，而且太阳光中能量较高的紫外线会杀死地球上的浮游生物和幼小生物，切断了大量食物链的始端，以致有可能毁掉整个生物圈。以上例子足以说明，环境危害或灾害的放大作用是何等强大。

历史的经验证明，人类的经济和社会发展，如果不违背环境的功能和特性，遵循客观的自然规律、经济规律和社会规律，那么人类就受益于自然界，人口、经济、社会和环境就协调发展；相反，则环境质量恶化，生态环境破坏，自然资源枯竭，人类必然受到自然界的惩罚。为此，人们要正确掌握环境的组成、结构、功能和演变规律，消除各项工作中主观性和片面性。

四、环境问题及其实质

（一）环境问题的概念

对于环境问题，可以从广义和狭义两个方面理解。从广义上理解，就是直接或间接影响人类的生存和发展的、由自然力或人力引起的一切环境的不利变化或影响。狭义的环境问题是指人类的生产和生活活动，使自然生态系统失去平衡，反过来影响人类生存和发展的一切问题，即人为原因引起的环境问题。

在 20 世纪五六十年代以前，人们对环境问题的认识还仅仅局限在对环境污染或公害问题上，因此那时把环境污染等同于环境问题，并经常以"环境公害"称之。而认为地震、水、旱、风灾等全属于自然灾害，可是随着近几十年来经济的迅猛发展，自然灾害发生的频率及受灾的人数都在激增。

以旱灾和水灾为例，全世界 20 世纪 60 年代每年受旱灾人数为 185 万人，受水灾人数为 224 万人；而 70 年代则分别为 520 万人和 1540 万人，即受旱灾人数增加了 2.8 倍，而受水灾人数增加了 6.3 倍。

国际红十字会的《1999 年世界灾难报告》指出，由于全球变暖和大规模砍伐森林、环境恶化所引起的自然灾害（主要是旱灾、洪灾、火灾和飓风），1998 年导致 2 万多人死亡，经济损失超过 900 亿美元；土质下降、干旱、洪灾和滥伐森林致使 2500 万环境难民流离失所。

因此，由于生产力的发展，人类活动已成为一种强大的营力，改造或破坏了自身原有的生存环境。大部分的自然灾害显然是自然营力和人类活动长期联合作用的结果。因此，环境问题的范围在不断扩大。

（二）环境问题的分类

从引起环境问题的根源来划分，环境问题可分两类：首先由自然力引起的原生环境问题，称为第一环境问题，主要指地理、洪涝、飓风、海啸、火山爆发等自然灾害问题。目前人类的技术水平和抵御能力还是很薄弱，难以战胜这类环境问题。其次由人类活动引起的次生环境问题，也称第二环境问题，它又分为环境污染和生态破坏两类。

自然灾害的形成，主要是自然力作用的结果，是不以人们的意志为转移的无法避免的客观事实。但是，人为的作用可以加速或延缓灾害的发生，加大或减轻灾害的发生而完全控制其影响尚不可能，但尽量预防减缓灾难则是力所能及的。

由于人为的因素使环境的构成或状态发生了变化，环境质量下降，扰乱和破坏了人们正常的生产和生活条件就是环境污染，即指有害的物质，如工业"三废"对大气、水体、土壤和生物的污染。此外还包括声污染、热污染、放射性污染和电磁辐射污染等。生态破坏则是指人类活动直接作用于自然环境而引起的对自然生态系统的不良影响。例如，乱砍滥伐引起的森林植被破坏，过度放牧引起的草原退化，大面积开垦草原引起的荒漠化，植被破坏引起的水土流失，滥猎滥捕使珍稀物种灭绝等等。

按环境问题的影响和作用范围来划分，有全球、区域和局部等不同等级。全球环境问题包括全球变暖、臭氧层破坏、酸雨危险、有毒及有害垃圾越境转移和扩散、生物多样性锐减、海洋污染等。

全球环境问题具有综合性、广泛性、复杂性和跨国界的特点。保护全球环境，是全人类的共同利益和共同责任。全球各国必须携手合作，同舟共济，才能保护全球环境。只有一个地球，应保护我们共同的家园。

（三）环境问题的产生与发展

人类的产生和发展一直与环境变化带来的环境问题有关。无论是大气污染、水污染，还是水土流失、土地荒漠化、酸雨和有毒化学品污染，各式各样的环境问题几乎都是人类文明进程中的伴生物。早在 300 万年前的第二纪，地球气候炎热湿润，热带亚热带森林广布，古猿生活在其中，过着无忧无虑的生活，进化速度也很慢。在大约距今 300 万年时，地球进入第四纪冰期，气候寒冷，森林面积大大缩小，古猿的生存受到严重威胁，因不适应而大批死亡，但少量的古猿改变了自己的生活习惯，走下树木，学会制造和利用工具，改造环境，战胜寒冷和饥饿。人类在这一大变革的时期遭遇的环境问题是气候危机，属于原生环境问题，人类就是在解决气候危机的过程中诞生的。

古人类在距今 300 万年前产生，在第三纪漫长的发展过程中，绝大部分时间过着采集植物果实、种子、根、茎、叶和捕鱼打猎生活。由于活动范围有限，可供采集和渔猎的生物资源十分有限，往往因采集和渔猎过度引起生物资源枯竭，于是产生了食物危机，这是人类活动直接影响产生的环境问题。食物危机迫使古人类迁移，而迁移的结果又往往使新的地区生物资源枯竭。早期人类与环境的关系，主要表现在人类如何适应环境，总体上，人类对环境的影响十分有限。

距今大约 8000 年前，人类学会了农耕和畜牧，由原始社会进入了农业社会。在农业社会中，由于"刀耕火种"的掠夺经营加上不断扩大耕地等原因，破坏了植被，森林被砍伐，草原被开垦，由此带来了水土流失、沙漠化，不合理的灌溉又带来了盐渍化，产生了以土地破坏为主要特征的环境问题。

18 世纪初的工业革命，使人类社会的生产力获得了突飞猛进的发展，人类进入工业文明时期：在工业社会，自然资源以前所未有的规模被开发，与此同时，大量的污染物排入环境中，对地球的生态和环境造成严重的破坏。环境污染和公害造成大量的人身和财产损失，成为早期资本主义国家发展的噩梦，如近代著名的"八大公害事件"（见表 6-1）。

表 6-1　20 世纪中叶国外八大公害事件

公害事件名称	公害污染物	公害发生地点	公害发生时间	中毒症状	致害原因	公害成因
马斯河谷烟雾事件	烟尘 SO_2	比利时马斯河谷	1930 年 12 月	数千人发病，60 人死亡	SO_2 氧化为 SO_3 进入肺的深处	山谷中工厂多，逆温天气，工业污染物积累，又遇雾日
多诺拉烟雾事件	烟尘 SO_2	美国多诺拉	1948 年 10 月	4 天内 42% 的居民患病，17 人死亡	SO_2 与烟尘作用生成硫酸，被人吸入肺部	工厂多，遇雾天和逆温天气
伦敦烟雾事件	烟尘 SO_2	英国伦敦	1952 年 12 月	5 天内 4000 人死亡	烟尘中的 Fe_2O_3 使 SO_2 变成硫酸沫，附在烟尘上，被人吸入肺部	居民烧煤取暖，煤中硫含量高，排出的烟尘量大，遇逆温天气

续表6-1

公害事件名称	公害污染物	公害发生地点	公害发生时间	中毒症状	致害原因	公害成因
洛杉矶光化学烟雾事件	光化学烟雾	美国洛杉矶	1943年5~10月	大多数居民患病，65岁以上老人死亡400人	石油工业和汽车废气在紫外线作用下生成光化学烟雾	汽车多，每天有1000多吨碳氢化合物进入大气，市区空气水平流动缓慢
水俣病	甲基汞	日本九州南部熊本县水俣镇	1953年	水俣镇的患者180多人，死亡50多人	鱼吃了有毒的甲基汞，之后，人或猫吃了有毒的鱼而生病	氮肥生产中，采用氯化汞和硫酸汞作为催化剂，含甲基汞的毒水和废渣排入水体
富山事件	镉	日本富山县（蔓延到其他县等7条河流域）	1931~1972年	患者超过280人，死亡34人	吃了含镉的米，喝了含镉的水	炼锌厂的未经处理净化的含镉废水排入河水
四日事件	烟尘，重金属粉尘，SO_2	日本四日市（蔓延到几十个城市）		支气管炎，支气管哮喘，肺气肿	工厂向大气排放SO_2和煤粉尘数量多，并含有钴、锰、钛等	
米糠油事件	多氯联苯	日本九州爱知县等23个府县	1968年	患者5000多人，死亡16人，实际受害者超过10000人	食用含多氯联苯的米糠油	米糠油生产中，用多氯联苯作为载热体，毒物进入米糠油中

同时伴随环境问题出现的是20世纪80年代后被人们逐步认识到的若干全球性环境问题。主要是臭氧层破坏、全球升温以及生物多样性消失等。以生物多样性为例，可以说明滥用有限的自然资源是一种自我毁灭。物种灭绝是一个自然进化的过程，在2.2亿年前的晚三叠纪和6500万年前的晚白垩纪，地球均有过大规模的物种灭绝，但现在，全球生物多样性接近地球上所有时期的最高峰。

世界生物多样性与人类文化共同进化。人类对生物区系的各种影响可以在某一特定地区增加或减少遗传、物种和生境的多样性。人类对物种灭绝速度的影响可以追溯到至少15000年前。但是最近400年来，地球上的物种灭绝速度在加快，如兽类在17世纪平均5年灭绝一种，到20世纪每2年灭绝一种。从20世纪起，人为因素急剧增长，鸟类和哺乳类的灭绝记录是最完整的，在1850~1950年间，鸟类和哺乳类灭绝速度平均每年1种。科学家预测，如不采取保护措施，地球上全部生物多样性的1/4在未来20~30年里有被消灭的严重危险。现在每年都有1万~2万个物种灭绝，物种灭绝的速度是形成速度的100万倍。中国在1962年所列受保护的生物为78种，现在已增加到150种。

由于食物链的作用，地球上每消失一种植物，往往有10~30种依附于这种植物的动物和微生物也随之消失。每一种物种的丧失减少了自然和人类适应变化条件的选择余地。生物多样性减少，必将恶化人类生存环境，限制人类生存与发展机会的选择，甚至严重威胁人类的生存与发展。保护和拯救生物多样性是实现可持续发展的迫切需要。

　　值得反思的是，几十年来，由人为活动引起的环境污染所造成的严重后果，并未随发达国家的经济发展而得到解决，相反，却一直延续下来，而且由于整个世界经济发展的差距和局部地区冲突等原因而更加复杂多样，危害更加深远。自 1972 年在斯德哥尔摩召开联合国第一次人类环境会议后，世界范围内的环境事件在近 20 年内仍是频繁发生（见表6-2），环境事件的频繁发生不能不引起人们对经济增长模式的深入考虑和广泛讨论。因此，环境问题是人类可持续发展思想产生的根源。换句话说，就是人类可持续发展的思想源于环境保护。

表 6-2　20 世纪末期的重大公害事件

名　称	地　点	时　间	危　害	原　因
维索化学污染	意大利北部	1976 年 7 月 10 日	多人中毒，居民搬迁，几年后婴儿畸形多	农药厂爆炸，二噁英污染
阿莫柯·卡迪斯号油轮泄油	法国西北部列塔尼半岛	1978 年 3 月	藻类，潮间带动物，海鸟灭绝，工农业、物产、旅游业受损失大	油轮触礁，22 万吨原油入海
三喱岛核电站泄漏	美国宾夕法尼亚州	1979 年 3 月 28 日	周围 80 千米 200 万人口极度不安，直接损失 10 多亿美元	核反应堆严重失水
帕博尔农药泄漏	印度中央邦帕博尔市	1984 年 12 月 2～3 日	1408 人死亡，20000 人严重中毒，15 万人接受治疗，20 万人逃离	45 吨异氰酸甲酯泄漏
切尔诺贝利核电站泄漏	前苏联乌克兰	1986 年 4 月 26 日	31 人死亡，203 人受伤，13 万人疏散，直接损失 30 多亿美元	四号反应堆机房爆炸
威尔士饮水污染	英国威尔士	1985 年 1 月	200 万居民饮水污染，44%的人中毒	化工公司将酚排入迪河
莱茵河污染	瑞士巴塞尔市	1986 年 11 月 1 日	事故段生物绝迹，160 千米鱼类死亡，480 千米水不能饮用	化学公司 30 吨 S. P. Hg 剧毒物入河
莫农格希拉河污染	美国	1988 年 11 月 1 日	沿岸 100 万居民受严重影响	石油公司油罐爆炸，1.3 万立方米原油入河

　　目前，全球性环境问题主要表现在以下几个方面：

　　（1）"废物、废气、废液"等物质污染加剧。目前，全球平均每年排入环境的工业废渣达 30 亿吨，各种污水 5000 亿吨，各种气溶胶 10 亿吨。这些污染物向环境的排放严重污染了空气、河流、湖泊、海洋和陆地环境，成为最主要的污染源。

（2）噪声污染。工业机械、建筑机械、飞机汽车等交通工具产生的高强度噪声，给人类生活环境造成了极大破坏，严重影响人类的身体健康。

（3）温室效应。工业生产排向大气层的二氧化碳数量激增，影响了地球热量向外层空间的散发，导致全球性气温升高；吸收和储存二氧化碳的主要资源——森林的不断减少，又进一步加剧了这一进程；温室效应将会使极地冰融化，海平面上升，淹没大片陆地，进而引起一系列连锁的生态问题。

（4）大气臭氧层破坏。臭氧层能够有效地阻挡过多的太阳紫外线照射到地球表面，保护地面一切生物的正常生长发育。由于工业及制冷设备的制冷剂产生的氟氯碳化合气体和氧化氮气体的大量排放，从 1979 年到 1985 年南极上臭氧层已减少 40% ~ 50%，并形成了几个巨大的臭氧层空洞，这将对地球上人类其他生物的生存造成极大的威胁。

（5）核污染。世界上由于各种原因产生核泄漏甚至核爆炸引起的放射性污染，对周围的危害极其严重，而且持续时间相当长，事后处理异常危险复杂，已成为对人类具有潜在威胁的人造污染源。

（四）环境问题的性质和实质

就环境问题的性质而言，首先，环境问题具有不可根除和不断发展的属性。这与人类的欲望、经济的发展、科技的进步同时产生，同时发展，呈现孪生关系。那种认为"随着科技进步，经济实力雄厚，人类环境问题就不存在了"的观点，显然是幼稚的想法。其二，环境问题范围广泛而全面，它存在于生产、生活、政治、工业、农业、科技等全部领域中。其三，对人类行为具有反馈作用，使人类的生产方式、生活方式、思维方式等一系列问题引起新变化。例如，在经济工作中，人们一向以国民生产总值的增长为目标，现在它已受到深刻的批判，认为这是污染的根源，提出用可持续发展来代替，即"既满足当代人的需求，又不危及后代人满足其需求的发展"，像日本在计算国民生产总值时就扣除了污染及生态破坏所占的份额。在国际贸易中，不再单纯追求外汇收入，而是把保护物种放在首位，肯尼亚政府在 20 世纪 80 年代后期就烧掉 12 吨象牙，1990 年又烧掉价值连城的犀牛角 620 吨和兽皮 13000 张。在国际经济援助中，都把保护环境列为前提条件，世界银行就只资助环保项目。在关于发展工业的国际会议上，工业界表示要不惜代价采取少污染技术，如意大利准备投资 100 亿美元重建化学工业。"环保产业"量在全球兴起，毋庸置疑，它将成为 21 世纪商业的主题。在价值观念上，提出了"自然资本"的新概念，使用者要付费，美国的《清洁空气法》中规定使用空气的"付费"已从工业企业扩展到家庭，如使用空调设备，按每磅氟利昂收税 12 美元计算，与其价格相等，即 100% 征税，在 1995 年每磅氟利昂税收已增至 5 美元，居民也认可。在瑞典有 88% 的居民表示为保护地球环境，愿意降低生活水平，有 84% 的人表示不怕麻烦，愿意将垃圾分类。美国人将垃圾分为 6 类，违者甘愿罚款 500 美元。以上都是环境问题的反馈作用引起的变化。环境问题的第四种属性是可控性，也就是通过教育，提高人们的环境意识，充分发挥人的智慧和创造力，借助法律的、经济的和技术的手段，总可以把环境问题控制在影响最小的范围内。

很显然，环境问题的实质，就是经济问题和社会问题，是人类自然地、而且是自觉地建设人类文明的问题。环境的承载能力和环境容量是有限的，如果人口的增长、生产的发展不考虑环境条件的制约作用，超出了环境的容许极限，就会导致环境的污染与破坏，造成资源的枯竭和人类健康的损害。当代人类面临的所谓环境污染，以及自然资源的不合理开发利用造成森林破坏、水土流失加剧和资源的枯竭，都是人类经济活动的直接或间接的结果，而环境污染和生态破坏的治理与控制，又必须要有相当的经济实力，这就是环境问题的实质所在。

第二节　中国的环境问题

一、中国的环境现状

我国是一个发展中国家，人口众多，幅员广阔，基础工业齐全。但是，其工业化总体水平不高，技术和管理水平比较落后，人口压力大，污染物排放量不断增加，相当多的地区环境污染和生态破坏的状况仍然没有得到改变，有的甚至还在加剧，已经制约了经济发展和改革开放，影响了人民群众身体健康，有的地方甚至成为社会不安定的因素。总的来看，中国的环境问题相当严峻，尽管中国的国民生产总值远不及美国和日本，但环境污染和环境破坏却远远超过这两个国家。

（一）水体污染现状

从 1990 年以来国家环保总局发布的历年《中国环境状况公报》来看，全国污水排放总量、工业废水排放量和工业废水中的化学需氧量逐年增长。2001 年，全国污水排放总量仍在增长，但工业废水量以及其中的 COD 排放量呈下降趋势。而且，城市生活污水排放量以及其中的 COD 排放量于 1999 年首次超过了工业废水（见表 6-3）。这反映出"九五"期间，国务院决定加强全国工业企业污染物达标排放之后所取得的进展，也反映出城市污水处理基础设施在这些年虽有进步，但还远远跟不上需要。

表 6-3　中国 1990～1999 年的废水排放量及化学需氧量（COD）排放量

年　度	废水排放量/亿吨			化学需氧量排放量/万吨		
	生　活	工　业	总　量	生　活	工　业	总　量
2001	227.7	200.7	428.4	799.0	607.5	1406.5
2000	220.9	194.2	415.2	740.5	704.5	1445.0
1999	203.8	197.3	401.1	679.2	691.7	1389.9
1998	194.8	200.5	395.3	695.0	801.0	1496.0
1997	189.1	226.7	415.8	684.0	1073.0	1757.0
1996	—	205.9	—	—	703.6	—
1995	—	221.9	372.9	—	768.4	—
1994	—	215.5	365.2	—	681.1	—
1993	—	219.5	355.6	—	624.4	—
1992	—	213.9	358.8	—	714.8	—
1991	—	233.9	336.2	—	717.8	—
1990	—	235.9	—	—	707.7	—

据《2001 年中国环境状况公报》，水环境面临严重的水污染和水短缺，主要河流的有机污染状况普遍，面源污染日益突出。2001 年度七大水系污染由重到轻的顺序依次是：辽河、海河、淮河、黄河、松花江、长江和珠江，各大流域片的主要污染河段均集中在城市河段。主要湖泊富营养化严重：太湖属富营养化状态，滇池处于重富营养化状态，巢湖属中富营养化状态。部分地区过量开采地下水，形成地下水位降落，已引起地面沉降、海水倒灌等问题。多数城市地下水受到一定程度的污染，并有逐步加重的趋势。海洋环境污染恶化趋势仍未得到有效

控制。近海水域中，渤海近岸污染程度明显减轻，但仍处于较重污染水平；东海近岸污染加重；黄海和南海近岸水质基本稳定，水质较好。四大海域污染由重到轻依次为东海、渤海、南海和黄海。2001 年，中国海域共记录到赤潮 77 起，累计面积达 15000 多平方公里，比上年增加 49 起，增加面积约 5000 平方公里。

（二）大气污染现状

如表 6-4 所示，全国工业 SO_2 排放量在 1993 年以前逐年增长，之后基本持平。1998 年和 1999 年的工业 SO_2 排放量连同全国 SO_2 排放总量都有明显下降，但我国 SO_2 排放总量仍居世界首位。全国工业烟尘排放量从 1994 年起基本持平，但烟尘排放总量仍然很高，远远超过世界卫生组织规定的标准（60～90 微克/立方米）。这造成我国一些大城市空气质量不但不及发达国家，甚至不及一些发展中国家。

表 6-4　中国 1990～2001 年的二氧化硫与烟尘排放量

年　度	二氧化硫/万吨			烟尘/万吨		
	生　活	工　业	总　量	生　活	工　业	总　量
2001	381.2	1566.6	1947.8	217.9	841.2	1059.1
2000	382.6	1612.5	1995.1	212.1	953.3	1165.4
1999	397.4	1460.1	1857.5	205.6	953.4	1159
1998	497	1594	2091	276	1179	1455
1997	494	1852	2346	308	1565	1873
1996	—	1364	—	—	758	—
1995	—	1891	—	1478	—	—
1994	—	1825	—	1414	—	—
1993	—	1795	—	1416	—	—
1992	—	1685	—	1414	—	—
1991	—	1622	—	1314	—	—
1990	—	1494	—	1324	—	—

空气污染以城市最为严重。全国大中城市，都存在不同程度的空气污染。1999 年调查的 338 个城市，常年空气质量在三级以下的有 137 个，占总数的 40.5%。联合国环境发展署公布的世界空气污染最严重的 10 大城市中，我国占了 8 个，北京、西安、沈阳等榜上有名，以北京为例，每年有 4 个月是四类空气。

空气污染导致酸雨。全国已有 20 多个省、市出现酸雨，酸雨面积占国土总面积的 30%。污染农田 533.3 万公顷，年直接经济损失 200 亿元。

（三）固体废物污染

据统计，1996 年全国工业固体废物产生量 10.7 亿吨，1999 年产生量为 7.8 亿吨；历年累计堆存量达 64.9 亿吨，占地 51680 公顷，是不容忽视的污染源。此外，我国城市年产垃圾超过 1 亿吨，有近 2/3 的城市陷入垃圾重围。由此而引起了大量环境问题目前已到了非解决不可的时候。

（四）城市噪声污染

我国多数城市处于中等污染水平。1998 年，全国 209 个省控以上城市区域环境噪声污染严重的占 7.7%，处于中等污染水平的占 56.9%，全国 287 个省控以上城市道路交通噪声处于中等污染水平的占 43.9%。随着城市化进程的加快和经济的发展，噪声污染已成为一个不可忽视的问题。

（五）生态破坏现状

生态破坏是除环境污染之外，另一重要的环境问题。随着经济的发展和贸易的发展，人类对自然界进行大规模的开发利用，粗暴地干涉了自然生态的平衡，造成了许多生态破坏问题，特别是土地荒漠化，水土流失，森林减少，物种灭绝，它已经成为世界性的环境问题。

我国是世界上水土流失最为严重的国家之一。最新的统计材料表明，目前我国水土流失面积达 367 万平方千米，占国土总面积的 38.2%，每年流失的表土量超过 50 亿吨，由此而流失的氮、磷、钾肥分大约相当于 4000 多万吨化肥。建国以来由于水土流失而毁掉的耕地达 260 多万公顷，相当于每年近 7 万公顷以上。目前，水土流失在我国的几乎所有山区都不同程度地存在，最为严重的地区是黄河中游的黄土高原区、长江中上游、北方山区、南方山区和东北黑土山区。

我国土地荒漠化面积 262.2 万平方千米，占土面积的 27.3%，每年仍以 2460 平方千米速度扩展。新中国成立以来，全国已有 66.6 万公顷耕地、235 万公顷草地和 639 万公顷林地变为流沙地。草地退化严重，草场退化面积占到沙区草场总面积的 59.6%，其中，中度退化程度以上（包括沙化、碱化）的草地达 1.35 亿公顷，占草地总面积的 1/3。沙化土地 168.9 万平方千米，占国土面积的 17.6%，主要分布在北纬 35°至 50°之间，形成一条东西长 4500 千米、南北宽 600 千米的风沙带。耕地退化面积占到沙区耕地总面积的 40.1%。根据全国土地利用变更调查，2001 年全国耕地面积 12761.58 万公顷，人均耕地面积约 0.098 公顷，不足世界人均耕地面积的一半。通过开发、整理、复垦增加耕地 20.26 万公顷，2001 年全国耕地比上年净减面积 61.73 万公顷，主要原因是生态退耕面积的大幅度增加。

中国是全球生物多样性大国。我国拥有陆地生态系统 599 个类型，高等植物 32800 种，特有高等植物 17300 种，脊椎动物 6300 多种，特有物种 667 个。中国还拥有众多被称为"活化石"的珍稀动植物，如大熊猫、白鳍豚、水杉、银杏等。长期以来，人口的增加和生物环境的改变，使生物多样性保护同样面临着严重的挑战。尽管我国对生物多样性保护采取了许多积极的措施，如建立了许多的森林公园，自然保护区等，但我国仍有 15% ~ 20% 的动植物种类受到威胁，高于世界 10% ~ 15% 的平均水平。我国的生物资源，特别是动物遗传资源受威胁的现状十分严重。

1998 年 3 月，中国森林总蓄积量占世界第 8 位，为 97.9 亿立方米，占世界森林总蓄积量 3840 亿立方米的 2.55%。中国森林每公顷平均蓄积量为 96 立方米，世界为 114 立方米。世界人均拥有森林蓄积量 71.8 立方米，中国人均仅为 8.6 立方米，中国人均森林蓄积量是世界最低的国家之一。就是这为数不多的森林资源，仍难逃脱被占被毁的局面，平均每年有 56 万公顷的有林地被改变为非林地或开荒或被建筑征占，有 210 万公顷的林业用地转变为非林业用地，造成了森林资源的巨大逆转和消耗。

（六）中国环境问题的经济损失

环境污染事故给人民生活和经济生产带来了巨大损失。据 2006 年《中国环境状况公报》公布，2006 年，国家环保总局共接报处置 161 起突发环境事件，其中企业违法排污造成的环境事件 22 起，水污染事件 95 起，大气污染事件 57 起，土壤污染事件 7 起，其他 2 起。2006 年，全国沿海发生船舶污染事故 124 起，总溢油量 1216 吨，其中 50 吨以上的石油和化学品污染事故 5 起。全国共发生海洋渔业水域污染事故 89 次，污染面积约 6.9 万公顷，造成直接经济损失 30.65 亿元。其中，经济损失在 1000 万元以上的特大渔业污染事故 8 次。

此外，环境因素已成为影响居民健康和导致居民死亡的四大因素之一。各种研究表明，恶性肿瘤和呼吸系统疾病均与环境密切相关，在恶性肿瘤的死亡中，城市仍以肺癌的死亡率为最高，达 35.59 人/10 万人，比上一年有所上升，这与城市大气污染有直接关系；农村恶性肿瘤的死亡率逐年上升，占死亡总数的 17.25%，成为农村地区居民第二位的死亡原因。农村地区居民的首位死亡原因是呼吸系统疾病，占死亡总数的 26.23%。

二、中国环境问题的根源

这些年来，很多人都在思考与研究中国的环境问题，提出了各种见解。简而言之，主要有以下几点：

（1）人口基数大，净增人口多。中国现有人口超过 12 亿人，尽管实行了严格的计划生育政策，但每年净增人口约略 1300 万人，接近于加拿大的一半。

（2）经济增长快，结构不理想。产业结构中重化工型的产业比重大，能源需求多，污染排放量大，而能源又以煤为主，这些结构型的污染都是环境问题的难题。

（3）城市化进程快。城市人口从 1978 年到 1995 年增加了 1.8 亿，另外还有来自农村的 5 千万流动人口，这使得城市的汽车保有量和污水、垃圾产生量和能源消耗量都大大增加。

（4）执法不严，环境保护责任不到位。《中华人民共和国环境保护法》的第六条规定："一切单位和个人都有保护环境的义务，并有权利对污染和破坏环境的单位和个人进行检举和控告。"第 16 条规定："地方各级人民政府，应当对本辖区的环境质量负责，采取措施改善环境质量。"而各地发生的一些环境事件，无一不同企业行为、个人行为或政府行为的不当或执法不严有关。

（5）环保资金投入不足，基础设施建设和运行费用不能确保。多年来，中国为控制环境污染投入的资金始终在国民生产总值的 0.7% 上下徘徊，虽然对遏制环境污染急剧恶化的速度起到了一定的作用，但这对于正处于经济高速增长中的污染控制，显然是远远不够的。

（6）环保意识不强，综合决策机制不完善。中国作为一个发展中国家，总体教育水平不高，环境意识也不高，主要表现在缺乏环境保护的认识和责任感。中国环境保护基金会 1995 年对公众的环境意识调查表明，6.6% 的人环境意识几乎没有；17.6% 的人非常弱；45.4% 的人较弱；29.2% 的人较强；1% 的人很强。

在 1992 年的《世界发展报告》中，世界银行总结了各国环境与发展的经验，其实质可以概括为："经济靠市场，环保靠政府。"环境是一种公用品，具有外部性，环境保护是一项公益性事业，同各行各业都有紧密的联系，在市场经济条件下，尤其需要各级政府负起责任，全面规划，长远考虑，综合决策，而中国的综合决策机制尚待建立和完善。

第三节　中国环境可持续发展的实施

一、环境与可持续发展的关系

环境既是发展的资源，又是发展的制约条件，因为环境容量是有限的。可持续发展是一种与环境保护有关的发展战略和模式。对可持续发展的观念有多种理解，但最为人们经常引用并公认的表述是："可持续发展是满足当代人的需要而又不损害子孙后代满足其自身需要的能力的发展（WCED，1987 年）。"在对可持续发展作进一步阐述时，世界环境与发展委员会的报告指出："它（指可持续发展）本身包含着两个关键的概念：

一是'需要'的概念，尤其是应当予以绝对优先考虑的世界上穷人的基本需要；

二是'极限'的概念，即根据技术与社会组织状况而置于环境满足现在与未来需要的能力之上的极限（WCED，1987年）。"

可持续发展战略旨在促进人类之间以及人类与自然之间的和谐。可持续发展认为环境与发展密不可分。从根本上解决生态环境问题，必须转变传统的不可持续的发展方式。可持续发展充分认识和重视人类的主观能动性，它不是一种"坐而论道"的理论，而是促使人类共同采取行动的纲领。作为一种新的发展观，可持续发展立足于对原有的发展观进行反思或改造，它摒弃了以牺牲生态环境为代价的、纯粹满足当代人福利增长的非理性做法，强调人类生存在不超越维持生态环境系统承载能力的情况下，相应改善和提高其生活质量，并顾及到后代人需要的满足。可持续发展要求人类的发展应在生态环境承载能力之内，使生态环境有能力对受到的冲击和震动通过有组织的过程加以转化、消化和淡化，最终保证生态环境的演化趋势不受影响。人类必须改变自身的基本思想观念，必须从宏观到微观对人类自身的行为进行管理，以尽可能快的速度逐步恢复被损害了的生态环境，并减少甚至消除新的发展活动对生态环境的结构、状态、功能造成新的损害，保证人类与自然能够持久地、和谐地发展下去。

环境问题的实质在于人类经济活动索取资源的速度，超过了资源本身及其替代品的再生速度和向环境排放废弃物的数量超过了环境的自净能力。而只有走可持续发展道路，才能使人类经济活动索取资源的速度，小于资源本身及其替代品的再生速度，并使向环境排放废弃物能被环境自净，从而根本解决环境问题，实现人口、资源、环境与经济的协调发展。

因此，深刻了解以下几个简单而重要的事实是非常必要的。

（一）环境容量有限

全球每年向环境排放大量的废水、废气和固体废物。这些废物排入环境后，有的能够稳定地存在上百万年，因而使全球环境状况发生显著的变化。例如大气中，二氧化碳体积分数已由工业化前的 280×10^{-6} 升高到 353×10^{-6}，甲烷体积分数由 0.8×10^{-6} 上升至 1.72×10^{-6}，一氧化二氮体积分数由 285×10^{-6} 上升至 310×10^{-6}，这些温室气体的增多已经使地球表面温度在过去的 100 年中大约上升了 $0.3 \sim 0.6 \, ℃$。

（二）自然资源的补给和再生、增殖需要时间

自然资源的补给和再生、增殖需要时间，一旦超过了极限，要想恢复是困难的，有时甚至是不可逆转的。森林采伐应不超过其可持续产量。全世界现有森林面积 28 亿公顷，每年平均砍伐量为 1110 万公顷，相当于每年砍掉总量的 0.5%。森林具有涵养水源、贮存二氧化碳、栖息动植物群落、提供林产品、调节区域气候等功能。过度砍伐使森林和生物多样性面临毁灭的威胁。

土地利用应谨慎地控制其退化速度。全球土地面积的 15% 已因人类活动而遭到不同程度的退化。1988 年，全世界已退化的农用地占总农用地的比例已达 26.2%。全世界干旱地、半干旱地总面积中，近 70% 已中等程度荒漠化。

水并不是取之不尽的，人类消费淡水量的迅速增加导致严重的淡水资源短缺。淡水资源是陆地生态系统不可缺少的组成部分。到 2000 年，全球淡水用量将从 1985 年的 3900 亿立方米增加到 6000 亿立方米。人类将面临着严重的淡水短缺。海洋资源也必须实现可持续发展，过度捕捞会造成渔业资源的枯竭。以南极洲为例，1904 年，人们设站在南极捕鲸，总是先对某些种类过度捕捞，然后再捕捞其他种。迄今为止，蓝鲸的数量不到捕捞总量的 1%，抹香鲸约为 2%，很多种已经濒临灭绝。

（三）保护环境是可持续发展的关键

无论是中国还是外国，环境问题都会造成巨大的经济损失。我国是发展中国家，不具备发达国家所拥有的经济和技术优势，保护环境的资金投入有限，"八五"期间只占国民生产总值的 0.7% 左右，治理技术也比较落后。但我们绝不可以走发达国家"先污染，后治理"的老路，必须在经济发展中抓好环境保护，走可持续发展的道路。

二、中国解决环境问题必须走可持续发展道路

中国要解决环境问题必须依靠走可持续发展之路，实现生态环境与社会经济和谐发展，这是由我国的基本国情所决定的：

（1）生态环境脆弱，自然灾害频繁。本来中国所处的地理位置和自然条件就决定了我国的生态环境相当脆弱，自然灾害频繁，而持续多年的不合理的生产活动和消费方式，更加剧了我国生态环境的恶化，尤其是人口的剧增，经济的迅速发展，对自然资源无节制的开发和与日俱增的索取，进一步恶化了生态环境，使自然灾害更加频繁地发生。近 40 年来，每年由气象、海洋、洪涝、地震、地质、农业、林业等七类灾害造成的直接经济损失约占国民生产总值的 3%～5%。生态环境的破坏使我国农业的发展深受其害。作为农业大国，中国有 8 亿多农民靠天吃饭，但农业生产条件先天不足，不利的气候、地貌条件给发展农业带来了极大的限制，脆弱的生态环境本身就不利于农业生产，而环境的恶化和耕地的减少又进一步加剧了这种不利因素。

（2）环境污染严重，直接危及着经济社会的发展。首先，出于能源结构以煤为主，我国的大气污染一直在随着经济的发展而增加，特别是大中城市和工矿区总悬浮微粒和二氧化硫污染相当严重，全国数百个城市的大气环境质量尚未达到国家和世界卫生组织规定的大气质量标准；其次，以城市为中心的环境污染迅速向农村蔓延，而异军突起的乡镇企业更是一支不可忽视的污染源队伍，其污染排放量已占全国工业污染物排放总量的 30% 左右。大气、水、土壤等污染给生产和人民生活带来严重影响，造成了重大经济损失，据统计，我国每年由"三废"（废气、废水、废渣）污染所造成的直接经济损失高达数千亿元。

可见，中国的经济社会发展正陷于生态环境污染的严重困扰之中，如不能全面、综合、有效地解决这些问题，中国未来的发展将不得不承受越来越大的压力。

三、中国环境持续发展战略的实施

（一）中国 21 世纪议程

中国自 1992 年联合国环境与发展会议以来，在推进环境与可持续发展方面做出了不懈的努力。产生于《中国 21 世纪议程》框架之下的一批优先项目正在付诸实施。《国民经济和社会发展"九五"计划和 2010 年远景目标纲要》把环境保护与可持续发展作为一条重要的指导方针和战略目标，并明确作出了中国今后在经济和社会发展中实施环境保护与可持续发展战略的重大决策。ISO 14000 认证体系的推广工作取得了较大进展，已经有一批带有生态标志的产品进入消费者的家庭。一些地区建立了生态农业实验区，遵循环境保护与经济协调发展为指导的原则，在保护和改善生态环境的同时提高农业生产力，实现农村贫困人口脱贫等方面作出了成功的探索。所有这些表明，中国正在积极按照环境可持续发展的原则进行多方面的实践。中国在环境可持续发展领域制定和正在实施的重要方案主要有：

（1）指导中国环境与发展的纲领性文件——中国环境与发展十大对策；

（2）关于环境保护战略的政策性文件——中国环境保护战略；

（3）履行《蒙特利尔议定书》的具体方案——中国逐步淘汰破坏臭氧层物质的国家方案；

（4）全国环境保护 10 年纲要——中国环境保护行动计划（1997—2000 年）；

（5）中国人口环境与发展的白皮书、国家级实施可持续发展的战略框架——中国 21 世纪议程；

（6）履行《生物多样性公约》的行动计划——中国生物多样性保护行动方案；

（7）国家控制温室气体排放的研究——中国温室气体排放的控制问题与对策；

（8）专项领域实施可持续发展的纲领——中国环境保护 21 世纪议程，中国林业 21 世纪议程，中国海洋 21 世纪议程；

（9）指导环境保护工作的纲领性文件——国家环境保护"十五"计划和 2010 年远景目标；

（10）"十五"、"十一五"期间，国家在可持续发展领域实施的两项重大举措——全国主要污染物排放总量控制计划和中国跨世纪绿色工程规划；

（11）指导全国生态环境建设的纲领性文件——全国生态环境建设规划。

同时国家还要继续进行"三河"（淮河、海河和辽河）、"三湖"（太湖、巢湖和滇池）、"两区"（酸雨控制区和二氧化硫控制区）、"一市"（北京市）、"一海"（渤海）的污染控制工作（简称"33211"工程）。还对"三区"即特殊生态功能区、重点资源开发区以及生态良好区进行重点生态环境保护，以确保国家环境安全，促进可持续发展战略的实施。此外，积极开展国际合作，进行可持续发展的研究。例如，正在进行的"江西省江湖工程"（井冈山、赣江、鄱阳湖工程）和"支持黄河三角洲可持续发展"等研究项目。

（二）中国环境可持续发展战略实施的总体原则

1. 正确处理环境保护与发展的关系

环境保护和经济发展是一个有机联系的整体，既不能离开发展，片面地强调保护和改善环境，也不能不顾生态环境的承受能力而盲目地追求发展。尤其对中国这样的发展中国家来讲，只能在适度经济增长的前提下，寻求适合本国国情的解决环境问题的途径和方法。

2. 走依靠科技进步的道路

人类历史表明，社会经济的进步主要是依靠人类智能的发展取得的，现代社会发展更是要依靠科学技术的推动。科学技术是当代的第一生产力。中国的主要自然资源在 21 世纪将面临全面的紧缺或危机，唯一的资源优势是蕴藏在十几亿人口中的智力资源，充分利用巨大的人力资源，走依靠科技进步的道路，是中国摆脱人口-资源-环境恶性循环链束缚的唯一选择。

依靠科技进步深化对环境的认识，提高管理环境的能力，提高治理污染和改善生态环境的水平，是环保战略中的直接目标。促进科技进步以消除经济社会发展中危害环境的不利因素，也是环境战略中的重要组成部分。依靠科技进步不仅是一项环境战略，也是国家和民族持续发展的基本战略。

3. 促进建立新型的产业

中国工业化不仅没有发达国家工业化过程中独占世界市场、攫取与利用世界资源和无偿使用全球环境那样的优势，相反却受到国际经济竞争和保护全球环境的压力。因此，中国的工业化必须走向发达国家的道路。

中国工业化唯一的有利条件是可以借鉴发达国家的经验和先进的科学技术。根据当代世界产业发展走向，中国的工业化必须建立在最新的科学技术基础之上，创建科技型产业；根据中国有限的资源和有限的环境空间特点，中国的工业经济必须是资源节约型的和清洁生产型的。

未来的环境保护战略重点之一就是通过环境政策、法规和有效的管理，推进中国产业结构合理化和高级化,逐步形成资源节约型和清洁生产型的产业经济。

4. 提高全社会的危机意识与建立可持续性的社会经济体系

以刺激消费、扩大市场来推动经济的发展和繁荣,是现代社会经济的基本特点。这种社会经济发展方式是以世界上少数人富裕、多数人贫穷、少数人侵吞多数人的生存和发展利益为基础的。如美国人口仅是全球人口的4.7%(1991年),却消耗世界资源总产量的30%左右。据估算,如果世界各国都像美国那样消耗矿产资源,那么全世界的铝土矿18年、铜矿9年、石油7年、天然气5年、锌矿6个月就会被耗尽。在如此短的时间内,现代经济赖以存在的主要矿产资源突然地耗竭,必然导致整个社会经济的崩溃,更谈不上持续发展。

中国的人口危机、资源危机、环境危机都会比世界上大多数国家来得早、来得迅猛,为此必须提高全民族的危机意识,并研究和解决中国的持续发展问题。中国国情和在国际社会中所处的经济地位,决定了中国不可能按照发达国家的模式建立一个高生产和高消费的社会经济体系。从保证持续发展来看,中国必须建造一个适度消费和节约型的社会消费体系和与之相应的高效率、低消耗的生产体系,以满足全体人民的基本需求为未来的基本发展目标。

环境保护战略必须从更广、更高的角度探求影响环境的主要因素,寻求克服办法,必须致力于提高全民族的人口意识、生态意识、环境意识,促进建立一个可持续发展的社会适度消费体系,谋求建立一种与环境相协调的社会经济结构。

5. 确立环境保护重点领域

中国目前的环保重点是控制城市和工业污染。从长远看,影响持续发展的主要矛盾是水土资源缺乏和危机,因此21世纪中国的环保战略重点必然逐步转向以保护水土资源为核心的生态环境保护方面。

在中国北方,以重建森林草原植被与工程措施相结合增加水资源调蓄能力,以发展节水型农业和优化产业结构大力节约用水量,以先进的环保手段减少水污染以及利用先进技术如人工降雨等增加水资源量,是缓解水危机的可供选择的战略措施。

在中国南方,缓解耕地危机可供选择的方法可能有:开展大规模的森林建设、发展大农业生产,通过合理规划和法制约束保护生存与发展必需的耕地资源,防治酸雨和其他污染危害。

中国21世纪的环保战略任务不仅是保护现有环境状况不发生不可逆转的恶化,而且要努力扩大环境空间,以容纳更多的人口和更大的生产力。为此,改造沙漠、合理利用荒瘠土地、提高各类土地生产潜力、开发利用海洋都将提到议事日程。

此外,防止环境污染,始终是一项重要的环保任务。

6. 建立综合协调的资源环境管理体系

当代环境问题产生和恶化的一个重要原因是国家之间、地区之间、集团之间经济政治竞争的结果。每个竞争个体都进行各自的最优化设计,谋求最大的经济政治利益,结果导致整体的失衡和最坏的结果。为扭转这种局面,创造一种整体上的最优,必须变分文决策为综合决策,变条块管理为协调管理。这种新的决策和管理体制只有靠国家来组织、推动和实施。

中国现时的国家管理体制主要是按地域划块、产业部门划条来设置的,完全不能适应像资源环境这类跨地区、跨部门管理的需要。多方治水、越治越乱就充分显示了这种管理体制约弊端。在进入21世纪和面临新的严峻形势、新的重大问题的时候,必须寻求有效的资源环境管理体制和运行机制,建立资源环境的综合决策、协调管理体制,必然意味着削弱条块的权力,涉及到整个国家管理体制的变革,因而它是21世纪一项艰巨的国家战略任务。但是,从保证国家持续发展的必要性和紧迫性出发,这又是必须完成的变革。

7. 参与国际竞争和合作

当代交通通信技术的发展已使地球尺度骤然"缩小"，全球环境问题的出现更将全人类的命运连在一起。21世纪世界经济的竞争更为激烈，经济与环境合作也将更为广泛。占世界人口1/4的中国能否走向持续发展，对全球持续有着决定性影响。因此，中国的持续发展战略也应从全球范围来观察，积极参与世界经济竞争和环境合作行动。

与中国相比，世界上许多国家尚处于自然资源丰富、人力资源缺乏的状态。中国与这些国家有着优势互补、开展合作的广泛前景。传统上实行的以出口资源、出口初级产品为特征的对外经贸合作形式不符合中国的长远利益。从促进中国持续发展出发，对外经贸合作应逐步转向以进口自然资源为主和以出口人力资源、智力资源为主的新格局。环境合作应扩大领域，并将其与推进我国科技进步和经济发展紧密结合。

（三）中国环境可持续发展战略的具体措施

中国为实现环境可持续发展，采取了一系列强有力的环境保护措施，主要有：

（1）完善环境保护法律体系。我国环境立法起步较晚，从1989年就颁布实施了《环保法》开始，我国的环境保护走上了法制化的轨道。在这之后我国又颁布了一系列环境保护相关法律，如《森林法》、《水法》、《水土保持法》、《草原法》、《土地法》、《防止大气污染法》、《野生动物保护法》、《国家赔偿法》等等。总的来说，我国的环境法制建设有了长足进展，在立法方面受到了高度重视，发展迅速，已初步形成了环境法体系。

（2）加强环境保护科学研究。通过大力开展环境污染治理技术研究，目前我国对工业"三废"（废水、废气、废渣）的处理，已经积累了一些成功的处理方法，如对废水的处理有物理法、化学法和生物化学法三大类。物理法处理技术包括均匀调和、沉淀（或上浮）、过滤、离心分离、浮选、滤渗、萃取、汽提及蒸发结晶等；化学法处理技术包括混凝、中和、化学沉淀、氧化、还原、电解、电渗析、离子交换和吸附等；生物处理法有，在有氧条件下，利用好氧菌繁殖，使废水中的有机物消化分解，或在缺氧条件下，使厌氧菌繁殖，使废水中的有机物消化分解等。在对工业废气的处理方面，有利用除尘装置去除废气中的烟尘和工业粉尘；采用气体吸收处理有害气体，如用氨水、氢氧化钠、硫酸钠等碱溶液吸收废气中的二氧化硫等；应用冷凝、催化转化、分子筛、活性炭吸附和膜分离技术等治理排放废气中的主要污染物等。目前，我国还在不断加大环境保护研究投入，并通过多种渠道拓宽研究经费来源。目前主要的环境保护研究方向已经转向低能耗、低成本、无二次污染、深度处理、生态修复和污水回用几个方向发展。

（3）大力发展环保产业。我国环保产业起步较晚，但由于受到重视，环保产业发展速度较快。环保产业被称为是21世纪的"朝阳产业"，已成为我国一个新的经济增长点。目前我国的环保产业企业有10000多家，从业人员200多万人，年产值达600亿元左右。固定资产总值约1000亿元。环保产业的发展，主要有三个方面：一是环境监测技术，主要研究生产能准确、系统、及时、定量反映排污企业的污染状况和监测大气、生态系统的仪器设备，提高监测数据的自动化采集和快速传递水平；二是污染物处理技术，从我国目前情况来看，环保产业发展的重点领域是城市污水处理设备、大气污染防治设备和固体废物处理处置设备；三是污染物的利用技术，有些废弃物不仅可以进行无害化处理，而且还有利用的价值。发展污染物重复利用技术，减少环境污染，减少资源消耗。例如，我国在广大的农村通过政府补贴的形式，兴建了大批的沼气发酵池，不仅解决了农村燃料紧张问题，也有效保护了森林资源，减少了农村环境污染，还有一定的经济价值。

在环境管理方面，我国也出台了相应的环境管理八项制度和措施，它们是围绕中国环境保护三大政策的具体制度和措施，包括：

（1）"三同时"制度。

（2）排污收费制度。

（3）环境影响评价制度。

（4）环境保护目标责任制。地方各级人民政府应当以责任书的形式，落实省、市、县长在其任期内的环境保护目标和任务，并作为考核其政绩的内容之一。

（5）城市环境综合整治定量考核制度。考核包括大气、水、噪声、固体废弃物综合利用及城市绿化等 5 个方面，20 项指标，并公布考核结果。国家考核 37 个城市，各省对省辖市考核。

（6）排污许可证制度。对排污单位实行排污登记，发放排污许可证，实行总量控制。

（7）污染集中控制。污染防治走集中与分散治理相结合的道路，以集中控制为发展方向。

（8）限期治理制度。对污染严重、危害大的污染源，为各级人民政府下达限期治理的任务。

第七章　清 洁 生 产

　　人类社会存在和发展的基础是物质生产。原始社会由于生产力低下，只能被动适应自然，随着智慧的积累和工具的发展，人类进入农业生产时代，形成了第一产业。人类的世代定居生活培育出了浓重的乡土观念，因而萌发了环境意识，由于对土地的依赖和生产力的落后，人们的活动还未对自然产生巨大的影响，人类史进入自然社会的初始和谐阶段，出现了第一个"天人合一"的时代。

　　随着农业的发展，社会出现了分工，生产力和科学技术的进步使人类由农业社会进步到工业社会。此时的生产活动已由生活资料的生产向生产资料的生产转变，资源由地表延伸到地下，能源由可再生的分散能源转化为集中的不可再生能源，经济形式由自然经济转化为商品经济。随着工业化的普及和发展，人们的观念由"天人合一"转到"主宰自然、人定胜天"上来，人类开始了第一次向自然掠夺资源。尤其是人类社会进入工业化以后，科技的飞速发展和生产力的大大提高使人们占有自然、征服自然的欲望日益强烈，不合理开发、成片毁灭和一味消耗型的生产生活方式对自己的生存环境产生了严重影响。

　　20世纪60年代美国学者鲍丁提出的宇宙飞船经济理论，指出我们的地球只是茫茫太空中一艘小小的宇宙飞船，人口和经济的无序增长迟早会使船内油料（有限资源）耗尽，而生产和消费过程中排出的废料将使飞船污染，毒害船内的乘客，此时飞船会坠落，社会随之崩溃。为了避免这种悲剧，必须改变这种经济增长方式，要从"消耗型"改为"生态型"，从"开环式"转为"闭环式"。经济发展目标应以福利和实惠为主，而并非单纯地追求产量。1968年成立的著名的"罗马俱乐部"则更深刻地讨论了人类未来面临的困境，出版了著名的"里程碑式"的报告——《增长的极限》和《人类的转折点》。书中指出：未来历史的焦点应该集中在资源的合理利用和整个人类的生存方面，提出了"有组织性的增长"的概念。在这个时期还出现了一些影响深远的著作，如《熵———一种新的世界观》、《未来的冲击》、《第三次浪潮》、《世界面临挑战》及《生态危机和社会进步》等，都对人类过去的发展历程进行了反思，认真分析了人类面临的环境问题和成因。

　　随着工业化的发展，进入自然生态环境的废物和污染物将越来越多，已经超出了自然界自身的消化吸收能力，既造成了通常意义上的环境污染，又对人类自身造成了威胁。同时，工业化的不断深入也将使自然资源的消耗超出其恢复能力，破坏全球生态环境的平衡。20世纪70年代以来，针对日益恶化的全球环境，世界各国通过不断增加投入，治理生产过程中所排放出来的废气、废水和固体废弃物，以减少对环境的污染，保护生态环境，这种污染控制战略被称为"末端治理"。末端治理虽然在某种程度上能减轻部分环境污染，但并没有从根本上改变全球环境恶化的趋势，原因很简单，即一边治理，一边排放。而且为了治理污染，许多国家和企业都投入了大量的资金，背上了沉重的经济负担。同时，污染物一旦排放到环境再进行治理，不但增加了处理的难度，处理难以达到要求，而且对环境的伤害已经形成。

　　1972年巴西里约热内卢召开了世界环境与发展大会，提出了五个方面的转变：思想观念的转变，要求人类从征服自然转为与自然友善相处，从技术论转为唯生态论；能源结构的转变，从不可再生能源转变到利用可再生的清洁能源；经济发展战略的转变，从消耗型转向效率型，并兼顾当代人和后代人的利益工业模式的转变，从环境有害转为环境友好。1984年，国际上成立了"环境与发展委员会"，提出了"持续发展"的思想，指出工业的持续发展方向，即提高资源和能源的利用效率，减少废物的产生。至此，经过人类近20年的探索，环境管理手段的完善和科技的发展，使可持续发展这一科学思想体系基本形成，并得以应用。图7-1所示为社会发展过程中的环保历程和工业污染管理方式的转变历程。

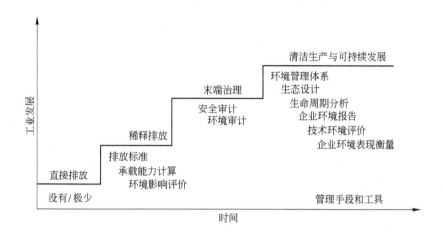

图 7-1　社会发展过程中的环保历程和工业污染管理方式的转变历程

第一节　清洁生产的由来、概念

一、清洁生产的由来

　　传统的以大量消耗资源、粗放型生产为特征的发展模式，是造成工业污染的主要原因。长期以来，在整个工业生产体系中，对于环境污染的防治，人们一直侧重于污染产生以后的治理，却疏于生产过程中污染的预防。这样的工业污染防治方法，虽然对污染防治有一定的效果，但其缺陷也是显而易见的，付出的代价也是巨大的。首先，末端治理要较多的投资，建设周期长，运行费用高，经济效益较低，直接影响企业污染治理的积极性；其次，生产过程中一些本来可以回收利用的原材料没有得到回收利用，而是随着"三废"排入环境或被处理掉，造成资源和能源的极大浪费以及环境污染的加剧；再次，末端处理处置废物有一定的风险性，如废物填埋、贮存过程中可能造成的泄漏等；最后，采用落后的工艺、设备进行生产，可能使工人处在有毒、有害的工作环境中。由此可见，传统工业生产方式以及注重末端治理的防治策略对环境污染的防治并不符合可持续发展的思想。

　　有鉴于此，人们越来越多地认识到在环境污染的控制上，防止污染的产生比污染产生后的治理更为重要。我国在20世纪70年代初就曾提出了"预防为主、防治结合"的环境保护方针，强调通过合理布局，优化资源配置，加强管理及技术改造，防治工业污染。美国环保局（EPA）科学顾问委员会在1988年的报告中就指出："EPA必须制定强调在污染发生之前就预防和消减的战略，从控制和消除转移到防止上，这对保护人体健康和环境以及使经济健康发展是绝对必要的。"美国1990年10月通过的《污染防治法》中更明确指出：源头削减污染与以往的废物管理和污染控制有根本上的不同，而且更符合保护环境的要求。这是美国第一次通过立法做出的以污染防止取代过去长期采用的末端治理为主的污染控制政策，是工业污染控制战略的一个根本性变革。这种变革不仅在美国，在欧洲，而且在世界各地形成了一种新的工业与环保相结合的生产方式——清洁生产。

清洁生产概念源于20世纪70年代，1979年4月欧洲共同体理事会宣布推行清洁生产的政策，同年11月在日内瓦举行的"在环境领域内进行国际合作的全欧高级会议"上，通过了《关于少废无废工艺和废料利用的宣言》；美国国会于1984年通过了《资源保护与回收法——有害和固体废物修正案》规定：废物最小化，即"在可行的部位将有害废物尽可能地削减和消除"。1990年10月，美国国会又通过了《污染预防法案》，从法律上确认了应在污染产生之前削减或消除污染。在此期间，清洁生产所包含的主要内容和思想在世界上不少国家和地区均有采纳，但在不同的国家和地区有不同的表述，如污染预防、废物最小化、清洁技术等等。

1988年秋，荷兰技术评价组织在经济部和环境部的支持下，在典型的工厂企业中进行了防止废物产生的大规模调查，并在10家工业公司中进行预防污染的试点。这项由一些大学参加、称作PRISM的研究项目取得了重大的成果，实践表明，防止废物产生可以通过多种途径得以实现，而且预防措施往往能获得可贵的经济效益。研究中还估计了在企业中开展污染预防活动所遇到的障碍，并对制定有效的环境政策提出了建议。实施这一试点工作时，以美国环保局的《废物最少化机会评价手册》为蓝本，编写了荷兰手册。荷兰手册又经欧洲预防性环保手段工作组作了进一步修改，编写成《PREPARE防止废物和排放物手册》，并译成英文，广泛应用于欧洲工业界。

实践活动确认，实施清洁生产，可以取得如下的效果：

（1）更容易达到环保法规的要求；

（2）通过节能、降耗、减污，能降低生产成本，提高经济效益；

（3）有效保护工人安全，保护公众健康，保护生态环境；

（4）促进能源结构的调整和利用方式的改善；

（5）优化产业结构和布局；

（6）推动产品升级换代，增强市场竞争能力；

（7）发挥技术进步的作用，通过技术改造，实现经济的持续发展和经济与环境的良性循环。

1989年，联合国环境规划署工业与环境计划活动中心（UNEPIE/PAC）根据UNEPP理事会会议的决议，制订了《清洁生产计划》，在全球范围内推行清洁生产。这一计划主要包括五方面的内容：

（1）建立国际性清洁生产信息交换中心，收集世界范围内关于清洁生产的新闻和重大事件、案例研究、有关文件的摘要、专家名单等信息资料。

（2）组建工作组。专业工作组有制革、纺织、溶剂、金属表面加工、纸浆和造纸、生物技术；业务工作组有数据网络、教育、政策以及战略等。

（3）从事出版，包括《清洁生产通讯》、培训教材、手册等。

（4）开展培训活动，面向政界、工业界、学术界人士，以提高清洁生产意识，教育公众，推进行动，帮助制定清洁生产计划。

（5）组织技术支持，特别是在发展中国家，协助相关专家，建立示范工程等。

二、清洁生产的概念和内涵

（一）清洁生产的概念

"清洁生产"这一术语是由联合国环境规划署工业与环境规划中心首先提出的，它对清洁生产下的定义为："清洁生产，是指将综合预防的环境策略持续地应用于生产过程和产品中，以便减少对人类和环境的风险性。对生产过程而言，清洁生产包括节约原材料和能源，淘汰有毒原材料，并在全部排放物和废物离开生产过程以前，减少它们的数量和毒性。对产品而言，清洁生产策略旨在减少产品在整个生产周期过程（包括从原料提炼到产品的最终处置）中对人类和环境的影响。清洁生产不包括末端治理技术，如空气污染控制、废水处理、固体废弃物焚烧或填埋。清洁生产通过应用专门技术改进工艺技术和改变管理态度来实现。"

美国环保局在 20 世纪 80 年代末提出"废物最小量化"和"污染预防"的概念，指出"污染预防是在可能的最大限度内减少生产场地所产生的废物量"，它包括通过源头削减、提高能源效率、在生产中重复使用投入的原料以及降低水消耗量来合理利用资源。常用的两种源头削减方法是"改变产品和改进工艺"，这一概念与"清洁生产"的概念是一致的。《中国 21 世纪议程》也对清洁生产做出了定义："所谓清洁生产，是指既可满足人们的需要又可合理使用自然资源和能源并保护环境的实用生产方法和措施，其实质是一种物料和能耗最少的人类生产活动的规划和管理，将废物减量化、资源化和无害化，或消灭于生产过程之中；同时，对人体和环境无害的绿色产品的生产，也将随着可持续发展进程的深入而日益成为今后产品生产的主导方向。"

由以上定义我们可以看出：清洁生产是一个新的创造性的思想，是人类的思想和观念根本性转变，是人类社会生产方式的根本转变，是环境保护和可持续发展战略由被动反向主动行为的一种转变。清洁生产将整体预防的环境战略持续应用于生产过程之中。因此，可以说清洁生产是工业生产体系的可持续发展模式。由图 7-2 我们可以很容易理解，清洁生产需要的是污染预防和源头削减，而不是等到废弃物产生后再试图使其无害化，它考虑的使产品的整个生产过程中原材料尽可能被充分利用，能源消耗最小化。

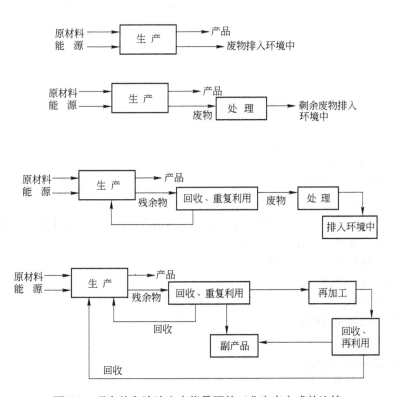

图 7-2　现有的和清洁生产指导下的工业生产方式的比较

（二）清洁生产的主要内容

清洁生产包括以下三方面内容：

（1）清洁能源。包括新能源开发、可再生能源利用的清洁利用以及对常规能源（如煤、石油等）采取清洁利用的方法、乡村沼气利用、各种节能技术等。

（2）清洁的生产过程。生产中产出无毒、无害的中间产品，减少副产品，选用少废、无废工艺和高效设备，减少生产过程中的危险因素（如高温、高压、易燃、易爆、强噪声、强振动声），合理安排生产进度，培养高素质人才，物料实行再循环，使用简便可靠的操作和控制方法，完善管理等，树立良好的企业形象。

（3）清洁的产品。节能、节约原料，产品在使用中、使用后不危害人体健康和生态环境，合理的包装，易于回收、复用、再生、处置和降解，使用寿命和使用功能合理。

清洁生产使自然资源和能源利用合理化，经济效益最大化，对人类和环境的危害最小化。通过不断提高生产效益，以最小的原材料和能源消耗，生产尽可能多的产品，提供尽可能多的服务，降低成本、增加产品和服务的附加值，以获取尽可能大的经济效益，把生产活动和预期的产品消费活动对环境的负面影响减至最小化。清洁生产是一个相对的概念，所谓清洁的工艺和清洁的产品，以致清洁的能源是和现有的工艺、产品、能源比较而言的。因此，推行清洁生产本身是个不断完善的过程，随着社会经济的发展和科学技术的进步，需要适时地提出更多新的目标，争取达到更高的水平。

（三）清洁生产的目的

1. 自然资源和能源利用的最合理化

自然资源和能源利用的最合理化，要求以最少的原材料和能源消耗，生产尽可能多的产品，提供尽可能多的服务。对于工业企业来说，应在生产、产品和服务中，最大限度做到：

（1）节约能源；

（2）利用可再生能源；

（3）利用清洁能源；

（4）开发新能源；

（5）实施各种节能技术和措施；

（6）节约原材料；

（7）利用无毒和无害原材料；

（8）减少使用稀有原材料；

（9）现场循环利用原材料。

2. 经济效益最大化

企业通过不断提高生产效率，降低生产成本，增加产品和服务的附加值，以获取尽可能大的经济效益。要实现经济效益最大化应做到：

（1）减少原材料和能源的使用；

（2）采用高效生产技术和工艺；

（3）减少副产品；

（4）降低物料和能源损耗；

（5）提高产品质量；

（6）合理安排生产进度；

（7）培养高素质人才；

（8）完善企业管理制度；

（9）树立良好的企业形象。

3. 对人类和环境的危害最小化

生产的一个主要目标是提高人类的生活质量。对于工业企业，对人类与环境危害最小化就是在生产和服务中，最大限度地做到：

（1）减少有毒有害物料的使用；

（2）采用少废和无废生产技术和工艺；

（3）减少生产过程中的危险因素；

（4）现场循环利用废物；

（5）使用可回收利用的包装材料；

（6）合理包装产品；

（7）采用可降解和易处置的原材料；

（8）合理利用产品功能；

（9）延长产品寿命。

第二节　国内外清洁生产发展状况

一、国外清洁生产概况

清洁生产是在较长的工业污染防治过程中逐步形成的，也可以说是世界各国 20 多年来工业污染防治基本经验的结晶。自 1989 年联合国环境规划署提出清洁生产概念并积极推动清洁生产的实施以来，美国、丹麦、荷兰、英国、加拿大、澳大利亚等国都兴起了清洁生产浪潮，并获得了很大的成功，成为全球关注的热点。

自 1989 年联合国环境规划署工业与环境中心（UNEPIE）根据 UWP 理事会的决议，制定了《清洁生产计划》以来，该机构先后在中国、印度和巴西等八个国家建立了国家清洁生产中心，成立了金属表面处理、皮革制造、纺织工业、采矿工业、制浆造纸、政策与战略、教育与培训、数据联网和可持续产品开发等十个清洁生产工作小组。建立了国际清洁生产信息交换中心和相应数据库，出版了《清洁生产简讯》等刊物，并且召开了全球清洁生产会议，交流经验，沟通信息，完善清洁生产技术体系及转让网络，以促进各国清洁生产不断向深度和广度拓展。联合国清洁生产计划历史概括如下：

1989 年 5 月，环境署理事会提出清洁生产概念。

1990 年 10 月，坎特伯雷清洁生产会议推出概念和网络。

1992 年 6 月，联合国环境与发展大会提出加强清洁生产的建议。

1992 年 10 月，巴黎清洁生产会议调整清洁生产计划，使之成为联合国环境与发展大会的后续行动。

1993 年 5 月，环境署理事会做出关于清洁生产技术转让的决定。

1994 年 10 月，华沙清洁生产会议对世界各国开展清洁生产的情况进行了回顾和总结，并做出加强信息交流和清洁生产能力建设的决定。

1998 年 10 月，汉城清洁生产会议签署了《国际清洁生产宣言》。

（一）美国的清洁生产

美国是世界上较早提出并实施清洁生产的国家，在 1984 年通过的《资源保护与回收法——有害和固体废物修正案》中提出，要在可能的情况下，尽量减少和杜绝废物的产生。

1988 年，美国环保局还颁布了《废物最小化机会评价手册》，系统地描述了采用清洁工艺（少废、无废工艺）的技术可能性，并给出了不同阶段的评价程序和步骤；在最初"废物最小化"的基础上，1990 年 10 月，美国国会通过了《污染预防法》，其目的是把减少和防止污染源的排放作为美国环境政策的核心，要求环保局从信息收集、工艺改革、财政扶持等方面来支持实施该法规，推进清洁生产工作。1991 年 2 月 EPA 发布了《污染预防战略》。其具体目标为：

（1）在现行的和新的指令性项目中，调查预防污染的具有较高投入产出效益的投资机会。

（2）鼓励工业界的志愿行为，以减少 EPA 根据诸如有害物质控制条例采取的行动。

EPA 根据上述战略采取的行动包括：

（1）设立了一个污染预防办公室，以协调各环境介质和各区域办公室有关污染预防的活动。

（2）建立了美国污染预防研究所。该研究所的成员为工业界和学术界具备污染预防技能的志愿人员。

（3）建立了污染预防信息交换中心。该中心向联邦、州、县及市的政府部门、工业界和商业协会、公共和私人机构和学术界，提供有关污染预防的信息；同时通过 UNEP 的清洁生产信息交换中心获得国外清洁生产信息，并向国外传递美国清洁生产信息。

（4）建立了一项支持污染预防项目的特殊计划。例如，EPA 在其 1991 年和 1992 年的财务预算中抽出 2% 资助这一计划。

（5）创立了一种减少人类铅暴露的战略。

（6）建立了"纸浆及造纸专业协会"，其目的是加强对纸浆与造纸造成的多环境介质污染问题的管理，保障 EPA 关于造纸工业的规章制度和技术指南是污染预防型的。

（7）开创了 33/50 项目，该项目鼓励有害物质排放控制清单上的工业、行业公开其有害物排放量，并自愿地消减战略。

（8）通过环境管理执法实施污染消减战略。

（9）发表了一项政策声明，该声明内容之一是：EPA 将把污染预防（连同循环利用）作为达到和维持法令性和指令性目标的一种鼓励手段，以及在与大环境违规者谈判解决方案时的一种鼓励手段。

（10）在 EPA 的"研究与开发办公室"内设置了一个污染预防研究小组，负责清洁产品和清洁技术的研制、评估和示范，上述活动以该小组支持各州及各大学的合作项目方式进行。

（二）国外其他国家和地区的清洁生产

德国对清洁生产十分重视。如同美国一样，德国在取代和回收有机溶剂和有害化学品方面进行了许多工作，对物品回收做了严格的规定。物品回收最初集中在包装品上面，但现在已适用于包括汽车、计算机、机床等范围极为广泛的产品。物品回收的要求赋予德国工业界设计容易循环使用的产品，以及在生产过程中增设回收和再利用单元等方面以强大的动力。

荷兰是推进清洁生产的先驱国家。荷兰在利用税法条款推进清洁生产技术的开发和利用方面做得比较成功。采用具有创新性的污染预防或污染控制技术的企业，其投资可按 1 年折旧（其他投资的折旧期通常为 10 年）。每年都有一批工业界和政府界的专家对上述创新性的技术进行评估。一旦被认为已获得足够的市场，或被认为应定为法律强制要求采用者，即不再被评为创新性技术。清洁生产的概念在荷兰已相当深入、广泛。目前，大中型企业基本上依靠自身的力量进行清洁生产的审计等工作，中小型企业的清洁生产审计则主要以付费方式请专用性的私人咨询公司进行。由于荷兰在清洁生产方面的成功，他们编制的若干审计手册（包括通用性的和行业性的）已经被联合国环境署和世界银行译成英文向世界各国推广使用。

加拿大政府通过广泛的政策协调，将清洁生产与污染预防紧密地结合起来，并形成了有效的政策体系。加在由联邦、各省和地区政府采纳的 1993 年加拿大空气质量管理综合框架中，将污染预防原则纳入了各项原则中，规定防治与纠正行动将建立在预防原则、可靠的科学性等的基础上；将环境、经济和社会问题紧密地结合起来，从多角度考虑问题，制定了相应的清洁生产政策和法规，使政策的实施发挥了应有的作用，有效地避免了负面影响，如加拿大绿色计划中采取了对长期存在的有毒物质进行管理的方法；加拿大涉及环境保护和可持续发展的政策通常是以法律的形式体现，包括指南，这就有效地规范了清洁生产等行为，其相应的监督管理职能由其执法部门履行。

在各国政府和各国际组织积极推动清洁生产的同时，不少走在时代前列的企业已经意识到，今后企业的生产经营行为将受到环境责任越来越多的约束，需要更加积极主动地适应这种发展趋势。目前，企业界正在掀起一股实施清洁生产的浪潮。例如，3M 公司的污染预防支付计划、雪佛莱公司的节约资金和削减毒物计划、西屋电器公司的清洁技术成果计划等等。IBM 公司在 1993 年投入 1 亿美元，计划将 CFCs 的消耗减少到原来的一半。瑞士最大的零售公司米格罗斯还开发了一种电视监控系统，用来记录从生产到垃圾处理过程中，产品包装对空气和水土造成污染的情况。如果某种产品包装不符合标准，超市就拒绝接受。许多企业都在增加清洁生产技术研究与开发的投入。例如，德国的宝马公司针对当前汽车市场发展状况和竞争态势，全力开发低能耗、低污染或无污染、高回收的新型汽车，利用可回收再利用材料制造车外壳的大部分零部件。

二、我国清洁生产的概况

我国在 20 世纪 70 年代提出"预防为主、防治结合"的工作原则，提出工业污染要防患于未然。80 年代在工业界对重点污染源进行治理取得了工业污染防治的决定性进展，90 年代以来强化环保执法，在工业界大力进行技术改造，调整不合理工业布局、产业结构和产品结构，对污染严重的企业推行"关、停、禁、改、转"的工作方针。

1992 年党中央和国务院批准外交部和国家环保局《关于联合国环境与发展大会的报告》中提出，新建、扩建、改建项目，技术起点要高，尽量采用能耗、物耗少，污染物排放少的清洁生产工艺。

1993 年原国家环保局与国家经贸委联合召开的第二次全国工业污染防治工作会议明确提出，工业污染防治必须从单纯的末端治理向生产全过程控制转变，实行清洁生产，并将其作为一项具体政策在全国推行。

1994 年中国制定的《中国 21 世纪议程——中国 21 世纪人口、环境与发展白皮书》关于工业的可持续发展中，单独设立了"开展清洁生产和生产绿色产品"的领域。

1995 年修改并颁布的《中华人民共和国大气污染防治法（修订稿）》中增加了清洁生产方面的内容。修订案条款中规定"企业应当优先采用能源利用率高、污染物排放少的清洁生产工艺，减少污染物的产生"，并要求淘汰落后的工艺设备。

1996 年颁布并实施的《中华人民共和国污染防治法（修订案）》，要求"企业应当采用原材料利用率高、污染物排放量少的清洁生产工艺，并加强管理，减少污染物的排放"。同年，国务院颁布的《关于环境保护若干问题的决定》中，要求严格把关，坚决控制新污染，要求所有大、中、小型新建、扩建、改建和技术改造项目，要提高技术起点，采用能源消耗量小、污染物产生量少的清洁生产工艺，严禁采用国家明令禁止的设备和工艺。

1999 年国家经贸委确定了 5 个行业（冶金、石化、化工、轻工、纺织）、10 个城市（北京、上海、天津、重庆、兰州、沈阳、济南、太原、昆明、阜阳）作为清洁生产试点；2000 年国家经贸委公布关于《国家重点行业清洁生产技术导向目录》（第一批）的通知。

有关行业、地方省、市先后不同程度地进行了清洁生产试点，并对外开展了清洁生产合作项目，这些活动对促进中国清洁生产发展起了积极作用，清洁生产工作取得了可喜进展。据有关资料介绍，截至 1999 年，我国有 19 个清洁生产机构，石化、化工、轻工、冶金 4 个行业成立了清洁生产审计中心；上海、天津、山东、内蒙古、新疆、陕西等 10 个省、市、自治区相继成立了清洁生产审计中心；呼和浩特市、太原市、本溪市成立了市级清洁生产机构。国家、地方政府对清洁生产工作的重视，及行业对清洁生产的具体指导和咨询服务，有力地推动了企业清洁生产进展。据不完全统计，目前已开展清洁生产的试点省、市有 20 多个，已开展清洁生产审核的企业 400 多个，这些企业实施审核所提出的清洁生产方案后，获得了明显的经济效益。环境效益也十分显著。据统计，全国约有 400 多家企业开展了清洁生产审计试点，不同程度地实施了清洁生产替代方案，取得了明显的经济效益和环境效益。

不同类型企业实施清洁生产全过程的实践表明，在我国实施清洁生产具有非常大的潜力。企业可以利用实施清洁生产的契机把环境管理与生产管理有机结合起来，将环境保护工作纳入生产管理系统，实现"节能、降耗、降低生产成本、减少污染物的排放"等目标。实践表明，清洁生产是实现经济和环境协调发展的最佳选择。它对推动企业转变工业经济增长方式和污染防治方式、提高资源和能源利用效益、减少污染物排放总量、建成现代工业生产模式、实现环境与经济可持续发展发挥着巨大的作用。

第三节　　实施清洁生产的主要途径

清洁生产是一个系统工程，是对生产全过程以及产品的整个生命周期采取污染预防的综合措施。工业生产过程千差万别，生产工艺繁简不一。因此，推行清洁生产应该从各行业或企业的特点出发，在产品设计、原料选择、工艺流程、工艺参数、生产设备、操作规程等方面分析生产过程中减少污染物产生的可能性，寻找清洁生产的机会和潜力，促进清洁生产的实施。根据清洁生产的概念和近年各国的成功实践，实施清洁生产的有效途径主要包括改进产品设计、替代有毒有害的原材料、强化生产过程的工艺控制、优化操作参数、改进设备维护、增加废物循环等。

一、改进产品设计

传统产品的设计仅考虑产品的基本属性（功能、质量、寿命、成本）而不考虑产品的环境属性。所有投入到产品中的原材料、能源及劳动最终变成垃圾被填埋或焚烧。这不仅是极大的浪费，而且如果处理后的成分不是环境友好的，则会对环境和公众健康造成损害。无论在生产过程还是在产品使用后，产品的设计过程都会极大影响废物产生的量，因此，设计者在产品设计时有许多需要仔细考虑的地方：生产中使用的原料（是否有毒）、产品的结构（部件是否需要大量的电镀化学品）、装配方式（是否造成拆卸、再使用的困难）等等。清洁生产中的产品设计包括产品从概念形成到生产制造、使用乃至废弃后的回收、再利用及处理的各个阶段。

改进产品设计旨在将环境因素纳入产品开发的所有阶段，使其在使用过程中效率高、污染少，同时使用后便于回收，即使丢弃，对环境产生的危害也相对较少。近来出现的"生态设计"、"绿色设计"等术语，即指将环境因素纳入设计之中，从产品的整个生命周期减少对环境的影响，最终导致产生一个更具有可持续性的生产和消费体系。

二、改进工艺技术，更新设备

在工业生产工艺过程中最大限度地减少废物的产生量和毒性是清洁生产的主要目的。检测生产过程、原料及产物情况，科学地分析研究物料流向及损失状况，是减少废物产生量和毒性的前提和基础。调整生产计划，优化生产程序，合理安排生产进度，改进、完善、规范操作程序，采用先进的技术，改进生产工艺和流程，淘汰落后的生产设备和工艺路线，合理循环利用能源、原材料、水资源，提高生产自动化的管理水平，提高原材料和能源的利用率，减少废物的产生。

中国的各个产业普遍存在技术含量低、技术装备和工艺水平不高、创新能力不强、高新技术产业化比重偏低、能源消耗高、能源消费结构不合理、经济的国际竞争力不强等问题，这些问题已经成为制约国民经济和企业可持续发展的主要因素，急需利用高新技术进行改造和提升。目前，利用高新技术改造提升传统产业，加快推进信息化和现代化，促进社会生产力跨越式发展，已成为许多国家和地区经济增长的新引擎。针对中国产业特点，应吸收国外先进的工艺和技术，整合国内现有技术，对传统产业进行改造提升，增强传统产业的可持续发展能力。

例如，清洁汽油生产技术主要是减少汽油中的硫和烯烃含量。汽油脱硫技术主要是加氢处理，汽油进行选择性加氢或非选择性加氢脱硫。汽油降烯烃技术主要措施有采用 GOR 系列降烯烃催化剂、LAP 降烯烃添加剂，采用 MGD 工艺等。清洁柴油生产技术主要是采用 MCI 技术加工催化轻循环油，渣油加氢处理/重油催化裂化（RHT/RFCC）联合技术，最大量地提高轻质产品产率；采用延迟焦化/循环流化床（CFB）锅炉联合技术，降低焦化装置的能耗。化工行业应采用合成氨原料气净化精制技术，合成氨气体净化新工艺，气相催化法联产三氯乙烯、四氯乙烯，磷石膏制酸联产水泥，磷酸生产废水封闭循环技术。天然气换热式转化造气新工艺及换热式转化炉等清洁工艺、技术。

三、综合利用资源

综合利用资源是实施清洁生产的重要内容。首先是通过资源、原材料的节约和合理利用，使原材料中的所有组分通过生产过程尽可能地转化为产品，最大限度地减少废料的产生；其次是对流失的物料加以回收，返回到流程中或经适当处理后作为原料回用，使废物得到循环利用。实现资源综合利用，需要跨区域、跨部门和跨行业之间的协作，也就是以循环经济的理念为主导，构建以物料、资源和能源的循环流动为核心内容的生态工业链网体系。

开展综合利用，是我国一项重大的技术经济政策，也是国民经济和社会发展中一项长远的战略方针，对于节约资源、改善环境、提高经济效益、促进经济增长方式由粗放型向集约型转变、实现资源优化配置和可持续发展都具有重要的意义。合理利用资源、能源是清洁生产的主要内容之一。清洁生产要求企业在生产过程中非产品物质循环利用，以提高原材料、燃料等的利用率。企业根据各自的情况，通过多种途径，遵循资源综合利用与企业发展相结合、与污染防治相结合、经济效益与环境效益、社会效益统一的原则，积极推动资源节约综合利用工作，努力提高资源的综合利用水平，从而促进企业的发展。

四、加强企业管理

国内外情况表明，工业污染源有 30% ~60% 是由于生产过程管理不善造成的，只要改进操作，改善管理，不需要花费很大的经济代价，便可获得明显削减废物和减少污染的效果。加强科学管理的主要内容有：安装必要的高质量监控仪表，加强计量监督，及时发现问题；落实岗位和目标责任制，杜绝"跑冒滴漏"；完善可靠翔实的统计和审核；产品的全面质量管理，有效的生产调度；改进操作方法、实现技术革新，节约用水、用电；原材料合理购进、贮存与妥善保管；加强人员培训，提高职工素质；建立激励机制和公平的奖惩制度；组织安全生产等。

观念的更新及对实施清洁生产重要性认识的提高是相辅相成的，观念转变促进企业管理措施的完善与可操作性的提高。清洁生产实质上是一种物耗、能耗最少的生产活动的规划管理。清洁生产与单纯的末端治理不同，需要把环境管理纳入到企业生产管理系统中，求得环境与生产内在融合，需要建立相互联系、自我约束的管理机制，这样才能巩固清洁生产的成果，增强清洁生产后劲。管理措施能否落实到企业中的各个层次、分解到生产过程中的各个环节，是企业推行清洁生产成功与否的关键。从调查实施清洁生产企业的实例表明，管理措施要包括：转变传统的环境管理模式，将清洁生产纳入生产全过程和实行经济承包责任制。

五、发展环境保护技术，搞好末端处理

清洁生产并不是否定必要的末端处理技术，实行清洁生产不等于没有污染物产生。有时为实现清洁生产，在实行全过程污染控制过程中，还需要包括必要的末端处理技术，使之成为一种在采取其他措施之后的最终辅助手段。为实现有效的末端处理，必须努力开发一些技术先进、处理效果好、占地面积少、投资省、见效快、可回收有用物质等的实用环境保护技术。

第四节　清洁生产的审计

对企业的清洁生产可以从改进产品设计、改变产品结构、原辅材料替换、改进生产工艺、加强企业内部管理、提高物料循环利用率及进行技术、工艺与设备改造等方面系统筹划，分步实施。在筹划、实施之前，应对整个生产过程进行科学的核查与评估，以找出问题所在，这就是清洁生产审核。

一、清洁生产的内涵

清洁生产审核是指组织对计划进行和正在进行的活动进行污染预防分析和评估。目前，清洁生产审核工作的重点在企业。企业的清洁生产审核是指通过对企业从原材料购置到产品的最终处置全生命周期细致调查和分析，掌握企业产生废物的种类和数量，提出减少有毒有害物料使用以及废物产生的清洁生产方案，在对备选方案进行技术、经济和环境的可行性分析后，选定并实施可行的清洁生产方案，进而使生产过程产生的废物量达到最小或者完全消除的过程。

企业清洁生产审核是企业实施清洁生产的重要内容和有效工具。能帮助企业发现按照一般方法难以发现或容易忽视的问题，而解决这些问题常常能使企业在经济、环境、社会等诸多方面受益，增强企业可持续发展的能力。

二、清洁生产审核的目的

（1）对有关单元操作的投入和产出，主要包括原辅材料、产品、中间产品、水和能源的消耗和废物的有关数据和资料；

（2）确定废物来源、数量、特征和类型，确定废物削减的目标，制定经济有效的废物削减对策；

（3）提高企业对由削减废物获得效益的认识，强化污染预防的自觉性；

（4）判定企业效率低的瓶颈部位和管理不善的地方，提高企业经济效益和产品质量；

（5）强化科学量化管理，规范单元操作；

（6）获得单元操作的最优工艺、技术参数；

（7）全面提高职工的素质和技能。

三、清洁生产审核的程序

清洁生产审核的程序如图 7-3 和图 7- 4 所示。

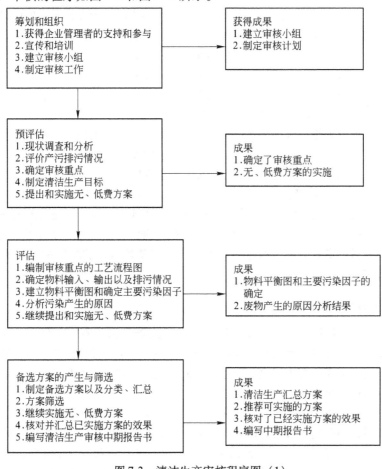

图 7-3　清洁生产审核程序图（1）

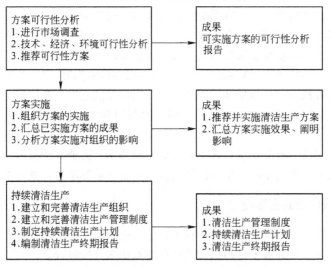

图 7-4　清洁生产审核程序图（2）

第五节　生命周期评价

在当今世界，环境已经成为人们在各种决策中必须考虑的一个非常重要的问题。然而每个决策都会导致不同的活动和结果，如何预计或者评估这些行为对环境造成的后果，并将它们相互比较，从而指导今后的决策，是目前面临的非常实际和紧迫的问题。传统的产品开发以被动的方式发展，结果导致社会上大量的废弃物排放出来。而对于可持续发展来说，应努力向减少废弃物的方向发展。对于产品从原材料的开采到提炼、制造、加工、组装进而到使用和废弃的全过程，要分析物质的使用形态及其环境负荷的大小。

产品的生命周期原是指一种产品在市场上从开始出现到最终消失的过程，包括投入期、成长期、成熟期和衰落期四个时期，在这里这一术语是指由原料采集和处理、加工、运输、分配、使用（复用）、维修、再循环、混合及最终处置等环节组成的生命链。产品的生命周期评价 LCA 又称产品生命周期环境影响评价，主要考虑在产品生命周期的各个阶段对环境造成的干预和影响。产品的生命周期评价被称作"90 年代的环境管理工具"。理论上生命周期评价具有将环境质量融入决策过程的特点。作为一项环保预防措施，生命周期评价不仅是对目前的环境冲突进行客观分析的定量方法，而且是对产品及其"从摇篮到坟墓"的过程有关的环境问题进行后续评价的方法。

一、生命周期评价的概念

生命周期评价，又被称为"从摇篮到坟墓"分析或资源和环境轮廓分析，是对某种产品或某项生产活动从原料开采、加工到最终处置的一种评价方法，并力图在源头预防和减少环境问题，而不是等问题出现后再去解决。因此，对企业生产过程进行生命周期评价有助于优化企业清洁生产设计与创新决策。

ISO 的定义：汇总和评估一个产品（或服务）体系在其整个生命周期内的所有投入及产出对环境造成的和潜在的影响的方法。ISO 不仅规范所有产品和服务的技术标准，随着环境保护的需要，也在尝试对环境问题的分析方法进行标准化。ISO 的 TC207 技术委员会在 19014000 系列环境管理标准中为生命周期评价预留了 10 个标准号（14040 ~ 14049）。1997 年 6 月，ISO 公布了有关生命周期评价的第一个国际标准，即环境管理生命周期评价原则和框架。

SETCA 的定义：生命周期评价是一种对产品生产工艺以及活动对环境的压力进行评价的客观过程，它是通过对能量和物质的利用以及由此造成的环境废物排放进行识别和进行量化的过程。其目的在于评估能量和物质利用，以及废物排放对环境的影响，寻求改善环境影响的机会以及如何利用这种机会。评价贯穿于产品、工艺和活动的整个生命周期，包括原材料提取与加工，产品制造，运输以及销售，产品的使用、再利用和维护，废物循环和最终废物处理与处置。

美国环保局的定义：对最初从地球中获得原材料开始，到最终所有的残留物质返回地球结束的任何一种产品或人类活动所带来的污染物排放及其环境影响进行估测的方法。

二、生命周期评价的主要特点

（1）全过程评价。生命周期评价是与整个产品系统原材料的采集、加工、生产、包装、运输、消费和回用以及最终处置生命周期有关的环境负荷的分析过程。

（2）系统性与量化。生命周期评价以系统的思维方式去研究产品或行为在整个生命周期中每一个小环节的所有资源消耗、废物产生及其环境的影响，定量评价这些能量和物质的使用以及排放废物对环境的影响，辨识和评价改善环境影响的机会。

（3）注重产品的环境影响。生命周期评价强调分析产品或行为在生命周期各阶段对环境的影响，包括能源利用、土地占用及排放污染物等，最后以总量形式反映产品或行为的环境影响程度。生命周期评价注重研究系统在生态健康、人类健康和资源消耗领域内的环境影响。

三、生命周期评价的基本框架

1993 年 SETAC 在《生命周期评价纲要：实用指南》中将生命周期评价的基本结构归纳为四个有机联系的部分：定义目标与确定范围、清单分析、影响评价和改善评价，如图 7-5 所示。

（1）定义目标与确定范围。这是 LCA 的第一步，也是非常关键的一步。它直接影响到整个评价工作程序和最终的研究结论。它包括下面三个部分：明确分析目的、明确所分析的产品及其功能、确定系统边界。

（2）清单分析。清单分析是四个部分中发展最完善的一个部分。它是对产品、工艺过程或者活动等研究系统整个生命周期阶段和能源的使用以及向环境排放废物等进行定量的技术过程，清单分析开始于原材料获取，结束于产品的最终消费和处置。

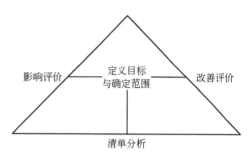

图 7-5　生命周期评价的基本结构

一个完整的清单分析能为所有与系统相关的投入与产出提供一个总的概况，是对一种产品、工艺和活动在其整个生命周期内的能量与原材料需要量以及对环境的排放（包括废气、废水、固体废弃物及其他环境释放物）进行以数据为基础的客观量化过程。该分析评价贯穿于产品的整个生命周期，即原材料的提取、加工、制造和销售、使用和用后处理。

（3）影响评价。这是对清单阶段所识别的环境影响压力进行定量或定性的表征评价，即确定产品系统的物质、能量交换对其外部环境的影响。这种评价应考虑对生态系统、人体健康以及其他方面的影响。影响评价由以下三个步骤组成：影响分类、特征化和量化评价。

（4）改善评价。系统地评估在产品、工艺或活动的整个生命周期内削减能源消耗、原材料使用以及环境释放的需求与机会，这种分析包括定量和定性的改进措施。例如改进产品结构、重新选择原材料、改变制造工艺和消费方式，以及废弃物管理等。

四、生命周期评价在清洁生产中的作用

生命周期评价是对产品、工艺过程或生产活动从原材料获取到加工、生产、运输、销售、使用、回收、养护、循环利用和最终处理处置等整个生命周期系统所产生的环境影响进行评价的过程，在促进和推动清洁生产方面发挥着积极的作用。

（一）改进生产过程

通过对产品的生命周期评价，可以促进企业对其生产过程进行审查，帮助企业确定在产品整个生命周期中对环境影响最大的阶段，了解在产品的生命周期各个阶段中所造成的环境风险，从而使企业在废物的产生过程和能源的消耗过程都考虑到对环境的影响，减少污染物排放，做出改进生产过程、确保环境影响最小化的决策。

（二）优化产品的设计

生命周期评价促使企业对产品的设计开发提出了更高的要求，使其在产品设计阶段就要考虑到资源的消耗和保护环境的要求。产品设计不但要遵循经济原则，更要遵循生态原则。瑞典的环境优先战略计划是利用生命周期评价，建立全面的产品环境评价系统，是用于产品设计的典范之一。其内容主要包括：

（1）运用环境负荷描述产品各生命周期的原材料、能源消耗和污染排放；

（2）对不同生产方法、产品设计提供有良好可比性的环境评估方法；

（3）建立系统的、以产品生命周期评价基本原则为基础的环境影响评价信息、方法信息。

（三）区域清洁生产的实现——生态工业园分析和入园项目的筛选

生命周期评价不仅对企业内部的清洁生产起到了积极的推动作用，而且对于区域清洁生产的实现，也有着重要的意义。生态工业园的最主要特征是实现园区内资源利用最大化和环境污染最小化。生命周期评价由于考虑的是产品生命周期全过程，即既考虑产品的生产过程（单元内），也考虑原材料获取和产品（以及副产品、废物）的处置（单元外），将单元内、外综合起来，考察其资源利用和污染物排放清单及其环境影响，因此可以辅助进行生态工业园区的现状分析、园区设计和入园项目的筛选。

（四）环境标志

生命周期被政府部门和环境保护组织用于在相同基础上对产品进行比较，或用于分析产品是否符合最低标准，但在公共部门中最突出的应用是越来越多地使用环境标志。

环境标志，又称"绿色标志"、"生态标志"、"蓝色天使"等，另外还有国家和地区将类似标志称为"再生"、"纯天然"、"符合环保标准"等。为不引起混淆，国际标准化组织（ISO）将其统称"环境标志"。公众对环境问题的重视和对消除工业生产过程中环境污染的渴望，使得产品的"环境性能"已成为市场竞争的重要因素，这将敦促工业界开发、生产既能满足消费者要求又有利于环境的清洁产品，而"环境标志"就是在产品销售时，为消费者进行商品选择而提供的必要信息。

环境标志是对产品本身即对产品的环境性能的一种带有公证性质的鉴定，也对产品进行全面的环境质量评价，环境标志受到法律保护，为产品的生产者提供在市场上的竞争优势和机遇。环境标志是一种产品的证明性商标，它表明该产品不仅质量合格，而且使用和处理处置过程中符合特定的环境保护要求，与同类产品相比具有少害、节约资源和能源的环境优势。使消费者对有益于环境的产品一目了然，以便于消费者购买。使用这类产品，通过消费者的选择和市场竞争，可引导企业自觉调整产业结构，采用清洁生产工艺，生产对环境有益的产品。

早在1978年，联邦德国就率先推行了环境标志制度，特别是在1984年，其政府对33类产品颁发了500个标志，得到了公众的认可，同时获得了工业界的支持，到1990年，又有64个产品类别获得了3600个环境标志。在联邦德国的带动下，自1988年起，加拿大、日本、挪威、瑞典、芬兰、奥地利、葡萄牙、法国等相继实施了环境标志计划，并逐步扩大到了澳大利亚和新西兰。1992年，美国及22个经济合作与发展组织也参与了这一计划。

我国为提高人们的环境意识，促进清洁生产的发展，合理利用资源，保护环境，提高商品在国际市场中的竞争力也建立了环境标志制度。于1994年5月正式成立了中国环境标志认证委员会，发布了首批环境标志产品的七项技术要求，有11家企业、6类18种产品通过了认证并获得了环境标志。1995年，环境标志认证工作进入发展阶段，3月20日，国家环境保护总局与国家技术监督局在人民大会堂联合召开了首批环境标志产品的新闻发布会，继而，无氟冰箱、无汞电池、无磷洗衣粉等具有环境标志的产品先后问世，这以后中国环境标志技术要求、申请和认证工作有了长足发展。

第六节　清洁生产与环境管理体系

ISO 是国际标准化组织的英文简称（International Organization for Standardization），成立于 1947 年，它的宗旨是"在世界上促进标准化及相关活动的发展，以便于商品和服务的国际交换，在智力、科学、技术和经济领域开展合作"。ISO14000 系列环境管理标准的目的在于规范组织的环境行为，减少人类的各项活动所造成的环境污染，最大限度地节约资源、改善环境质量、促进环境与经济和社会地可持续发展。ISO14000 系列标准具有国际通用性和权威性，是已经得到世界各国普遍认可的环境管理体系标准。在某一组织（如企业）范围内按照 ISO14000 标准的要求建立与之相适应的环境管理体系，经正式审核通过后可获得认证，经过认可的组织获得了对外公布良好形象的资质，使组织在贸易、贷款、产品、信誉等方面获得良好的形象，从而提高组织的国际竞争力，实现经济效益与环境效益的统一。

环境管理体系（ISO14000）强调环境管理标准化、系统化、文件化，对环境行为进行监控，促进环境绩效的持续改进。虽然该体系有很多优势，但它在实施中容易造成一定的偏差，如单纯以认证为目的（而不是以持续改进环境绩效为目的）；过分注重烦琐的文件系统；为尽快达到认证目的，大量采用末端治理方法，忽视全过程控制污染的方法。清洁生产作为一种新的环保战略在企业内推行，可以获得经济效益和环境绩效的改进，但在实施中由于对清洁生产的理解上的不足，导致重视工艺技术和当前效益而轻视管理体系的作用，使清洁生产的成果难以持续。

因此，环境管理体系可作为技术清洁生产的有效管理工具，能在体制上保证清洁生产活动及其成果的持续；而清洁生产可指导企业的环境行为，进而获得环境绩效的持续改进。因此，在实践中要把清洁生产与环境管理体系结合起来，以清洁生产战略建立环境管理体系及环境管理体系支持清洁生产理想的实现。

一、ISO14000 体系的组成

（一）ISO14000 体系的标准

ISO14000 系列标准是一体化的国际标准，共有 100 个标准号。

ISO14001 ~ 14009：环境管理体系

ISO14010 ~ 14019：环境审核

ISO14020 ~ 14029：环境标志

ISO14030 ~ 14039：环境行为评价

ISO14040 ~ 14049：生命周期评估

ISO14050 ~ 14059：术语和定义

ISO14060：产品标准中的环境指标

ISO14061：森林管理

ISO14062 ~ 14100：备用

（二）已颁布的标准简介

1. ISO14001：环境管理体系规范及使用指南（1996）

ISO14001 是 ISO14000 系列标准中唯一的规范性标准，可以说是主体标准。它规定了对环境管理体系的要求，明确了环境体系的诸要素，根据组织确定的环境方针目标，把本标准的所有要求纳入组织的环境管理体系中。可以实现向外界证明其环境管理体系的符合性，同时，还可通过评审或审核来评定体系的有效性，以达到支持环境保护和预防污染的目的。

2. ISO14004：环境管理体系原则、体系和支撑技术通用指南（1996）

本标准简述了环境管理体系要素，为建立和实施该体系，加强环境管理体系与其他管理体系的协调提供可操作的建议和指导。同时也向组织提供了如何有效地改进或保持环境管理体系的建议，使组织通过资源配置，职责分工以及对操作惯例、程序和过程的不断评价来有序地处理环境事务，从而确保其实现环境目标。

该指南不是一项规范标准，只作为内部管理工具，不适用与环境管理体系认证和注册。

3. ISO14010：环境审核指南 通用原则（1996）

对环境审核及有关术语下定义，并阐述了环境审核通用原则。宗旨是向组织、审核员和委托方就如何实现环境审核的一般原则提供指导。

4. ISO14011：环境审核指南 审核程序 环境管理体系审核（1996）

本标准提供了进行环境管理体系审核的程序，以判定环境审核实践是否符合环境管理体系审核准则。

5. ISO14010：环境审核指南 环境审核员资格准则（1996）

本标准提供了关于环境审核员和审核组长的资格要求，它对内部审核员和外部审核员同样适用。内部审核员与外部审核员都需要具备同样的能力，但由于组织的规模、性质、复杂性与环境因素不同，组织内有关技能与经验的发展速度不同等原因，不要求本标准中规定的所有具体要求。

（三）正在制定中的标准

1. 14021：环境标志和声明 – 环境标志 – 自我声明 – 术语和定义

为组织对 II 型环境标志产品的自我声明的术语、定义及测试认证提供指南。

2. 14025：环境标志和声明 – III 型标志 – 指导原则和评价

标准为 III 型环境标志开展的第三方环境标志提供指导原则及程序。

为了促进企业建立环境管理体系的自觉性，环境标准对经第三方认证的环境标志，组织自我声明的环境标签以及产品上对其环境指标进行说明的标签的评定标准、评定程序以及使用方法和范围进行了规范。1994 年 5 月 17 日，我国在北京正式成立了中国环境标志认证委员会，我国环境标志分为一型、二型、三型三类。

3. 14031：环境行为评价

提供了有关如何选择和使用环境指标去评价一个组织的环境绩效的指导。

4. 14042：生命周期分析 – 影响评价

为正在生命周期分析的"评价影响"阶段提供了指导。

5. 14043：生命周期分析 – 解释

为如何解释生命周期分析的结果提供指导。

二、ISO14001 标准的介绍

ISO14001 标准的制定，为组织提供了一个环境管理体系的要求，使组织可以根据标准的要求，建立一个有效的环境管理体系，它们可以和其他管理体系相结合。组织可通过建立一套程序，确定环境影响，制定环境方针、目标和指标，通过合理的资源配置，职责分工，具体实施环境管理方案，并不断地评定程序的有效性，来实现并证实组织的良好环境绩效。

该标准只是规定了一个环境管理体系的基本要求，其本意不是用来设置关税、贸易壁垒，它充分考虑到各种不同的社会、不同国家、不同组织对环境改进的能力和需求，强调相关方遵循环境法律、法规，并对环境问题有持续改进的承诺。因此，两个具有相同环境问题而环境绩效不同的组织有可能都能满足本标准的要求。组织所采用的管理手段，应该是在经济许可的情况下，根据需要考虑实用技术，而取得的最优环境结果。满足本标准要求的组织可以寻求第三方认证注册和对外进行自我声明，可以通过展示其对本标准的实施，使相关方确定它已建立妥善的环境管理体系。

该标准是一个框架性标准。首先，它只为组织提供了一个环境管理体系的框架，而没有对其环境表现提出绝对要求。组织要达到怎样的表现水准，完全取决于它为自己设立的环境目标与指标。其次，该标准提供的系统化手段，尽管有助于实现对所有相关方的最优化环境效果，但最终实现，还要借助具体的环境技术。因此它鼓励组织根据自身的经济条件，采用最佳可行技术。

（一）标准的主要内容

ISO14001 是组织规划、实施、检查、评审环境管理运作系统的规范性，它包括 5 大部分，17 个要素。

一级要素：（1）环境方针；（2）规划；（3）实施与运行；（4）检查与纠正措施；（5）管理评审。

二级要素：环境方针，环境因素，法律与其他要求，目标和指标，环境管理方案，机构和职责，培训、意识与能力，信息交流，环境管理体系文件编制，文件管理，运行控制，应急准备和响应，监测，违章，纠正与预防措施，记录，环境管理体系审核，管理评审。

环境方针是一个组织对其全部环境绩效的意图与原则的陈述，它为建立组织的行为及环境目标和指标提供了一个框架。

（1）环境方针是一个组织对环境改进总的宗旨和行动原则，包括对环境管理的制度、对环境改进的承诺以及实现承诺的手段等。

（2）制定环境方针时应考虑：组织自身的性质、规模、任务、价值观和信念；法律规范要求；相关方的要求；持续改进的原则；污染预防的原则。

（3）环境方针可做出下列承诺：

1）遵守法律法规和其他要求；

2）对产品的设计要能最大限度地减少生产、使用和处置过程中的环境影响；

3）在确定环境影响时，体现生命周期思想；

4）承诺污染预防，减少废物和能耗，承诺进行回收和循环而不只是方便即行处理；

5）承诺持续改进，为持续发展而努力；

6）进行教育和培训，注重信息的交流和相关方的参与；

7）制定环境绩效评价程序，以达到监控和改进的目的；

8）鼓励供方和承包方采用环境管理体系标准。

上海大众汽车有限公司计划每年要求几家相关方着手实施 ISO14001 体系，并要求各相关方提供的产品采用可循环使用的包装材料和方式。IBM 总部则于 1998 年向全球 995 家主要供应商和承包商公开发函，告之其环保思想，宣布将与环境友好的相关方建立长期商务关系，鼓励建立环境管理体系。

（二）如何建立 ISO14001 环境管理体系

ISO14001 环境管理体系建立的步骤如下所述。

（1）领导决策与准备。环境管理体系的建立与实施需要投入人力、财、物等，因此必须得到高层管理者的支持。同时，组织应建立工作组，最好由具备一定的环境科学、管理科学和生产技术知识和能力的来自不同部门的人员组成。通过国家标准、环境知识、环境法律等培训后，就可开始建立体系。

（2）初始环境评审。它是体系建立的基础，通过一系列信息收集、调查对组织当前活动、产品或服务中全部已有或可能存在的环境因素、环境影响及其控制、管理现状进行全面分析和系统评价的一项工作。对比 ISO14001 标准，找到差距。

（3）体系策划与设计。依据评审结论，结合组织实力进行以下策划活动：由最高层制定和签署环境方针，应明确承诺遵守法律法规，承诺持续改进和污染预防，指明总体环境目标指标的架构；制定尽可能量化和分层次的环境目标；制定目标、指标实现的环境管理方案，明确职责、时限和方法措施。

（4）文件编制。写出组织要做的，做组织所写的，记录组织已做到的。可采用标准推荐的模式编写文件，分手册、程序文件、作业文件、报告记录四个层次。

（5）环境管理体系试运行。

（6）环境管理体系内部审核和管理评审。

经一段时间运行，可以组织培训合格的内审员实施内部审核。审核应全方位地覆盖 17 个要素和各职能部门及现场。审核重点是：文件与标准的符合性，文件对本组织的适用性，手册、程序文件、作业指导书的执行情况。

内审发现的问题应进行总结和分析，判断问题的严重性，汇总成文件提交管理评审会议。评审会应由最高管理者主持，对内审结果、指标完成情况、需要持续改进等进行审定。

至此，EMS 已完成一个循环，组织在实施改善的同时，EMS 进入新的一环。打算进行认证的组织此时便可以委托认证机构实施第三方认证了。

（三）组织如何实施认证

由于国际贸易发展的需要，美国能源部向其主要的供应商，尤其是污染严重的厂家提出需建立环境管理体系，并提供 ISO14001 标准认证证明。我国也面临这种要求，广州医药保健品进出口公司接到外商提出的要求，要求出口的医用绷带的生产厂家要取得 ISO14001 标准认证。惠普公司对大连佳能办公设备有限公司提供的喷墨打印机中间产品的生产过程提出了认证要求。这种障碍会在实施标准和不实施标准的国家和企业间发生。ISO14001 系列标准中不含有绝对的环境行为要求，而把各企业所在地的法律法规作为环境管理体系要求的基础，使得各国都有一套符合国际标准的系统化的环境管理体系。这使某些发达国家对发展中国家的贸易压制失去了借口。

1. 认证须知

（1）申请认证的组织必须承诺遵守中国环境保护法律法规。

（2）组织已经按 ISO14001 标准建立环境管理体系，实施运行至少 3～6 个月，自体系运行后组织无重大环境污染事故，污染物无严重超标排放。

（3）组织应填写环境管理体系认证申请书，并提供认证必需的文件。

1）同意遵守认证要求，提供审核所需要信息的声明；

2）组织的基本情况，如组织的名称、地址、法律地位、组织性质、规模、主要产品及工艺流程、组织环境管理体系主要责任人及其技术资源；

3）组织的地理位置图、厂区平面图、工艺流程图、污染物分布图、地下管网图、"环评"批复、"三同时"验收报告、监测报告、污染物排放执行标准；

4）环境管理体系手册、程序及所需的相关文件。

（4）环境管理体系认证证书有效期为3年，获证组织在3年有效期内应该接受认证机构的监督检查，在获证后监督检查每半年进行一次，以后每年一次；3年有效期满时，如愿意继续保持证书，应在有效期满前3个月申请复评。

（5）申请组织的权利：

1）与审核中心协商确定审核计划、审核组成员；

2）与审核组共同确认不符合报告并对审核报告提出意见；

3）利用各种宣传媒体进行认证宣传；

4）对中心认证活动、人员、认证结果提出申诉、投诉。

2. 认证审核程序

（1）第一阶段审核（文件审核和现场审核）。

目的为：

1）了解组织产品、活动和服务中的环境因素及环境影响；

2）了解组织环境管理体系的概貌，包括环境方针、目标指标、管理方案和组织机构职责；

3）确定第二阶段审核的重点。

重点审核内容有：

1）组织的环境管理体系文件，审核重点是环境方针、目标、指标、管理方案，组织机构与职责以及各种主要程序文件；

2）环境因素的识别与重要环境因素的评价程序及环境因素与重要环境因素清单；

3）组织对相关环境法律、法规的遵守情况及相关记录；

4）组织的内审的程序及执行情况。

（2）第二阶段审核（现场审核）。

现场审核的目的为：

1）证实组织的环境方针、目标、指标及体系中的各项程序正在得到正确实施；

2）正式组织的环境管理体系符合ISO14001标准的所有要求。

重点审核内容有：

1）各级管理者对其在环境管理体系中的职责的实施；

2）环境因素的识别及重要环境因素的评价程序的适用性及相应记录，并通过现场审核检查是否有重要环境因素遗漏；

3）目标、指标及环境管理程序执行情况及其监测、测量及不符合、纠正的情况；

4）内审和管理评审的实施情况；

5）环境方针、重要环境因素、目标指标、管理方案及主要管理程序的一致性；

6）重要环境因素的控制情况，环境绩效的改善，以及实施环境管理体系的效果。

审核组在完成现场审核后，要编写审核报告。审核报告中应包括受审核方的基本情况、环境管理体系文件评审情况、现场审核情况及审核结论等。如果审核组认为受审核方的环境管理体系符合审核准则，则推荐注册。经认证机构技术委员会审议后即可批准注册。

三、环境管理体系认可制度介绍

（一）我国环境管理体系认证国家认可制度

（1）1997年5月，中国环境管理体系认证指导委员会在北京成立，指导委员会负责指导并统一管理ISO14000环境管理系列标准在我国的实施工作。指导委员会主任由国家环保总局局长担任。指导委员会下设中国环境管理体系认证机构认可委员会和中国认证人员注册委员会、环境管理专业委员会，分别负责实施环境管理体系认证机构的认可和对环境管理体系认证人员的注册工作。

（2）认证机构必须经过国家认可。在我国实施环境管理体系认证的认证机构（包括国外认证机构）必须接受环境管理体系认证委员会的评审，获得认可资格后可开展认证活动。认证机构必须在认可的期限内从事认可业务范围规定的环境管理体系认证工作，且一切活动均应遵守环境管理体系认证委员会规定的相关准则，并接受监督管理。

（3）环境管理体系审核员必须具有国家注册资格。在我国从事环境管理体系认证的审核员必须经过中国认证人员国家注册委员会环境管理专业委员会（简称环注委）评审，取得国家注册资格。凡符合环注委规定的国家注册审核员基本条件者，均可向委员会提出注册申请，经过考核评定后，获得注册资格。

（4）环境管理体系审核员培训机构、教材必须经环注委认可批准。环注委制定了相应的准则，对环境管理体系审核员培训课程、培训教材、培训机构及培训师资进行评审认可。

（5）环境管理体系认证咨询机构必须经国家环保总局评审备案。

（二）国际环境管理体系认可制度介绍

随着 ISO14000 系列标准在全球范围内的实施，各国纷纷建立本国的国家认可制度，成立了本国的国家认可机构。认可制度最早起源于英国，英国认可机构 UKAS 是英国政府授权的机构，以规范认证市场、保证认证质量、维护认证信誉为目的。

在认证领域中，国际互认是关系到认证工作能否持续开展的关键问题，一个国家的认证、认可工作如果不按照国际惯例操作、不遵守国际准则，其认证结果就无法得到国际认可。为了消除各国由于认可准则、认可规范不同而造成的差异，减少由此产生的国与国之间或国际贸易伙伴之间的不信任，避免重复认证，国际认可领域相继建立了国际互认组织。

（1）国际认可论坛 IAF：由各国的国家认可机构组成的国际互认组织，旨在通过研究讨论制定出合理而通行的认证机构认可准则，实现国际互认。目前，IAF 的环境管理体系互认工作在筹备中。

（2）太平洋认可合作组织 PAC：是以亚太经济合作组织成员经济体系认可机构为主导，是 IPA 的区域组织成员。

（3）国际审核员培训与注册协会 IATCA：是由世界各国的审核员注册及审核员培训课程批准机构组成的一个国际组织，共同研究、制定出合理通行的审核员注册准则以及审核员培训课程注册准则。

四、我国实施清洁生产的重要意义

（一）积极推行清洁生产是实施可持续发展的必然选择和重要保障

虽然我国的经济发展迅速，但许多企业尚未达到经济与环境持续协调发展的"双赢"模式。相反，我国长期以来一直沿用着以大量消耗资源和能源、粗放经营为特征的传统发展模式，通常是通过高投入、高消耗和高污染来实现较高的经济增长。以浪费资源和能源为代价的粗放型经营是不可持续的，必将导致经济发展和环境保护的对立，也将受到资源的严重制约，随着国家资源价格控制的加强，这种作用将越来越明显。同时，如果没有经济实力的支持，环境保护也不能持续下去，这既不符合当代人的利益，也不符合后代人的利益。因此，清洁生产是持续地将污染预防战略应用于生产过程和服务中，强调从源头抓起，着眼于生产过程控制，不仅能最大限度地提高资源能源的利用率和原材料的转化率，减少资源的消耗和浪费，保障资源的永续利用，而且能把污染消除在生产过程中，最大限度地减轻环境影响和末端治理的负担，改善环境质量。因此，清洁生产是实现经济与环境协调可持续发展的有效途径和最佳选择。

（二）清洁生产是促进经济增长方式转变，提高经济增长质量和效益的有效途径和客观要求

当前，我国经济发展面临的突出问题是经济效益低、增长的质量不高，主要原因在于多数企业尚未摆脱粗放型经营方式，结构不合理，技术装备落后，能源、资源和原材料消耗高、浪费大、利用率低等，且多数企业的管理缺乏科学性和量化最优参数指标，操作随意性、盲目性问题突出，员工素质和技能普遍较低。这就导致我国企业单位产品物耗高，排放量大，与国际先进水平差距明显等。这不仅是造成企业成本上升、经济效益低下、缺乏竞争力的主要原因，又是大量排放污染物、造成环境污染的主要原因。要有效地解决这些问题，必须实行新的生产模式，通过实施清洁生产为企业和工业发展提出全新的目标，即最大限度地提高资源和能源的利用率，减少污染物的产生和排放量。

（三）清洁生产是防治工业污染的必然选择和最佳模式

改变末端治理的老传统、走清洁生产的新路子，这一国际环保大潮流的出现不是偶然的。自20世纪70年代斯德哥尔摩会议后，国际环保便进入一个新的时期。过去几十年间，各国均将污染控制重点放在末端治理上，其间虽然有人不断提出不同看法，例如中国的"三分治理，七分管理"和物料平衡的做法，但未能改变以末端治理为主的基本格局。实践证明，这条路子造成的经济负担十分沉重，连发达国家也难以承受。

末端治理模式面临着严重的挑战，无法适应可持续发展的需要，而清洁生产以其预防污染、增加效益的特有方式，拓宽了环境保护的思路，开创了环保历史的新阶段。大量的清洁生产案例充分证明：清洁生产扬弃了末端治理的弊端，使污染消除在生产过程中，提倡在源头上预防和消除污染，强调废物资源化利用和交换利用，在追求经济效益的前提下，促进经济发展与环境保护之间的协调发展，实现两者的统一。

（四）实施清洁生产有利于消除国际环境壁垒

近年来，在国际贸易中，环境壁垒日益成为发达国家手中的一个贸易工具。经济全球化在进一步推动中国与国际市场接轨的同时，要求中国企业不断扩大对环境技术的需求，提高企业的环境保护水平，改善环境质量。由于我国产业结构不尽合理，高污染行业较多，面对日益严峻的资源和环境形势，面对国际市场激烈的竞争，面对"绿色壁垒"的压力，加快推行清洁生产势在必行。

实现经济、社会和环境效益的统一，提高企业的市场竞争力，是企业的根本要求和最终归宿。开展清洁生产的本质在于实行污染预防和全过程控制，它会给企业带来不可估量的经济、社会和环境效益。清洁生产是一个系统工程，一方面提倡通过工艺改造、设备更新、废物回收利用等途径，实现"节能、降耗、减污、增效"，从而降低生产成本，提高企业的综合效益；另一方面它强调提高企业的管理水平。同时，清洁生产还可有效改善工人的劳动环境和操作条件，为企业树立良好的社会形象，促使公众对其产品的支持，提高企业的市场竞争力。在发达国家中清洁生产产品被等同于环境标志产品，在国际市场上颇具竞争力，开展清洁生产，不仅可改善环境质量和产品性能，增加国际市场准入的可能性，减少贸易壁垒的影响，还可帮助企业赢得更多的用户，提高产品的竞争力。

第八章 国外可持续发展的战略与政策

自产业革命特别是第二次世界大战以后，美国、英国、法国、加拿大、日本和德国等国家率先进入工业化社会，从而显著推动了全球物质生产发展和以生活水平提高为主导的现代人类文明。人类在工业文明发展过程中形成的传统生产和消费方式是以最大限度满足人们的物质欲望为基本特征的。在生产领域，以经济收益最大化为唯一追求目标；在消费领域，以单位支出的需求满足最大化为最高原则。这种传统的生产和消费模式所造成的直接后果表现为加剧了自然资源的过度开发利用和对环境的破坏，造成了全球性能源紧缺、环境污染、生态失衡、自然灾害频繁，形成了少数人和少数国家消费大部分物质财富的不公平局面，进而使人类社会面临着不可持续发展的危机，其最终结果必然是加速人类文明的毁灭。因此人类要持久生存和发展就必须改变现有的不可持续的生产和消费模式。

在联合国和有关国际组织的积极推动下，1987年《我们共同的未来》的发表，标志着可持续发展战略在全世界范围内得到共识。1992年6月，联合国环境与发展大会在巴西里约热内卢召开，会议经过广泛、深入的讨论，通过了《21世纪议程》，同时通过的还有《里约环境与发展宣言》、《关于森林的原则声明》、《气候变化框架公约》、《生物多样性公约》等重要文件。从而，形成了全球可持续发展的总体性纲领，使可持续发展被世界上大多数国家和地区所普遍接受。在国际社会的积极倡导和推动下，可持续发展现在已经成为人类社会有序进化的共识，各个发达国家和发展中国家都相继制定了自己可持续发展的战略和政策，且付诸了实践和探索。

第一节 发达国家可持续发展战略

自20世纪60年代开始，随着工业化的加速发展，由发达国家首先引发的能源短缺和环境"公害"危机频发，严重威胁到了这些国家的经济发展和民众生活水平的提高。因此，西方发达国家缘于"先发展，后治理"的惨痛教训而觉醒较早，而且发达国家经济实力雄厚，经过多年的资源有效利用和环境保护实践，可持续发展战略的实施已经颇有成效，其可持续发展战略和政策也已经影响到全球的可持续发展进程，因此本节通过对从美国、欧盟、日本、瑞典等为代表的发达国家的可持续发展战略和政策进行分析、比较，力图从中获得有益的借鉴，以促进我国的可持续发展研究和实践。

一、发达国家可持续发展战略和政策的形成

可持续发展政策是其战略行动的具体规范和有效实施的保证，两者的协同能使人类从目前的经常是破坏性的增长和发展过程转而走向可持续发展的道路。但是一个富有创见和成效的可持续发展战略和政策的形成，往往需要经历一番艰苦的探索和磨难。认真总结发达国家的艰难历程和经验教训，有助于发展中国家吸取经验，避免走弯路，以便更好地制定自己的可持续发展战略和政策，以促进其有效的实践。

考察发达国家可持续发展战略和政策的形成，其大致可以分为下述三个阶段。

第一阶段：在 20 世纪 60～70 年代，可持续发展战略和政策往往以单一的部门规划、法律法规制定为主要特征。当时，虽然有"寂静的春天"的呐喊和"增长的极限"的警告，但并没有明确地提出或形成可持续发展的纲领和思潮。发达国家仅仅为解决工业化造成的严重环境污染、资源巨大消耗等问题，制定了一些诸如保护环境、节约资源的规划和政策、法规，环境、资源只是孤立地被考虑或仅作为支撑经济发展中应附带解决的问题来对待。

第二阶段：到了 20 世纪 80 年代，以国内政策的可持续发展导向为特征，是可持续发展战略的诞生期。1987 年《我们共同的未来》使可持续发展成为一种全球共识的公理，各发达国家逐渐从孤立的环境、资源政策转到人口、资源和环境全面发展的战略上来，开始了制定、实施经济、生态和社会可持续发展战略与政策的进程。不过，此时的可持续发展战略和政策更多的是从本国利益出发，很少顾及发展中国家的利益和全球可持续发展的问题，缺乏人类社会的进化史观和国际合作。

第三阶段：20 世纪 90 年代初期开始，以国内、国际可持续发展战略和政策的协同探索为特征，是国际、国内可持续发展紧密结合、共同作用的时代。这一时期出台了全球性可持续发展的总体纲领《21 世纪议程》，号召全世界各国行动起来，共同实现人类社会的可持续发展。至此，发达国家开始较多地意识到可持续发展国际合作的重要性，在可持续发展政策中注入了国际合作的内容，且重视把国际、国内的可持续发展对策有机的结合起来，认为这才是真正意义上的可持续发展，也只有协助发展中国家顺利地步入可持续发展之路，才能保障自身的可持续发展。

可持续发展是指人类社会的可持续发展，因而涉及非常广泛的领域和问题，按 1992 年联合国的《21 世纪议程》，基本上可将其划分为三个子范畴：生态可持续发展、经济可持续发展和社会可持续发展。由于可持续发展政策是可持续发展的行动准则和战略措施，因此，需要有与之相适应的分类政策，但是人口政策、环境政策和资源政策是其核心。

就发达国家而言，现已基本形成的可持续发展战略和政策主要包括：适度鼓励生育，以稳定人口的增长；加强自然保护和生境的改善，以保障物种的繁衍和生物多样性；寻求替代资源和新能源，提高资源、能源的利用率，以保障其可持续利用；增加环保基金和技术开发，推行清洁生产和治理污染，以便遏制环境纳污能力的退化和提高其质量；利用经济手段，控制城市规模化膨胀和消费污染；加强社会保障能力，提高公众参与意识等。

二、美国可持续发展的战略和政策

美国自第二次世界大战后，由于片面追求经济增长，资源破坏、环境污染问题日益严重，因此其可持续发展事业起步较早，也取得了一定的成效。特别是 1996 年 3 月制定的美国国家可持续发展战略，标志着其可持续发展事业迈进到了一个新的历史阶段。

在 1992 年联合国环境与发展大会之前，美国有关可持续发展的战略措施庞大繁杂、包罗万象，内容涉及面非常宽，但零乱、分散，不成体系，缺乏一套总体的纲领性的国家可持续发展战略。为了响应联合国大会的倡议，1993 年 6 月 29 日，美国白宫环境政策办公室发出总统令，宣布成立"总统可持续发展理事会"，具体负责执行 1992 年联合国环境与发展大会制定的《21 世纪议程》，起草国家可持续发展战略及行动计划框架。理事会由 25 人组成，成员来自公共和私人机构以及工业、环境、政府和非赢利组织代表。理事会下设 8 个工作小组：原则、目标和定义小组，公共联系、对话和教育小组，持续社区小组，国内能源小组，生态效率小组，自然资源管理与保护小组，示范项目选择标准制定小组以及奖励计划小组。他们将国家的可持续发展目标定义为：在不损害将来的前提下，发展和满足目前的需要。具体地说，可持续发展表明的是一种主张：

（1）从长远观点来看，经济增长与环境保护不矛盾；

（2）应有一些同时被发达国家和非发达国家所接受的政策，这些政策可使发达国家经济继续增长，使非发达国家经济发展而不造成生物多样性的明显损失和主要系统的永久性损害。

美国国家理事会还认为可持续发展应分为3种目标：

（1）国际可持续发展，即联合国和《我们共同的未来》中给出的定义，主要是指发展中国家在发展经济时，不应对环境造成损害；

（2）发达国家可持续发展，即通过提高效率和改变消费模式与生活方式，减少在能源和其他自然资源消耗中的浪费现象；

（3）自然的可持续性，即将获取限制在自然系统能循环的程度上。

美国同时提出的可持续发展的4个主题为：

（1）生态效率，生态效率指每单位经济增长所消耗的资源和能源数量。资源能耗越低，生态效率越高。美国可持续发展战略，第一位是追求提高生态效率。

（2）经济进步，即发展中国家要通过发展经济，消除贫困。这一主题包括两个含义：一是应把保护环境寓于经济发展之中；二是要考虑通过贸易政策、双边和多边援助政策促进发展中国家的经济进步。

（3）公平，可持续发展的公平概念包括：公平地利用和保护地球上的资源；公平地承担环境风险；公平地进行社会分配。一个相差悬殊的世界是不能持续的。

（4）选择，即通过谨慎的技术选择，抑制全球变暖、臭氧层破坏、生物多样性减少等全球环境问题的发生和发展。

为了实现可持续发展目标，PCSD（总统可持续发展理事会）在资源保护、社区建设、人口与可持续发展方面提出了一系列实现国家可持续发展的具体措施：

（1）加强社区建设。鼓励制定社区规划，明确让社区发展的目标和优先领域，鼓励社区间加强合作，共同处理有关跨越权限和管理范围的问题，对社区进行合理布局和综合管理，发展多元化和地方经济，整治被污染的、被抛弃的或未充分利用的"褐色"土地，将可持续发展同人们的日常生活和发展清洁、美丽、安全和富裕的社区紧密地联系起来。

（2）自然资源的管理服务。丰富的自然资源是美国保持强大和充满生机的经济基础，其核心问题是自然资源的管理工作。"管理服务"是一个非常重要的概念，它有助于解释和确定人类同自然之间合理的相互作用关系。"管理服务"的道德规范的基础是相互协作，保持生态系统的完整，鼓励农业资源管理，促进林业和渔业的可持续发展，恢复和保护生物多样性。"管理服务"要求每个社会成员对保护自然资源的完整和保护生态系统承担责任。

（3）人口与可持续发展。美国目前的人口达2.61亿，在全世界居第三位。美国的人口年增长率为1%，即每年约增加300万人口。只有通过改变生活方式和技术进步（减少人均资源使用量和降低人均废物的产生量），才有可能在人口增长的情况下减少对环境的影响。一个可持续发展的美国是指所有的美国人能够获得计划生育和有关生育卫生方面的服务，妇女能够获得更多的教育和就业机会，以及移民政策得以不折不扣地贯彻执行。

（4）信息和教育。该项战略的关键所在是：加强信息管理；增强综合决策能力；增加民众参与决策过程的机会；提高信息共享的能力；制定可持续发展的一系列进步指标，就经济、社会、环境和自然资源的基础提供综合的度量方法；尝试将环境成本内在化的会计方法，即"环境会计"方法；改革教育体制，使所有学生（从幼儿教育到高等教育）、教育工作者、教育行政管理人员学习和了解其他学科同环境质量、经济繁荣和社会平等之间的相互关系；拓展非正规教育，如通过博物馆、动物园、图书馆、新闻媒介、工作场所和各种社区组织等宣传有关可持续发展的概念。

除了上述战略报告之外，美国政府还以制定"国家环保技术战略"为主线，通过实施项目计划，开发新的环保技术，推动环保技术的出口和转让。

三、欧洲联盟可持续发展的战略和政策

欧洲联盟包括英国、法国、德国、意大利、荷兰等15个国家，是世界上最大，经济、科技实力最强的经济共同体。为了响应1992年联合国环境与发展大会的号召，欧洲联盟于1993年2月1日通过了第5个环境规划，又称为环境与可持续发展新战略，其主要内容包括欧洲联盟可持续发展目标、可持续发展的优先领域、重点部门和实现可持续发展的措施等4个方面。

（一）欧洲联盟可持续发展目标

欧洲联盟可持续发展目标是以可持续发展为指导思想，推进欧洲联盟经济发展模式的转换为最终目的。为此，强调以下几点：

（1）人类社会经济的发展要以保护自然资源和环境质量为基础；

（2）为避免浪费和自然资源储量的耗竭，应在原料加工、消费和使用的各个阶段，推进和鼓励资源再利用的管理模式；

（3）应使人们意识到：绝不能以牺牲任何其他资源为代价，只顾及自己这一代人的利益而危及后代人的安全。

可见，欧洲联盟的可持续发展战略带有比较浓厚的资源战略色彩。当代，占世界人口26%的发达国家，消费了全球生产的80%的能源、钢材、金属、纸张和40%的食品。按此发展模式和消费模式，全球性资源危机将是不可避免的；而且，一些发达国家利用他们资金和技术的优势，取代了发展中国家利用本国资源发展经济的机会，造成分配不公和贫富悬殊。因此，节约资源和能源，转变消费模式，理所当然应当成为发达国家可持续发展战略的核心。欧洲联盟的第5个环境行动计划提出可持续发展需要具备的几个条件：

（1）有效管理资源的开采与利用，鼓励再生利用，避免浪费和自然资源储备的耗损；

（2）能源的生产与消费需进一步合理化；

（3）社会本身的消费及行为方式应予改变。

（二）欧洲联盟可持续发展优先领域

（1）自然资源，包括土壤、水、自然保护区及海岸带的可持续管理；

（2）综合污染控制及废物治理；

（3）降低不可更新能源的消费；

（4）改进交通管理，包括合理的交通规划与模式；

（5）制定改进城市环境质量的措施；

（6）公众健康及安全的改善，特别强调工业风险评估及管理，核安全及辐射保护。

（三）欧洲联盟可持续发展战略实施的重点部门

欧洲联盟可持续发展战略实施的重点部门涉及工业、能源、交通、农业及旅游业，这5个行业对环境产生巨大影响，并对实现可持续发展起关键性作用。这些部门应采取的策略不仅是为了环境保护和公众健康，而且也是为了这些行业自身的可持续发展。

（1）工业。过去，对工业的环境策略是"你不应该……"，比如说，工业排污物不许超标等等；现在的策略应转向"你要……"。不仅在后处理上，而且在整个生产过程中要在工业与环境的协调上形成自我调节机制。工业与环境的关系，特别要关注以下几点：先进的资源管

理，着眼于合理的资源利用和竞争地位的改善；扩大宣传以促使消费者更好地选择，加强公众对工业活动和产品政策的监督；制定生产过程标准和产品标准。

（2）能源。欧洲联盟认为，要实现可持续发展，能源政策是一个关键因素。经济增长需要一个高效安全的能源供应与清洁的环境。能源战略的关键是提高能源效率，减少煤炭在能源中的比重，采用可再生能源政策。

（3）交通。欧洲联盟认为，交通是商品流通、社会发展、贸易和区域发展的关键环节。欧洲联盟的交通发展策略包括：先进的土地利用规划，先进的交通基础设施规划、管理和使用，发展公共交通，改进机动车及燃料的技术水平，鼓励使用少污染燃料，合理利用私人轿车，包括改变交通规划和驾驶行为。

（4）农业。欧洲联盟一些国家农业生产已发生变化，导致农业本身赖以持续的自然资源的过度开发与退化。这是欧洲联盟农业面临的最主要问题。其他诸如日用品过剩、农村人口减少及农业预算、国际贸易等都存在严重问题。使欧洲联盟的农业走上可持续道路必须解决：提高农业效率和机械化水平，改进交通和市场机制，加强食品和饲料的安全，改善国际贸易。

（5）旅游业。旅游业在欧洲联盟的社会、经济生活中起重要作用。旅游业是连接经济发展与环境的纽带。如果旅游业能规划、管理好，则不但能促进经济发展，还能有效地改善环境质量。可以说，旅游业是"助推器"，能推动其他行业的发展。欧洲联盟旅游业可持续发展的策略是：促进旅游业多样化趋势，包括集团旅游的良好管理，鼓励不同类型旅游业的发展；提高旅游业服务质量，包括信息、参观访问及设施；引导旅游者行为，包括新闻宣传、行为准则及交通方式选择。

（四）欧洲联盟实现可持续发展采取的措施

（1）立法措施：加强了对资源和环境保护的立法，提出了非常严格的污染治理和污染物排放的标准，特别是完善综合环境管理方面的立法措施。

（2）市场措施：将外部环境成本内部化，使对环境有利的商品和服务在市场上与那些造成污染的或浪费较大的商品在竞争中处于有利地位。

（3）基础支持措施：包括要完善可持续发展所必需的基本标准、数据统计、科学研究、技术改造、地区规划、公众参与以及宣传教育和职业培训等。

（4）资金支持机制：对于那些把环境目标建立在预防为主，并纳入欧洲联盟总政策中的环境项目，在资金上应给予足够重视。除原有的"生命"基金、结构基金及环境能源基金，还建立了新的联合基金。欧洲联盟有关条约规定：在不对欧共体任何措施抱有偏见的前提下，各成员国有责任提供资金以实施环境政策。

可持续发展战略对于欧洲联盟是一个转折点：欧洲联盟在20世纪80年代面临的挑战是建立内部市场；在90年代面临的挑战则是如何协调环境与发展问题。该计划为欧洲联盟的社会、经济和环境保护提出一个新的框架，它需要政府及社会各阶层积极参与，只有这样才能使可持续发展得以实现。

四、瑞典可持续发展的战略和政策

针对1992年联合国环境与发展大会的要求，随后瑞典政府采取了一系列推行可持续发展战略的政策和措施。

（一）国家21世纪议程的提出

在瑞典国王的倡导下，从1992年开始由瑞典皇家科学院组织筹办"皇家研讨会"，其大主题是"政治上转向可持续发展理论与实践的一致性"，目的是在科学家、政治家、工业及发展组织代表中建立个人论坛，通过讨论和交流，找出在可持续发展过程中容易形成矛盾甚至冲突的解决办法。讨论主要集中在三个方面：一是发展、人口、平等和生存等；二是环境保护与有效的自然资源管理；三是经济、财政以及立法能力等。

瑞典皇家工程科学院向政府提交了报告，根据社会和经济可持续发展的客观需要，分析了到 21 世纪初前 10 年知识和人才将面临的主要问题与挑战，提出了如何适应发展更新知识、改进教育体制进而培养大批适合可持续发展人才的建议。瑞典环境咨询委员会及时召集专家全面深入地讨论了如何实施世界环境与发展大会制定的可持续发展七项原则。

学术界的讨论结果对瑞典政府的决策具有一定影响，对瑞典 21 世纪议程的形成具有导向作用。由于瑞典的政体不同于中国，瑞典政府不制定带有执行性质的 21 世纪议程，也不制定国家优先项目，而是将精力集中在方针和战略的制定和调整上。在学术界讨论和建议的基础上，瑞典政府于 1993 年 12 月着手拟出提案，该提案经过议会辩论于 1995 年 4 月通过。为适应国际交流的需要，瑞典环境大臣代表政府向国会提交的环境提案《瑞典转向可持续发展——执行联合国环境与发展大会决定》，经国会辩论通过，并在国际上被当作《瑞典 21 世纪议程》的文本，其所阐述的要点如下：

（1）用《21 世纪议程》中阐述的普遍原则作为指导的基本原则。

1）经济发展与生态循环是一个有机的整体；

2）进一步明确各行业、例如交通、能源、农业、制造业等，对环境问题应负的责任；

3）地方政府对可持续发展战略目标的实现起着至关重要的作用。

（2）经济的发展必须以生态平衡能力为基础，不能将发展建立在威胁到人类自身、植物和动物生存的基础上。良好环境的建立是以经济可持续发展为先决条件的。各层次的计划和决策以及社会各领域的发展都应把经济和环境两个因素结合起来考虑。对环境影响的评估应广泛地应用于决策和制定各种计划的过程中。

（3）环境与经济发展的整体性应体现在税制的改革方面，税收的比例中应加重环境的成分，确保子孙后代有一个良好的生活环境。广泛推行种类效益经济发展模式，减少对环境的有害影响，维护环境自身的演化规律。坚决实现污染者纳税的原则。"环境债"即恢复原有自然环境和资源所需累计支付的费用，决不允许再增加了。

（4）《21 世纪议程》特别强调资源的管理、废旧物的循环使用，各种符合生态循环的社会发展模式，都将改变现有的生产和消费形式。瑞典的生产者首先要对其产品的包装树立一种责任感，确保产品的最终处理对环境不产生有害影响。每个公民必须在转向生态循环社会的发展中尽力。产业和商业、政府和个人对共同拥有的环境都负有责任。

（5）长期规划对环境的保护和实施《21 世纪议程》是至关重要的，尤其是对资源的管理以及土地和水域的开发使用更为重要。

瑞典在制定并通过国家可持续发展战略的同时，政府还意识到调整现行法律，使之与新战略相协调的必要性。政府于 1994 年提出修改环境法律体系的建议，将涉及环保、健康和资源的十几部法律，如自然保护法、环境保护法、卫生法、健康保护法、化学品法、自然资源管理法、辐射保护法等，按照可持续发展的思路，对内容进行重新核定归并成一个综合性的《环境法典》。社会的长期可持续发展是重新立法的出发点，法典中还将体现里约宣言的主要原则和建立生态循环社会等内容。建立生态循环社会是实现可持续发展的途径，而生态社会的建立取决于对城市的合理规划和建设。作为立法的第二步设想，瑞典政府正在考虑对《城市规划和建设法》的修订，立法工作还将与地方各市制定 21 世纪议程，建设生态环境城的计划协调进行。

设置环境保护目标也是政府宏观管理的重要方法。瑞典近几年已先后提出了十几项污染排放、资源开发和利用的具体目标，实现这些目标的期限不一，都集中在 21 世纪的前几年。由于瑞典的目标已经相当高了，因此环境提案中未作任何修改，可以认为是瑞典近期转向可持续发展的目标。感到不足的是对未来 30 年酸雨和温室效应气体的排放没有明确的拟制目标。

（二）积极行动计划

政府在制定战略调整宏观政策的同时，还及时将世界环境与发展大会的原则精神向地方行政官员及公众宣传贯彻。环境咨询委员会结合瑞典国情，将大会文件翻译、节录后广泛散发，并通过报纸、电视、广播等新闻媒介宣传可持续发展的概念。该委员会还通过将这些知识制成光盘，以通俗趣味的形式深入持久地开展全民教育，教育的重点是青年和中、小学生。瑞典环境咨询委员会是 1968 年成立的，已有 30 多年历史，其作用是为政府的环境决策提供咨询，成员多来自学术界，也有政府工作人员，是政府与学术界之间沟通的桥梁，同时也是形成瑞典可持续发展战略、方针及各项政策的智囊团。

瑞典可持续发展的行动大致朝两个方向运作：第一个方向是按行业运作，如林业、交通、能源业、农业、制造业等，尽管林业可持续发展形成了比较成功的模式，但其他行业实施可持续发展有相当的局限性，有些行业甚至一时无法操作。因此，瑞典还是把可持续发展放在第二个方向上，即"生态循环城"。经过几年的试点，这方面已经取得较成熟的经验，在哥德堡、厄勒柯鲁、厄弗托内尔等几个大小城市都有现成的循环模式可资借鉴，加之环境意识的普遍形成，具备了良好的社会基础便于实施。瑞典共有 21 个省、286 个（自治）市，政府要求各市做出自己的可持续发展计划，或"生态循环城"计划。

瑞典认为，每个城市可持续发展计划的集合，才是瑞典真正的 21 世纪议程。制定各市可持续发展计划的目的在于将世界环境与发展大会可持续发展的原则，尽快地变成基层政府乃至每个公民的具体行动。中央政府仅在宏观政策上给予指导，不参与地方的项目设置，不干预地方政府的具体做法。内阁为推动"生态循环城"计划的制定，仅一次性从中央财政中列支 700 万克朗（不到 100 万美元），用于地方可持续发展工作的开展，这笔很有限的经费不搞平均摊派，而是有重点地择优支持。各市根据自己发展特点，以可持续发展的普遍原则为指导，选列优先项目，经费完全自筹。政府要求 1996 年全部完成 286 个市《21 世纪议程》的编制，多数城市已经做出政治决定，接受可持续发展的概念，并在城市规划建设和社会发展中积极运用可持续发展的原则。

瑞典各市对可持续发展的理解和认识各有差异，做法上也不相同。中央政府提倡立即行动起来，根据现在的知识，结合各市的具体情况，沿着生态循环城的发展方向，能做多少就做多少，不要等待《21 世纪议程》编制结束后再行动。中央政府的一项重要职能，就是为各市之间的交流创造条件，包括举办经验交流研讨会、培训班等，推动可持续发展在各市的实施。

（三）国际合作的广泛开展

可持续发展是一个全球性问题。瑞典在国际舞台上一贯扮演着积极甚至导向性的角色。从理论和实践上丰富了可持续发展的内容。"皇家研究会"不仅是国际性的，更强调理论与实践的统一，研讨结果对各国的可持续发展都有参考和借鉴意义，因此也提高了瑞典在国际社会上的声望。

在具体实施中，瑞典的国际合作有三个层次。第一个层次，是与北欧和波罗的海诸国采取合作行动，保护波罗的海水质免受污染及保护海洋生物多样性。瑞典濒临波罗的海，波罗的海的环境状况与瑞典的环境和可持续发展进程有着直接的关系，因此是合作的重点。第二个层次，是加强与欧洲联盟国家的合作。瑞典已与欧洲联盟达成协议，加入欧洲联盟。1995 年 11 月举行了公民公决，政治经济的一体化趋势与环境可持续发展有着密切的联系，因此必须与这些国家加强合作。第三个层次，是国际上的广泛合作，合作的深度取决于与瑞典的利益相关程度，向国际社会提供经验和有益的信息也属于这一范畴。

五、日本可持续发展的战略和政策

日本是经济大国，资源小国，第二次世界大战后经济迅速发展，导致资源短缺和环境污染日益严重，遂可持续发展成为关注的焦点。1992 年联合国环境与发展大会之后，日本政府于 1994 年初制定了日本 21 世纪议程行动计划。这个行动计划的目的是通过可持续发展途径，逐步实现全球环境保护目标，并声称将为解决全球环境问题发挥主导作用。

日本的人口出生率在发达国家中不算高（1.5%），但由于日本国土面积狭小，因而人口压力较大，且是世界上人口多、耕地压力最大的国家。显然，人口问题也是日本可持续发展战略和政策所必须重视的一个焦点。在环境政策上，日本很重视凭借自己的经济、科技实力，从经济、技术上解决环境问题，积极推行绿色技术，环境保护产业的快速发展。

日本今后可持续发展工作的重点主要在以下几个方面：

（1）提高可持续发展意识，进行普及教育，从环境要求的角度对国民生活方式本身进行变革；

（2）积极参加编制有关全球环境保护的富有实效的国际性框架文件，并做出贡献；

（3）积极参加以改革 GEF（全球环境基金）为突破口的国际合作行动，建立和完善资金供给体制；

（4）在努力推进环境技术开发的同时，促进技术转移，通过恰当地、有计划地实施政府开发援助项目，为提高发展中国家解决环境问题的能力做出贡献；

（5）在全球环境问题方面，确保观测、监督与调查研究的国际合作并努力促进其实施；

（6）加强中央政府、地方公共团体、企业及非政府组织等广泛的有效的合作；

（7）促进发展中国家可持续发展的国际合作。在日本 21 世纪议程行动计划中，有专章阐述关于促进发展中国家可持续发展的国际合作问题。其中，关于对发展中国家的资金援助问题，拟采取如下政策措施：1）政府开发援助（ODA）资金；2）优惠日元贷款；3）使用日本海外协会基金和日本输出入银行的资金，要考虑以下几点：重点放在环境和基础设施建设领域；有助于促进和世界银行等国际开发金融机构与国际货币基金的协调融资。在实施环境问题援助时，要遵循环保与经济增长并重的原则，重点援助以下项目：全球环境问题的合作行动、人才培养与合作研究、基础设施建设与设备、基础生活领域、经济结构调整。

六、发达国家可持续发展政策的启发

总的看来，美国、日本、瑞典等发达国家的可持续发展运动起步较早，逐步探索出了一套符合国情、比较完善且行之有效的可持续发展对策。目前，曾威胁发达国家的不可持续发展局面大为改观，环境、资源等问题取得了较明显的改善。但发达国家可持续发展的政策和实践也存在许多弊端：

（一）过多的以本国可持续发展为考虑中心

发达国家的可持续发展是在保证工业化带来的原有好处不受损失，甚至仍持续增长的前提下，解决工业发展与环境之间的矛盾，并确定了实施可持续发展战略的相应模式，即在足够的技术和资本投入的前提下，实施以环境保护为主要目标的可持续发展战略。近几十年来，为了

改善环境，发达国家出于对自身利益的考虑，主要采取了以下措施：

（1）通过技术和经济援助，转移污染工业，把危险和对环境具有潜在威胁的产品转移到发展中国家生产；

（2）在国家环保政策的调控下，增加环保资本和技术的投入，实行清洁化生产；

（3）通过发展高科技和技术创新，提高增长的质量，减少单位产值中资源的消耗及污染的排放量。

这些措施确实使发达国家的环境状况得到了明显改善，但是发达国家实施的维持性可持续发展战略，所要维持的是自身的环境，其环境的改善主要是建立在向发展中国家转移污染的基础之上。因此，无论从伦理道德还是从操作的可能性上讲，这种模式都不足以也不可能成为世界环境保护的榜样。

（二）注重改变传统生产方式，不在意改变消费方式

发达国家实施的维持性可持续发展战略，对其原有的高消费生活方式改变较少。然而我们知道，这种高消费是以消耗自然资源为基础的，仅维持发达国家的吃、穿、住、行、用等物质消费就需要消耗大量的自然资源，更何况随着发达国家经济的发展，这种满足高消费的物质需求还将进一步增强。这样，即使发达国家实施了以不改变其原有消费生活方式前提下的可持续发展战略，也难以从根本上降低全球性自然资源的消耗，这无疑将成为全球步入低消费的可持续发展社会的一大障碍。

（三）强制性保护环境导致运行成本高

虽然大多数国家采用强制性手段保护环境并取得一定成效，但也存在管理成本高，一些政策甚至还妨碍经济发展等问题。这些措施在发达国家实施还有一定的可能性，发展中国家则为了避免强制手段带来的高成本和低效率，必须探索用成本更低、效率更高的经济手段，来刺激人们保护环境，从成本和效益方面入手，如制定的价格真实反映其社会成本，引导企业对经济活动进行选择，从而达到环境保护和资源可持续利用的目的。

第二节　发展中国家可持续发展的战略和政策

可持续发展是全球继民主与科学浪潮基础上，人类对未来社会发展的又一次历史性把握与规划，是对惨痛的资源环境保障危机和社会经济发展危机的反思与前瞻。尽管各国因自身的发展水平、自然赐予和可持续发展潜力不同，对可持续发展的内涵理解和实践方式、战略对策而相异，但国际和国内的公平性、自然与社会发展的可持续性，以及全球和人类事业的共同性，则是可持续发展的基本特征和原则。

因此，只有开展广泛的国际合作，才能实现人类社会的可持续发展，只有发达国家对发展中国家的多途径支持和援助，才能携手实现人类与自然的和谐进化，也只有占世界人口80%的发展中国家，依靠制度、政策创新和科技进步尽快摆脱贫困，积极控制人口的增长，合理利用资源和保护好生态环境，有效地推动经济的较快而良性的发展，才能有序全面地实现人类社会的可持续发展。

一、发展中国家可持续发展概述

《我们共同的未来》明确指出：人类需求和希望的满足是发展的主要目标。发展中国家的人民除了要满足其基本需求外，对提高生活质量有相当的愿望。一个充满贫困和不平等的世界将易发生生态和其他危机。可持续发展要满足个体人的基本需求和给全体人民机会以满足他们要求较好生活的愿望。然而，在现实世界中，却存在着差距极大的贫富两极：发展中国家大多数人的基本需求——粮食、衣服、住房、就业尚未得到满足，而与这种未能满足基本需求的贫困的生活方式并存的是，一些发达国家建立在高消耗基础上的过度富裕的生活方式。这两种生活方式，在以不同的方式消耗着地球的能源和资源，破坏着生态环境。如果说，受文化和既得利益的制约，让发达国家在短期内改变其高消耗的生活方式是困难的，那么也可以说，受历史文化和不合理的国际秩序的制约，让仍然生活在贫困线以下的贫困国家在短期内走向满足基本需求的发展之路，同样是困难的。如何从全球、全人类的根本利益出发，本着平等、公平、互助的原则，消除全球性的两极分化，建立一个自然生态所能承受的健康合理的生活方式，是摆在我们当代人面前的重要课题。

与发达国家相比，发展中国家实现可持续发展难度要大得多。发达国家是在已经占有大量世界资源和世界市场份额，已经达到较高生活水准的前提下实施可持续发展，所以，其关注的重点是生活环境质量的改善，而发展中国家则不得不既要考虑满足生存需求的经济发展，又要考虑环境污染的治理问题。从理论上讲，为了实现理想的可持续发展目标，发展中国家应吸取西方工业化的教训，走一条不同于西方的、将污染降低到最低限度的绿色发展之路。发展中国家当然也愿意走这样的发展道路，但客观现实决定了发展中国家在短期内还难以将这一愿望付诸实践，因为走这条道路必须以足够的技术和资本、完善的社会环境监控管理体系和普及全民环保意识为前提，而这些条件又恰恰是发展中国家所欠缺的。要创造这一系列条件，必须以经济发展到一定程度为前提。这说明发展中国家走向理想的可持续发展之路还需要一个过程，经济发展水平以及相关的一系列问题，使发展中国家陷于两难选择的境地。

目前，在发展中国家实施可持续发展战略，主要面临三大难题：一是缺乏满足基本需求的经济基础和生产能力。二是技术含量很低的粗放型高能耗、低产出高污染的经济发展，危害很大。现阶段经济发展最活跃和经济发展速度最快的亚洲地区，也是污染最为严重、最为集中的地区。全世界污染最严重的15个城市中，有13个在亚洲，据世界卫生组织和世界银行估算，亚洲每年仅死于空气污染的人数就多达156万。三是为了实现赶超发达国家的发展战略，一些发展中国家，仍然在片面追求经济发展，其结果是经济迅速增长的同时，贫困日益加剧。这一问题在拉美国家尤为突出。20世纪80年代，拉美国家贫困急剧恶化，贫困化现象极为普遍。进入90年代，虽然拉美经济有所好转，但贫困问题仍然没有得到很好解决。1960~1990年的30年间，拉美国家贫困人口增加了一倍，在4.6亿拉美人口中，1.9亿人生活在贫困线以下，贫困人口占总人口的46%。

当前，鉴于西方工业化教训，尤其是适应世界绿色浪潮，很多发展中国家在追赶西方工业化的道路上，也采取了相应措施，着手解决经济发展中的污染、人口、资源等问题，但在环保与发展问题上，多数国家还是迫于生存的压力，不得不选择重点在经济发展兼顾环境保护的赶超性可持续发展战略实施模式。具体说来，就是在发展经济的同时，将环境污染控制在环境与生活最大承受能力的边缘状态。下面以巴西为发展中国家可持续发展的典型，简要介绍国际上其他发展中国家实施可持续发展战略的情况。

二、巴西实现可持续发展的战略和政策

巴西是南美洲最大的发展中国家，国土面积为8511996.3平方千米，比中国小一点，但人口仅15300万，比中国少得多，具备建设一个现代富强国家和可持续发展的良好的地理条件及自然资源。巴西的发展经历了几年徘徊，但没有发生大的滑坡，1993年国内净生产总值增长4.6%。虽然经济得以回升，但巴西1993年通货膨胀高达2567.46%，债台高筑不降，到当年

12 月仍维持在 1350 亿美元，全国有 4000 万人失业或半失业。自 1990 年巴西陷入经济危机后，40%的家庭濒临穷困，个人月平均收入低于 1/4 最低工资（1994 年个人最低工资约合 100 美元）。此外，地区生活水平差别甚大，东北部居民分布占总人口的 29%，占全国 53%的贫困人口，该地区人均收入约为南部地区的 1/4。目前尚有 60%的人口集中居住在 9 个州府里，大约有 3000 万人受贫困威胁。巴西种族歧视较严重，男女劳力收入有差异，由于缺医少药，卫生条件差，全国传染病人数很多。社会治安也明显恶化，城市污染每况愈下，部分地区的水土严重流失直接影响和制约了农业的生产和持续发展，环境资源也遭到了一定程度的破坏。加之贫富悬殊，改革措施难以奏效，社会和经济问题成堆。面临这一严峻和棘手困扰的现实，政府遂开始较为清醒地认识到制定可持续发展战略已迫在眉睫，刻不容缓。

1992 年联合国环境与发展大会后，巴西从近 30 年历尽沧桑的变化中悟出：社会经济发展首先要着眼于人，注重其赖以生存的土地、环境、资源并与世界经济发展大环境密不可分的关系。至此，巴西政府开始制定可持续发展战略，并把社会稳定发展与自然供需平衡作为可持续发展战略的基石，其可持续发展的主要内容为：

（1）逐步消除贫困。巴西有 3000 万人受贫困威胁，占全国人口 20%，1990 年营养不良者高达全国总人口的 2/3。此外，由于缺医少药，全国有 6300 万人口受疟原虫感染，4000 万人受血吸虫感染，500 万人携带溃疡菌。任何发展战略都不能忽视消除贫困。故巴西政府对社会组织机构和发展计划均作了相应的改革，使分配向贫困层倾斜，并加强国家政治管理职能，增加决策能力和管理技术水平，抓住时代机遇和打破地理界限，使人尽其力，物尽其用。

（2）合理利用资源。可持续发展战略不仅能保持和促进社会经济持续发展，解决大量社会问题，还可保持自然环境的生产力和承受力，使之受惠于世代子孙。因此，巴西在能源利用方面规定：不能过分利用自然能源和化石能，而要充分发展新科学，增加生物能；大力进行技术革新，发展节能低耗工业；开发生物技术，处理和深化利用垃圾废物。

在未来 20 年内，巴西把石油和水电作为主要能源（约占使用能源的 60%~70%），增加其他污染小的能源；并充分利用 30%不能用于农牧业的国土发展林业（年产约 3 亿立方米木材）。实施这一战略方针，既可提供一部分能源，又可满足工业用材。

（3）建立新的交通体系。发展铁路、海运和内河货物运输。中心大城市的运输燃料以天然气代替柴油。宪法规定，凡超过 2 万人口的城市都要制定交通运输发展整体规划，控制基础实施土地的使用，以便合理设置通道。

（4）建立生态平稳经济发展区。

1）亚马逊地区：矿产和水资源丰富（拥有 10 万亿兆瓦发电能力），确定热带雨林的保护和利用政策，并使捕鱼－农业－木材开发有机结合，该地区已辟为将渔业作为猎取动物蛋白的主要来源。

2）半干旱地区：保护和恢复环境，研究和防止土壤沙漠化，实施"监测工程"，扩大原始速生林，加速植树造林，合理使用土地，推广先进的公共灌溉技术，防止土地盐渍化，建立气象中心，及时提供适时播种的情报和合理利用水利资源的资料。建立地下管道滴灌系统。寻求国际资助，引进利用吸水材料，开展国际合作与交流，并尽量将较好的土地提供给小农场主使用。

3）稀树草原地区：中短期内农业发展继续向这一地区倾斜，发展地区工业和采矿业。考虑到该地区内城市发展和建立新城镇时会出现毁林、水土流失、水污染和失去一些生物种类，因此要加强开发和采用新技术，扩大保护区，严禁大面积毁林，增加再生能力。

4）大西洋丛林区：加强科研，努力保护原始林和再生林；改造土壤，减少水土流失，强化大西洋丛林联合会的职能。

5）南部草原区：确立保护区，研究农牧发展新途径。

6）南美杉林区：保护原始林，发展人造林。

7）沼泽地区：法律确定 12 个保护区，规定至少保留 20% 的原始林，除牧场外，在非水淹地区发展多种经营，保证这个地区的水系大循环。

（5）发展农业多品种种植和食品多样化。据统计，巴西 1990 年营养不良者高达全国总人口的 2/3，主要原因是由于近 20 年农业政策和分配不当所致。

巴西从 1960 年开始逐步走向农业现代化，由原来单一的咖啡、大豆、柑橘、小麦，过渡到种植多品种农作物。巴西农业覆盖面积 3.768 亿公顷，其中可耕地面积 2.4 亿公顷，迄今耕种和半耕种的土地仅利用 5230 万公顷，另有 1.055 亿公顷天然牧场，745 万公顷人工牧场和 670 万公顷的人工林。

今后的战略是，注意调节农村人口的合理分布，加强多样化食品生产，合理使用土地，改进耕作和田间管理，正确利用水资源，对不同地区使用相应的技术。为确保食品多样化和增加此领域内的出口，通过发展农业科研和扩大遗传种质基地，加强、丰富和有力地保护种质库和种类植物园。

（6）开发多样化生物产品。巴西拥有世界上最大的自然遗传种质宝库，认识和利用它具有不可估量的意义。为使这一战略领域现代化，必须加强自豪感和国际合作，必须掌握现有和将来发展所需的各类信息。

为了保护遗传种质，巴西现已设有 34 个国家级自然保护区，23 个联邦生物保护区，30 个生态站和 6 个生态特别保护区，面积为 3200 万公顷。开发多样生物产品，使之造福人类，确保巴西可持续发展。此外，还要尽快制定生物技术产品的工业产权法，使这一立法国际化。

（7）强化可持续发展能力建设。把培养人才、扩大教育面当作社会头等大事，增加科技投入（巴西在南美洲国家中科技投入最多，1993 年科技投入为 30 多亿美元）。加强与国际科研机构的人员交流，以造就一大批有才能的科学家、社会活动家，培养一大批工程设计、制造人员，建立一批具有独立科研、试验和生产能力的技术队伍。

积极调整产业结构，发展高新技术产业。通过售标国有企业股份，吸引外资购股，推动企业进步。采取优惠政策，加快 15 个高技术园区的建设。促进科研部门与企业密切合作，加强科研产品商品化、产业化和国际化的进程。

工业、农业、采矿业、服务业、生产组织和各级公共机构管理要规范化，根据不同地区采用不同特别政策。

克服财政危机，把国家 63% 的税收补贴州和市政的发展，鼓励创造就业，大幅度开发农牧业，研究和开发利用本地区能源，大力开发提供给国内外市场的新产品。

使全民增强环保意识，保护环境是经济持续发展的保证。为确保环境投资，社会消费集团、公共及私人公司应共同承担费用和提供适当资金。

第三节　全球可持续发展战略对比分析

通过前面两节分别对发达国家和发展中国家可持续发展战略和政策的分析，进行以下对比综合，可以得到以下结论：

（1）虽然同样都在实施可持续发展战略，但发达国家和发展中国家在具体目标和操作上存在明显区别。发达国家所追求的可持续发展，在本质上是一种维持性的可持续发展，是一种在原有利益不受损失的前提下、以治理环境为主要目标的浅层次的可持续发展。就发达国家现有的经济实力而言，完全可以在推进全球可持续发展方面远远地走在世界前列，为后起的发展中国家作出榜样。然而，现实中的发达国家却实施了建立在不触动原有的消费生活方式基础上的可持续发展战略，尽管其环境质量和环境保护比发展中国家要好得多，但并不足以也不可能成为发展中国家学习的榜样和发展方向。与发达国家不同，发展中国家的大多数在环保与发展问题上，迫于生存的压力，选择了一种以经济发展为重点兼顾环境保护的可持续发展战略模式。具体说来，就是在发展经济的同时，将环境污染控制在环境与生活最大承受能力的边缘状态。实践证明，虽然可持续发展思想已为全世界广泛接受，但迄今尚未出现足以成为全世界典范的可持续发展的经济社会。

（2）由于经济发展水平不同，不同国家或同一国家的不同地区以及处于发展的不同阶段的同一国家或地区，实施可持续发展战略不可能采用统一的模式。可持续发展战略的实施，应该是且必然是一个因地制宜、循序渐进的过程。处于不同地区、不同发展水平和发展阶段的国家，其可持续发展含义可操作性差别是极为显著的。年人均收入 15000 美元以上的发达国家和年人均收入不足 500 美元的一些发展中国家，他们的发展需求、生活需求和文化道德观念都是很不相同的。发达国家可持续发展追求的目标，主要是通过技术革新提高增长的质量，改变消费模式，减少单位产值中资源和能源的消耗以及污染物的排放量，进一步提高生活质量和关心气候变化等全球环境问题。处于贫困状态的一些发展中国家可持续发展所追求的目标则主要是发展经济、消除贫困、解决温饱和健康、教育、安全等社会问题。

（3）从某种意义上考虑，可持续发展的初衷，就是要解决经济发展与环境代价的两难选择问题，试图将经济发展与环境保护两者兼顾起来，追求用尽可能小的环境代价，换取尽可能大的发展成果。从这个意义上完全可以认为，可持续发展追求的是发展相对于环境代价而言的效率。研究"发展的可持续性如何"，其实就是要探讨"相对于发展所付出的环境代价而言的发展的效率如何"。所以说，发展的可持续性，是相对于环境代价而言的发展的某种有效率或高效率，发展可持续性的强弱，取决于发展收益与环境代价两者差异的大小，它与发展收益成正比，与环境代价成反比。显然，当一个社会的发展收益增长率小于环境代价的增长率时，其发展就处于"不可持续"状态；当发展收益增长率等于环境代价增长率时，则说明该社会发展正处于由不可持续性向"弱可持续性"转折阶段；当发展收益增长率大于环境代价增长率，但环境恶化仍未被遏制时，说明该社会的发展具有"弱可持续性"；只有当发展收益增长率大于环境代价增长率，而且环境状况趋于好转时，才能说明该社会发展具有"强可持续性"。

（4）经济发展水平以及发展中面临的环境和所要解决的问题的差异，决定了当前发展中国家的可持续发展具有"弱可持续性"，发达国家的可持续发展则具有"强可持续性"。当然，发达国家的实践证明，强可持续发展本身，也有一个由较强到更强、由不理想到理想的逐步推进的过程。现阶段发达国家的可持续发展只是具有较强可持续性，离更强或理想的强可持续性还有相当的距离。无论如何，对于一个原来因袭不可持续的传统发展模式的国家或地区而言，要使其完全走上可持续发展的道路，都需要先后经历"弱可持续发展"与"强可持续发展"两个阶段。强可持续发展不仅是发达国家和地区的必然选择，也是发展中国家和地区的未来趋势，因而将成为整个人类未来的必然选择。只有当所有的发展中国家和地区都先后走上强可持续发展道路之后，发达国家和地区的强可持续发展才能得到巩固，全人类的强可持续发展才有可能实现。这一结论，进一步印证了可持续发展的共同性原则，对我国合理安排可持续发展战略实施步骤具有重要的指导意义。

第九章 中国可持续发展战略

第一节 可持续发展战略总体态势

在回顾过去几年开展可持续发展工作的基础上，分析中国可持续发展的走向和趋势，为未来的战略制定和政策调整提供判断的依据，是新世纪的一项非常有意义的工作。根据中国当前形势的发展来看，未来中国可持续发展战略的实施有以下几个主要方面：

（1）可持续发展战略的实施将进一步深入到各级地方并不断吸引和促使公众参与。首先，在中国，地方和部门是中央政府决策的执行者，他们掌握着更多的本地方、本部门的实际情况。因此，地方实施可持续发展的战略，不仅是把党中央、国务院关于可持续发展战略决策转化为地方和部门行为的需要，而且也可以充分调动各地方和各部门的积极性和创造性，使可持续发展行动计划更加切合实际，更具有针对性和可操作性。中央已明确关于实施可持续发展战略的态度，下一步关键之一就是将其转化为地方和部门行为。其次，地方和部门是可持续发展战略实施的基本主体，地方和部门的企事业单位、经营个体和广大公众是实施可持续发展的主要力量。各级地方政府最接近人民群众，最了解各地区经济、社会、资源、环境的实际情况，担负着直接领导和管理当地重大事务、执行有关政策法规的责任。制定地方和行业部门的可持续发展战略规划和行动计划，确定优先发展项目，促进经济体制由计划经济向市场经济的转变，推动增长方式由粗放型向集约型的转变，是各个部门和各级地方政府的中心工作。最后，在社会主义市场经济条件下，企业、家庭和个体的行为是社会和经济发展的基础，政府只起规范、参与和调控作用。随着社会主义市场经济的建立、健全，如果不把可持续发展转化为企业、公众和家庭的自觉行动，就不可能真正贯彻实施可持续发展战略。因此，将可持续发展战略进一步深入到各地方和各部门的工作之中，并逐步转化为企业和公众的行动，是中国社会主义市场经济条件下实施可持续发展战略的必然趋势。

（2）能力建设将从重点通过举办各种形式的培训和利用各种媒体来提高人民的可持续发展意识，转向重点建设可持续发展的制度机制、市场机制和企业、学术机构、政府部门以及公众综合的决策机制。可持续发展是由国际社会首先提出的新概念，应该说在 20 世纪 90 年代初，中国在制定和实施可持续发展战略时，人们普遍对此缺乏了解和领悟。因此，在中国实施可持续发展战略的初期，把能力建设的重点放在提高广大管理人员和公众的可持续发展意识上是十分必要的。然而，意识虽然影响人的行为，但是这种影响能否转化为人的实际行动，决定于决策结构、信息结构和利益结构的合理有效安排。如果没有一种有利于可持续发展的制度机制、决策机制、信息机制和利益机制的安排，即使有很好的可持续发展意识，也难以采取符合可持续发展的行动。中国可持续发展的制度建设虽然在综合决策机制的建设方面有了一定基础，但主要停留于政府内部跨部门机构的建设上，缺乏扎根于公众的可持续发展的市场机制和企业、学术机构和政府部门综合决策的机制。因此，中国可持续发展战略的实施，势必出现这样一种趋势，即可持续发展能力建设重点转移到提高可持续发展的制度效能，且有利于可持续发展的市场体制和建立企业、学术机构、公众团体和政府部门综合决策机制上来。

（3）环境管理将向着适应市场经济体制的方向发展，20 世纪 80 年代末以来，中国的环境管理工作发生了重要变化。一是强调经济与环境决策的一体化，开始制定以预防为主的、综合性的、对各部门具有指导作用的环境计划；二是扩大了市场经济手段的应用，特别是强调采用综合性的税收手段，增加污染活动的税负，减少清洁生产收入所得的税负；三是扩大公众参与，倡导企业与公众采取环境保护的自觉行动，推动政府和企业在环境保护方面建立伙伴关系。近年来，环境保护正在向着综合计划、行政命令、市场手段、自愿行动的混合途径的方向发展。在发展过程中，国家的环境保护职能并没有削弱，在保持政府"命令-控制"体系所占主导地位的同时，更加注意利用市场经济手段引导企业和公众的生产和消费行为，注意社会公众参与环境保护所发挥的巨大作用，可以说正在形成适应可持续发展的环境政策体系。从市场经济中的环境管理现状来看，发展的总趋势是，建设以政府直接控制为主，以市场手段为辅，倡导企业和公众自觉行动的一种混合形态的环境管理体系。这种趋势表现在：一方面是从单纯应用"命令-控制"的强制管理途径向强制管理与经济刺激手段相结合的办法转变。目前，应用比较多的经济刺激手段有排污费（税）、使用者收费、产品费（税）、排污权交易和一些财政补贴措施。另一方面是政府直接提供或经营"环境服务"，实施由政府直接提供并经营管理的措施，由财政拨付大笔预算进行投资兴建和维护，或委托给私营部门经营。正处在由计划经济向市场经济转变阶段的中国，环境管理的体系也将发生变化。这些变化表现在：

1）继续加强环境保护规划的制定与实施。中国经济体制原来是计划经济，因此比较早地制定了有关环境保护的规划和计划。近年来，中国的环境保护规划和计划正逐步从计划经济时代的一种部门规划发展成为市场经济时代的更加具有综合性和指导性的规划，并同各项环境保护法律和政策措施更加密切地结合了起来。

2）逐步建立适应市场经济的环境法律体系。在市场经济的法律框架中，环境保护法规是一个主要组成部分，是保障市场公正、维持市场秩序、克服市场"失灵"的重要途径。从今后的立法方向来看：

①将在环境立法中确立行之有效的各项基本法律原则，包括可持续发展原则，预防污染原则，污染者负担原则，经济效率原则，水、大气、固体废物等污染的综合控制原则，有效控制跨界污染原则，公众参与原则和环境与经济综合决策原则等。

②努力构筑可持续发展的法律体系，包括：同新的宏观调控机制的发展相配套，把可持续发展原则纳入经济立法，建立环境与经济综合决策机制；完善环境与资源法律，建立内环境基本法、单项实体法、程序法等构成的完整法律体系；加强与国际环境条件、标准相配套的国内立法，促使国内法与国际法的衔接。

③建立健全各项环境保护基本法律制度，包括总量控制、许可证、排污费、清洁生产、环境影响评价、环境审计等，力求使之成为更加完备、更加透明、更加公正的法律制度，并把污染综合控制和全过程控制作为这些制度的一个基本目标。

④加强环境行政管理和经济手段的综合应用，改革排污收费制度，在具备条件的时候，确立环境税、排污费权交易等法律制度。

3）随着市场经济的发展，在环境保护中积极利用市场经济手段，明确企事业单位和消费者的经济责任，促进企事业单位的污染防治和环境保护工作。在这方面，中国将首先改革现行的排污收费制度，将原来的超标收费和单因子收费的办法如超标要罚款，排污就收费，向所有主要污染物都收费转变，并提高收费标准，改变目前企业缴费买排污权的现象；并将逐步引入污染税或环境税，把一部分排污费改为在原料和产品环节征收污染附加税。政府将提供环境领域的公共服务，为公众企业提供包括污水处理、废物和垃圾的收集与处理，保证水体、大气、生活环境的清洁优美，保证生态环境的安全等等，履行现代国家的公共服务职能。

（4）中国的发展战略目标将从建立以传统经济为基础的工业社会转向以知识经济为基础的信息社会。信息社会以知识经济作为发展的动力，以智力资源和知识的占有作为价值的体现，以技术和知识取代自然资源作为经济增长的生产要素。在知识经济时代，可持续发展被赋予了新的内涵和发展方向：

1）在知识经济时代，可持续发展战略的实施将进入全面开放的社会大系统中。知识经济时代以信息技术为载体，以网络为传播媒体。全球信息网络将各国各地区联结成一个"地球村"，传统的发展模式受到"无边界全球经济"的挑战，使得处于封闭状态下的国家和地区不可能实现可持续发展，可持续发展的实施也由国家和地区走向整个地球。信息化使各个要素进入灵活地进行最佳配置的状态。可持续发展的基本要点在于资源的合理配置和利用，在于局部与整体、当前与长远、收益和社会成本之间的权衡和统筹兼顾。知识化与信息化影响着世界范围内社会经济发展的方向和质量，极大地改变着人们的生活观念、生活质量和生活方式；促进了人类全面系统地认识了解地球及自然生态经济系统，以便做出理性决策，使人类社会的发展得以可持续地进行。

2）经济发展和知识创新使可持续发展战略的实施向着改变发展模式的方向转变。以高新技术产业为特点的知识经济，使人类对资源价值的认识发生根本性转变，利用新能源和新技术缓解困扰人类的资源危机，促进传统生产技术向现代化生产技术转变，改变传统的"粗放式"生产经营方式；通过改善工业流程中原材料的代谢过程，形成一个封闭环路的工业生态系统，促进工业产品的非物质化，降低能耗，提高产品的技术含量；并通过促进产业结构升级，在促进经济发展的同时，节约资源，保护环境。

3）以知识为基础的经济发展，使人类社会的进步逐步从主要依靠自然资源投入转向主要依靠知识要素的生产、分配和应用，建立资源节约、生态友好的经济，促进可持续发展生产管理模式的转变。在生产过程中，将传统的管理模式从"末端治理"向清洁生产转化，最大限度地减少原材料和能源的消耗，并降低成本，减轻污染，提高效益。

总之，在知识经济时代，中国可持续发展战略的实施将通过依靠知识创新和技术创新，解决传统技术导致的资源浪费、环境破坏以及本身所不能解决的问题，支持经济增长模式的转变，未来中国可持续发展的方向将建立在以知识经济为特征的信息社会的基础之上。

（5）国际合作主体渠道都将趋向多元化。随着可持续发展领域内国际形势的变化和发展，以及国内地方和部门以及企业界在可持续中发挥的作用日益增强，可持续发展领域的国际合作将打破以往单一的政府主体和渠道的格局，出现中央和地方、政府和企业多主体、多渠道的局面。从政府来说，要在实施可持续发展的过程中适应这一变化，适时地为企业和地方提供可持续发展领域国际合作的知识、经验、市场和技能，提高他们在可持续发展国际合作领域的适应能力、竞争能力和驾驭形势的能力。同时，应在发展双边和加强多边合作的基础上，积极支持开拓企业界和民间的合作渠道，以此来增加引进国外先进技术和资金的规模和力度。

国际合作渠道的多元化也是改革开放不断走向深入的需要，随着中国经济与全球经济的逐步接轨，中国的经济发展与环境保护必然要融入世界大市场。当前，可持续发展领域的国际合作虽然在解决全球性环境问题方面取得了一些进展，但是，由于发达国家拒不兑现在联合国环境发展大会上关于对发展中国家的资金与技术援助的承诺，发展中国家实施可持续发展所必要的资金和技术来源受到限制，在很大程度上影响了国家之间的合作。同时一些发达国家又不断以"环境标志"等为手段筑起了国际经济贸易合作中的绿色壁垒。另外，随着中国经济水平的提高，一些国际援助机构正在考虑相应削减对中国的援助。因此，企业界参与国际合作，一方面可以扩宽可持续发展各领域内国际合作的资金渠道，吸引更多的投资；同时，也可以增加企业的市场机会，树立企业自身的良好形象，增强企业的国际竞争力。所以，长期以来，国际合作以政府担当主要角色的情况，将必然发生与新的形势相适应的变化。

第二节　中国可持续发展战略的构想与实施

一、全面贯彻落实科学发展观

（一）坚持以科学发展观统领经济社会发展全局

制定"十一五"规划，要以邓小平理论和"三个代表"重要思想为指导，全面贯彻落实科学发展观。坚持发展是硬道理，坚持抓好发展这个党执政兴国的第一要务，坚持以经济建设为中心，坚持用发展和改革的办法解决前进中的问题。发展必须是科学发展，要坚持以人为本，转变发展观念，创新发展模式，提高发展质量，落实"五个统筹"，把经济社会发展切实转入全面协调可持续发展的轨道。要坚持以下原则：

（1）必须保持经济平稳较快发展。发展既要有较快的增长速度，更要注重提高增长的质量和效益，加快经济结构的战略性调整。要进一步扩大国内需求，调整投资和消费的关系，增强消费对经济增长的拉动作用。正确把握经济发展趋势的变化，保持社会供求总量基本平衡，避免经济大起大落，实现又快又好发展。

（2）必须加快转变经济增长方式。我国土地、淡水、能源、矿产资源和环境状况对经济发展已构成严重制约。要把节约资源作为基本国策，发展循环经济，保护生态环境，加快建设资源节约型、环境友好型社会，促进经济发展与人口、资源、环境相协调。推进国民经济和社会信息化，切实走新型工业化道路，坚持节约发展、清洁发展、安全发展，实现可持续发展。

（3）必须提高自主创新能力。实现长期持续发展要依靠科技进步和劳动力素质的提高。要深入实施科教兴国战略和人才强国战略，把增强自主创新能力作为科学技术发展的战略基点和调整产业结构、转变增长方式的中心环节，大力提高原始创新能力、集成创新能力和引进消化吸收再创新能力。

（4）必须促进城乡区域协调发展。全面建设小康社会的难点在农村和西部地区。要从社会主义现代化建设全局出发，统筹城乡区域发展。坚持把解决好"三农"问题作为全党工作的重中之重，实行工业反哺农业、城市支持农村，推进社会主义新农村建设，促进城镇化健康发展。落实区域发展总体战略，形成东中西优势互补、良性互动的区域协调发展机制。

（5）必须加强和谐社会建设。促进社会和谐是我国发展的重要目标和必要条件。要按照以人为本的要求，从解决关系人民群众切身利益的现实问题入手，更加注重经济社会协调发展，加快发展社会事业，促进人的全面发展；更加注重社会公平，使全体人民共享改革发展成果；更加注重民主法制建设，正确处理改革发展稳定的关系，保持社会安定团结。

（6）必须不断深化改革开放。形成更具活力更加开放的体制环境是实现科学发展的必然要求。要坚持社会主义市场经济的改革方向，完善现代企业制度和现代产权制度，建立反映市场供求状况和资源稀缺程度的价格形成机制，更大程度地发挥市场在资源配置中的基础性作用，提高资源配置效率，切实转变政府职能，健全国家宏观调控体系。统筹国内发展和对外开放，不断提高对外开放水平，增强在扩大开放条件下促进发展的能力。

科学发展观是指导发展的世界观和方法论的集中体现。全面落实科学发展观，必须从思想上、组织上、作风上和制度上形成更为有力的保障。要深化对科学发展观基本内涵和精神实质的认识，建立符合科学发展观要求的经济社会发展综合评价体系，坚持一切从实际出发，尊重群众的首创精神，自觉按客观规律办事，扎扎实实推进改革开放和社会主义现代化建设。

（二）"十一五"时期经济社会发展的目标

综合考虑未来五年我国发展的趋势和条件，"十一五"时期要实现国民经济持续快速协调健康发展和社会全面进步，取得全面建设小康社会的重要阶段性进展。主要目标是：在优化结构、提高效益和降低消耗的基础上，实现2010年人均国内生产总值比2000年翻一番；资源利用效率显著提高，单位国内生产总值能源消耗比"十五"期末降低20%左右，生态环境恶化趋势基本遏制，耕地减少过多状况得到有效控制；形成一批拥有自主知识产权和知名品牌、国际竞争力较强的优势企业；社会主义市场经济体制比较完善，开放型经济达到新水平，国际收支基本平衡；普及和巩固九年义务教育，城镇就业岗位持续增加，社会保障体系比较健全，贫困人口继续减少；城乡居民收入水平和生活质量普遍提高，价格总水平基本稳定，居住、交通、教育、文化、卫生和环境等方面的条件有较大改善；民主法制建设和精神文明建设取得新进展，社会治安和安全生产状况进一步好转，构建和谐社会取得新进步。

二、建设社会主义新农村

（一）积极推进城乡统筹发展

建设社会主义新农村是我国现代化进程中的重大历史任务。要按照生产发展、生活宽裕、乡风文明、村容整洁、管理民主的要求，坚持从各地实际出发，尊重农民意愿，扎实稳步推进新农村建设。坚持"多予、少取、放活"，加大各级政府对农业和农村增加投入的力度，扩大公共财政覆盖农村的范围，强化政府对农村的公共服务，建立以工促农、以城带乡的长效机制。搞好乡村建设规划，节约和集约使用土地。培养有文化、懂技术、会经营的新型农民，提高农民的整体素质，通过农民辛勤劳动和国家政策扶持，明显改善广大农村的生产生活条件和整体面貌。

（二）推进现代农业建设

加快农业科技进步，加强农业设施建设，调整农业生产结构，转变农业增长方式，提高农业综合生产能力。稳定发展粮食生产，实施优质粮食产业工程，建设大型商品粮生产基地，确保国家粮食安全。优化农业生产布局，推进农业产业化经营，促进农产品加工转化增值，发展高产、优质、高效、生态、安全农业。大力发展畜牧业，保护天然草场，建设饲草基地。积极发展水产业，保护和合理利用渔业资源。加强农田水利建设，改造中低产田，搞好土地整理。提高农业机械化水平，加快农业标准化，健全农业技术推广、农产品市场、农产品质量安全和动植物病虫害防控体系。积极推行节水灌溉，科学使用肥料、农药，促进农业可持续发展。

（三）全面深化农村改革

稳定并完善以家庭承包经营为基础、统分结合的双层经营体制，有条件的地方可根据自愿、有偿的原则依法流转土地承包经营权，发展多种形式的适度规模经营。巩固农村税费改革成果，全面推进农村综合改革，基本完成乡镇机构、农村义务教育和县乡财政管理体制等改革任务。深化农村金融体制改革，规范发展适合农村特点的金融组织，探索和发展农业保险，改善农村金融服务。坚持最严格的耕地保护制度，加快征地制度改革，健全对被征地农民的合理补偿机制。深化农村流通体制改革，积极开拓农村市场。逐步建立城乡统一的劳动力市场和公平竞争的就业制度，依法保障进城务工人员的权益。增强村级集体经济组织的服务功能。鼓励和引导农民发展各类专业合作经济组织，提高农业的组织化程度。加强农村党组织和基层政权建设，健全村党组织领导的充满活力的村民自治机制。

（四）大力发展农村公共事业

加快发展农村文化教育事业，重点普及和巩固农村九年义务教育，对农村学生免收杂费，对贫困家庭学生提供免费课本和寄宿生活费补助。加强农村公共卫生和基本医疗服务体系建设，基本建立新型农村合作医疗制度，加强人畜共患疾病的防治。实施农村计划生育家庭奖励扶助制度和"少生快富"扶贫工程。发展远程教育和广播电视"村村通"。加大农村基础设施建设投入，加快乡村道路建设，发展农村通信，继续完善农村电网，逐步解决农村饮水的困难和安全问题。大力普及农村沼气，积极发展适合农村特点的清洁能源。

（五）千方百计增加农民收入

采取综合措施，广泛开辟农民增收渠道。充分挖掘农业内部增收潜力，扩大养殖、园艺等劳动密集型产品和绿色食品的生产，努力开拓农产品市场。大力发展县域经济，加强农村劳动力技能培训，引导富余劳动力向非农产业和城镇有序转移，带动乡镇企业和小城镇发展。继续完善现有农业补贴政策，保持农产品价格的合理水平，逐步建立符合国情的农业支持保护制度。加大扶贫开发力度，提高贫困地区人口素质，改善基本生产生活条件，开辟增收途径。因地制宜地实行整村推进的扶贫开发方式。对缺乏生存条件地区的贫困人口实行易地扶贫，对丧失劳动能力的贫困人口建立救助制度。

三、推进产业结构优化升级

（一）以自主创新提升产业技术水平

发展先进制造业、提高服务业比重和加强基础产业基础设施建设是产业结构调整的重要任务，关键是全面增强自主创新能力，努力掌握核心技术和关键技术，增强科技成果转化能力，提升产业整体技术水平。建立以企业为主体、市场为导向、产学研相结合的技术创新体系，形成自主创新的基本体制架构。大力开发对经济社会发展具有重大带动作用的高新技术，支持开发重大产业技术，制定重要技术标准，构建自主创新的技术基础。加强国家工程中心、企业技术中心建设，鼓励应用技术研发机构进入企业，发挥各类企业特别是中小企业的创新活力，鼓励技术革新和发明创造。实行支持自主创新的财税、金融和政府采购政策，发展创业风险投资，加强技术咨询、技术转让等中介服务，完善自主创新的激励机制。加大知识产权保护力度，健全知识产权保护体系，优化创新环境。依法淘汰落后工艺技术，关闭破坏资源、污染环境和不具备安全生产条件的企业。

（二）加快发展先进制造业

坚持以信息化带动工业化，广泛应用高技术和先进适用技术改造提升制造业，形成更多拥有自主知识产权的知名品牌，发挥制造业对经济发展的重要支撑作用。装备制造业，要依托重点建设工程，坚持自主创新与技术引进相结合，强化政策支持，提高重大技术装备国产化水平，特别是在高效清洁发电和输变电、大型石油化工、先进适用运输装备、高档数控机床、自动化控制、集成电路设备和先进动力装置等领域实现突破，提高研发设计、核心元器件配套、加工制造和系统集成的整体水平。高技术产业，要加快从以加工装配为主向自主研发制造延伸，按照产业集聚、规模发展和扩大国际合作的要求，大力发展信息、生物、新材料、新能源、航空航天等产业，培育更多新的增长点。信息产业，要根据数字化、网络化、智能化总体趋势，大力发展集成电路、软件等核心产业，重点培育数字化音视频、新一代移动通信、高性能计算机及网络设备等信息产业群，加强信息资源开发和共享，推进信息技术普及和应用。生物产业，要充分发挥我国特有的资源优势和技术优势，面向健康、农业、环保、能源和材料等领域的重大需求，努力实现关键技术和重要产品研制的新突破。国防科技工业，要坚持军民结合、寓军于民，继续调整改造和优化结构，健全军民互动合作的协调机制，提高产品的研发和制造水平，以带动和提升整个产业技术水平。

（三）促进服务业加快发展

制定和完善促进服务业发展的政策措施，大力发展金融、保险、物流、信息和法律服务等现代服务业，积极发展文化、旅游、社区服务等需求潜力大的产业，运用现代经营方式和信息技术改造提升传统服务业，提高服务业的比重和水平。坚持市场化、产业化、社会化的方向，建立公开、平等、规范的行业准入制度，营利性公用服务单位要逐步实行企业化经营，发展竞争力较强的大型服务企业集团。大城市要把发展服务业放在优先位置，有条件的要逐步形成服务经济为主的产业结构。

（四）加强基础产业基础设施建设

能源产业，要强化节约和高效利用的政策导向，坚持节约优先、立足国内、煤为基础、多元发展，构筑稳定、经济、清洁的能源供应体系。建设大型煤炭基地，调整改造中小煤矿，开发利用煤电气，鼓励煤电联营。以大型高效机组为重点优化发展煤电，在保护生态基础上有序开发水电，积极发展核电，加强电网建设，扩大西电东送规模。实行油气并举，加强国内石油天然气勘探开发，扩大境外合作开发，增强石油战略储备能力，稳步发展石油替代产品。加快发展风能、太阳能、生物质能等可再生能源。水利建设，要加强大江大河治理，统筹上下游、地表地下水调配，控制地下水开采，积极开展海水淡化，强化对水资源开发利用的管理，提高防洪抗旱能力。交通运输，要合理布局，做好各种运输方式相互衔接，发挥组合效率和整体优势，形成便捷、通畅、高效、安全的综合交通运输体系。加快发展铁路、城市轨道交通，进一步完善公路网络，发展航空、水运和管道运输。加强宽带通信网、数字电视网和下一代互联网等信息基础设施建设，推进"三网融合"，健全信息安全保障体系。原材料工业，要根据能源资源条件和环境容量，着力调整产品结构、企业组织结构和产业布局，提高产品质量和技术含量。矿产开发，要加强重要矿产资源的地质勘查，增加资源地质储量，规范开发秩序，实行合理开采和综合利用，健全资源有偿使用制度，推进资源开发和利用技术的国际合作。要加强对重大基础设施基础产业建设的统筹规划、科学论证和信息引导，防止盲目重复建设和资源浪费。

（五）形成合理的区域发展格局

继续推进西部大开发，振兴东北地区等老工业基地，促进中部地区崛起，鼓励东部地区率先发展。西部地区要加快改革开放步伐，加强基础设施建设和生态环境保护，加快科技教育发展和人才开发，充分发挥资源优势，大力发展特色产业，增强自我发展能力。东北地区要加快产业结构调整和国有企业改革、改组、改造，发展现代农业，着力振兴装备制造业，促进资源枯竭型城市经济转型，在改革开放中实现振兴。中部地区要抓好粮食主产区建设，发展比较有优势的能源和制造业，加强基础设施建设，加快建立现代市场体系，在发挥承东启西和产业发展优势中崛起。东部地区要努力提高自主创新能力，加快实现结构优化升级和增长方式转变，提高外向型经济水平，增强国际竞争力和可持续发展能力。国家继续在经济政策、资金投入和产业发展等方面，加大对中西部地区的支持。东部地区发展是支持区域协调发展的重要基础，要在率先发展中带动和帮助中西部地区发展。各地区要根据资源环境承载能力和发展潜力，按照优化开发、重点开发、限制开发和禁止开发的不同要求，明确不同区域的功能定位，并制定相应的政策和评价指标，逐步形成各具特色的区域发展格局。开发和保护海洋资源，积极发展海洋经济。

（六）健全区域协调互动机制

形成区域间相互促进、优势互补的互动机制，是实现区域协调发展的重要途径。健全市场机制，打破行政区划的局限，促进生产要素在区域间自由流动，引导产业转移。健全合作机制，鼓励和支持各地区开展多种形式的区域经济协作和技术、人才合作，形成以东带西、东中西共同发展的格局。健全互助机制，发达地区要采取对口支援、社会捐助等方式帮助欠发达地区。健全扶持机制，按照公共服务均等化原则，加大国家对欠发达地区的支持力度，加快革命老区、民族地区、边疆地区和贫困地区经济社会发展。

（七）促进城镇化健康发展

坚持大中小城市和小城镇协调发展，提高城镇综合承载能力，按照循序渐进、节约土地、集约发展、合理布局的原则，积极稳妥地推进城镇化。珠江三角洲、长江三角洲、环渤海地区，要继续发挥对内地经济发展的带动和辐射作用，加强区内城市的分工协作和优势互补，增强城市群的整体竞争力。继续发挥经济特区、上海浦东新区的作用，推进天津滨海新区等条件较好地区的开发开放，带动区域经济发展。有条件的区域，以特大城市和大城市为龙头，通过统筹规划，形成若干用地少、就业多、要素集聚能力强、人口分布合理的新城市群。人口分散、资源条件较差的区域，重点发展现有城市、县城和有条件的建制镇。建立健全与城镇化健康发展相适应的财税、征地、行政管理和公共服务等制度，完善户籍和流动人口管理办法。统筹做好区域规划、城市规划和土地利用规划，改善人居环境，保持地方特色，提高城市管理水平。

四、建设资源节约型、环境友好型社会

（一）大力发展循环经济

发展循环经济，是建设资源节约型、环境友好型社会和实现可持续发展的重要途径。坚持开发节约并重、节约优先，按照减量化、再利用、资源化的原则，大力推进节能节水节地节材，加强资源综合利用，完善再生资源回收利用体系，全面推行清洁生产，形成低投入、低消耗、低排放和高效率的节约型增长方式。积极开发和推广资源节约、替代和循环利用技术，加快企业节能降耗的技术改造，对消耗高、污染重、技术落后的工艺和产品实施强制性淘汰制度，实行有利于资源节约的价格和财税政策。在冶金、建材、化工、电力等重点行业以及产业园区和若干城市，开展循环经济试点，健全法律法规，探索发展循环经济的有效模式。强化节约意识，鼓励生产和使用节能节水产品、节能环保型汽车，发展节能省地型建筑，形成健康文明、节约资源的消费模式。

（二）加大环境保护力度

坚持预防为主、综合治理，强化从源头防治污染和保护生态，坚决改变先污染后治理、边治理边污染的状况。各地区各部门都要把保护环境作为一项重大任务抓紧抓好，采取严格有力的措施，降低污染物排放总量，切实解决影响经济社会发展特别是严重危害人民健康的突出问题。尽快改善重点流域、重点区域的环境质量，加大"三河三湖"、三峡库区、长江上游、黄河中上游和南水北调水源及沿线等水污染防治力度，积极防治农村面源污染，特别要保护好饮用水源。综合治理大中城市环境，加强工业污染防治，加快燃煤电厂二氧化硫治理，重视控制温室气体排放，妥善处理生活垃圾和危险废物。进一步健全环境监管体制，提高环境监管能力，加大环保执法力度，实施排放总量控制、排放许可和环境影响评价制度。

大力发展环保产业，建立社会化多元化环保投融资机制，运用经济手段推进污染治理市场化进程。

（三）切实保护好自然生态

坚持保护优先、开发有序，以控制不合理的资源开发活动为重点，强化对水源、土地、森林、草原、海洋等自然资源的生态保护。继续推进天然林保护、退耕还林、退牧还草、京津风沙源治理、水土流失治理、湿地保护和荒漠化石漠化治理等生态工程，加强自然保护区、重要生态功能区和海岸带的生态保护与管理，有效保护生物多样性，促进自然生态恢复。防止外来有害物种对我国生态系统的侵害。按照谁开发谁保护、谁受益谁补偿的原则，加快建立生态补偿机制。

五、深化体制改革和提高对外开放水平

（一）完善落实科学发展观的体制保障

我国正处于改革的攻坚阶段，必须以更大决心加快推进改革，使关系经济社会发展全局的重大体制改革取得突破性进展。以转变政府职能和深化企业、财税、金融等改革为重点，加快完善社会主义市场经济体制，形成有利于转变经济增长方式、促进全面协调可持续发展的机制。进一步扩大对外开放，以开放促改革、促发展。加强改革开放的总体指导和统筹协调，注重把行之有效的改革开放措施规范化、制度化和法制化。

（二）着力推进行政管理体制改革

加快行政管理体制改革，是全面深化改革和提高对外开放水平的关键。继续推进政企分开、政资分开、政事分开、政府与市场中介组织分开，减少和规范行政审批。各级政府要加强社会管理和公共服务职能，不得直接干预企业经营活动。深化政府机构改革，优化组织结构，减少行政层级，理顺职责分工，推进电子政务，提高行政效率，降低行政成本，分类推进事业单位改革。深化投资体制改革，完善投资核准和备案制度，规范政府投资行为，健全政府投资决策责任制度。加快建设法治政府，全面推进依法行政，健全科学民主决策机制和行政监督机制。

（三）坚持和完善基本经济制度

坚持以公有制为主体、多种所有制经济共同发展。加大国有经济布局和结构调整力度，进一步推动国有资本向关系国家安全和国民经济命脉的重要行业和关键领域集中，增强国有经济控制力，发挥主导作用。加快国有大型企业股份制改革，完善公司治理结构。深化垄断行业改革，放宽市场准入，实现投资主体和产权多元化。加快建立国有资本经营预算制度，建立健全金融资产、非经营性资产、自然资源资产等监管体制，防止国有资产流失。继续深化集体企业改革，发展多种形式的集体经济。大力发展个体、私营等非公有制经济，鼓励和支持非公有制经济参与国有企业改革，进入金融服务、公用事业、基础设施等领域。引导个体、私营企业制度创新，加强和改进对非公有制企业的服务和监管。各类企业都要切实维护职工合法权益。

（四）推进财政税收体制改革

合理界定各级政府的事权，调整和规范中央与地方、地方各级政府间的收支关系，建立健全与事权相匹配的财税体制。调整财政支出结构，加快公共财政体系建设。完善中央和省级政府的财政转移支付制度，理顺省级以下财政管理体制，有条件的地方可实行省级直接对县的管理体制。继续深化部门预算、国库集中收付、政府采购和收支两条线管理制度改革。实行有利于增长方式转变、科技进步和能源资源节约的财税制度。完善增值税制度，实现增值税转型。

统一各类企业税收制度。实行综合和分类相结合的个人所得税制度。调整和完善资源税，实施燃油税，稳步推行物业税。规范土地出让收入管理办法。

（五）加快金融体制改革

推进国有金融企业的股份制改造，深化政策性银行改革，稳步发展多种所有制的中小金融企业。完善金融机构的公司治理结构，加强内控机制建设，提高金融企业的资产质量、盈利能力和服务水平。稳步推进金融业综合经营试点。积极发展股票、债券等资本市场，加强基础性制度建设，建立多层次市场体系，完善市场功能，提高直接融资比重。稳步发展货币市场、保险市场和期货市场。健全金融市场的登记、托管、交易、清算系统。完善金融监管体制，强化资本充足率约束，防范和化解金融风险。规范金融机构市场退出机制，建立相应的存款保险、投资者保护和保险保障制度。稳步推进利率市场化改革，完善有管理的浮动汇率制度，逐步实现人民币资本项目可兑换。维护金融稳定和金融安全。

（六）推进现代市场体系建设

进一步打破行政性垄断和地区封锁，健全全国统一开放市场，推行现代流通方式。继续发展土地、技术和劳动力等要素市场，规范发展各类中介组织，完善商品和要素价格形成机制。进一步整顿和规范市场秩序，坚决打击制假售假、商业欺诈、偷逃骗税和侵犯知识产权行为。以完善信贷、纳税、合同履约、产品质量的信用记录为重点，加快建设社会信用体系，健全失信惩戒制度。

（七）加快转变对外贸易增长方式

积极发展对外贸易，优化进出口商品结构，着力提高对外贸易的质量和效益。扩大具有自主知识产权、自主品牌的商品出口，控制高能耗、高污染产品出口，鼓励进口先进技术设备和国内短缺资源，完善大宗商品进出口协调机制。继续发展加工贸易，着重提高产业层次和加工深度，增强国内配套能力，促进国内产业升级。大力发展服务贸易，不断提高层次和水平。完善公平贸易政策，健全外贸运行监控体系，增强处置贸易争端能力，维护企业合法权益和国家利益。积极参与多边贸易谈判，推动区域和双边经济合作，促进全球贸易和投资自由化便利化。

（八）实施互利共赢的开放战略

深化涉外经济体制改革，完善促进生产要素跨境流动和优化配置的体制和政策。继续积极有效利用外资，切实提高利用外资的质量，加强对外资的产业和区域投向引导，促进国内产业优化升级。着重引进先进技术、管理经验和高素质人才，做好引进技术的消化吸收和创新提高。继续开放服务市场，有序承接国际现代服务业转移。吸引外资能力较强的地区和开发区，要注重提高生产制造层次，并积极向研究开发、现代流通等领域拓展，充分发挥集聚和带动效应。支持有条件的企业"走出去"，按照国际通行规则到境外投资，鼓励境外工程承包和劳务输出，扩大互利合作和共同开发。完善对境外投资的协调机制和风险管理，加强对海外国有资产的监管。积极发展与周边国家的经济技术合作。在扩大对外开放中，切实维护国家经济安全。

六、深入实施科教兴国战略和人才强国战略

（一）加快科学技术创新和跨越

发展科技教育和壮大人才队伍，是提升国家竞争力的决定性因素。科学技术发展，要坚持自主创新、重点跨越、支撑发展、引领未来，不断增强企业创新能力，加快建设国家创新体系。从我国经济社会发展的战略需求出发，把能源、资源、环境、农业、信息等关键领域的重大技术开发放在优先位置，按照有所为有所不为的要求，启动一批重大专项，力争取得重要突破。加强基础研究和前沿技术研究，在信息、生命、空间、海洋、纳米及新材料等战略领域超前部署，集中优势力量，加大投入力度，增强科技和经济持续发展的后劲。加强重大科技基础设施建设，实施若干重大科学工程，支撑科学技术创新。继续深化科技体制改革，调整优化科技结构，整合科技资源，加快建立现代科研院所制度，形成产学研相结合的有效机制。加强科学普及。繁荣和发展哲学社会科学，积极推动理论创新，进一步发挥其对经济社会发展的重要促进作用。

（二）坚持教育优先发展

加快教育发展，是把我国巨大人口压力转化为人力资源优势的根本途径。适应经济社会发展对知识和人才的需要，全面实施素质教育，深化教育体制改革，加快教育结构调整，在全社会形成推进素质教育的良好环境。强化政府对义务教育的保障责任，普及和巩固义务教育。大力发展职业教育，扩大职业教育招生规模。提高高等教育质量，推进高水平大学和重点学科建设，增强高校学生的创新和实践能力。切实提高师资特别是农村师资水平。加大教育投入，建立有效的教育资助体系，发展现代远程教育，促进各级各类教育协调发展，建设学习型社会。

（三）加快推进人才强国战略

树立人才资源是第一资源的观念，坚持党管人才原则。加强人力资源能力建设，实施人才培养工程，加强党政人才、企业经营管理人才和专业技术人才三支队伍建设，抓紧培养专业化高技能人才和农村实用人才。着力培养学科带头人，积极吸引海外高层次人才。继续深化干部人事制度改革，健全以品德、能力和业绩为重点的人才评价、选拔任用和激励保障机制，注重在实践中锻炼培养人才。各级政府和企事业单位要加大人力资源开发的投入，推进市场配置人才资源，规范人才市场管理，营造人才辈出、人尽其才的社会氛围。

七、推进社会主义和谐社会建设

（一）积极促进社会和谐

建设社会主义和谐社会，必须加强社会建设和完善社会管理体系，健全党委领导、政府负责、社会协同、公众参与的社会管理格局。要以扩大就业、完善社会保障体系、理顺分配关系、发展社会事业为着力点，妥善处理不同利益群体关系，认真解决人民群众最关心、最直接、最现实的利益问题。加强和谐社区、和谐村镇建设，倡导人与人和睦相处，增强社会和谐基础。正确处理新形势下的人民内部矛盾，畅通诉求渠道，完善社会利益协调和社会纠纷调处机制。建立健全社会预警体系和应急救援、社会动员机制，提高处置突发性事件能力。加强社会治安综合治理，继续推进社会治安防控体系建设，深入开展平安创建活动，依法严厉打击各种犯罪活动，维护国家安全和社会稳定，保障人民群众安居乐业。

（二）千方百计扩大就业

要把扩大就业摆在经济社会发展更加突出的位置，坚持实施积极的就业政策。充分发挥市场的引导作用，积极发展就业容量大的劳动密集型产业、服务业和各类所有制的中小企业，规范劳动力市场秩序，鼓励劳动者自主创业和自谋职业，促进多种形式就业。完善企业裁员机制，避免把富余人员集中推向社会。国有企业要尽可能通过主辅分离、辅业改制等措施安置富余人员。适应劳动力供求结构的新变化，强化政府促进就业的公共服务职能，健全就业服务体系，加快建立政府扶助、社会参与的职业技能培训机制。继续实施和完善鼓励企业增加就业岗位、加强就业培训的财税、信贷等有关优惠政策，完善对困难群众的就业援助制度，建立促进扩大就业的有效机制。

（三）加快完善社会保障体系

建立健全与经济发展水平相适应的社会保障体系，合理确定保障标准和方式。完善城镇职工基本养老和基本医疗、失业、工伤、生育保险制度。增加财政的社会保障投入，多渠道筹措社会保障基金，逐步做实个人账户。逐步提高基本养老保险社会统筹层次，增强统筹调剂的能力。发展企业补充保险和商业保险。认真解决进城务工人员社会保障问题。推进机关事业单位养老保险制度改革。重视保障妇女儿童权益。积极发展残疾人事业。加强社会福利事业建设，完善优抚保障机制和社会救助体系，支持社会慈善、社会捐赠、群众互助等社会扶助活动。有条件的地方要积极探索建立农村最低生活保障制度。认真研究制定应对人口老龄化的政策措施。

（四）合理调节收入分配

完善按劳分配为主体、多种分配方式并存的分配制度，坚持各种生产要素按贡献参与分配。着力提高低收入者收入水平，逐步扩大中等收入者比重，有效调节过高收入，规范个人收入分配秩序，努力缓解地区之间和部分社会成员收入分配差距扩大的趋势。注重社会公平，特别要关注就业机会和分配过程的公平，加大调节收入分配的力度，强化对分配结果的监管。在经济发展基础上逐步提高最低生活保障和最低工资标准，认真解决低收入群众的住房、医疗和子女就学等困难问题。建立规范的公务员工资制度和工资管理体制。完善国有企事业单位收入分配规则和监管机制。加强个人收入信息体系建设。

（五）丰富人民群众精神文化生活

积极发展文化事业和文化产业。加大政府对文化事业的投入，逐步形成覆盖全社会的比较完备的公共文化服务体系。深化文化体制改革，建立党委领导、政府管理、行业自律、企事业单位依法运营的文化管理体制和富有活力的文化产品生产经营机制。繁荣新闻出版、广播影视、文化艺术，创造更多更好适应人民群众需求的优秀文化产品。完善文化产业政策，形成以公有制为主体、多种所有制共同发展的文化产业格局和以民族文化为主体、吸收外来有益文化的文化市场格局。加强文化市场管理，营造扶持健康文化、抵制腐朽文化的社会环境。加强文物保护。积极开拓国际文化市场，推动中华文化走向世界。

（六）提高人民群众健康水平

加大政府对卫生事业的投入力度，完善公共卫生和医疗服务体系。提高疾病预防控制和医疗救治服务能力，努力控制艾滋病、血吸虫病、乙型肝炎等重大传染病，积极防治职业病、地方病。加强妇幼卫生保健，大力发展社区卫生服务。深化医疗卫生体制改革，合理配置医疗卫生资源，整顿药品生产和流通秩序，认真研究并逐步解决群众看病难、看病贵的问题。支持中医药事业发展，培育现代中药产业。坚持计划生育的基本国策，稳定人口低生育水平，积极推行优生优育，提高出生人口素质，有效治理出生人口性别比偏高的问题。加强城乡社区体育设施建设，大力开展全民健身运动，提高竞技体育水平。

（七）保障人民群众生命财产安全

坚持安全第一、预防为主、综合治理，落实安全生产责任制，强化企业安全生产责任，健全安全生产监管体制，严格安全执法，加强安全生产设施建设。切实抓好煤矿等高危行业的安全生产，有效遏制重特大事故。加强交通安全监管，减少交通事故。加强各种自然灾害预测预报，提高防灾减灾能力。强化对食品、药品、餐饮卫生等的监管，保障人民群众健康安全。

参 考 文 献

[1]　付晓东. 中国城市化与可持续发展. 北京：新华出版社，2005，17(10)：507.

[2]　滕藤，郑玉歆. 可持续发展的理念、制度与政策. 北京：社会科学文献出版社，2004：555.

[3]　王石生，余天心. 我国可持续发展问题的探索. 北京：经济科学出版社，2004：424.

[4]　张学文. 区域可持续发展的评价与调控. 哈尔滨：黑龙江人民出版社，2003：260.

[5]　孙瑛，刘呈庆. 可持续发展管理导论. 北京：科学出版社，2003：280.

[6]　秦大河，张坤民，牛文元. 中国人口资源环境与可持续发展. 北京：新华出版社，2002(15)：935.

[7]　曲福田. 可持续发展的理论与政策选择. 北京：中国经济出版社，2000：361.

[8]　蒋志学. 人口与可持续发展. 北京：中国环境科学出版社，2000：12.

[9]　张坤民等. 可持续发展论. 北京：中国环境科学出版社，1997.

[10]　曾珍香. 可持续发展的系统分析与评价. 北京：科学出版社，2000：22.

[11]　GLASBY G P. Concept of Sustainable Development：A Meaningful Goal. The Science of the Total Environment，1995，159：67~80.

[12]　承继成. 可持续发展之路. 北京：北京大学出版社，1994.

[13]　袁明鹏. 可持续发展环境政策及其评价研究. 武汉：武汉理工大学，2003.

[14]　海热提，王文兴. 生态环境评价、规划与管理. 北京：中国环境科学出版社，2004.

[15]　国家环保局. 中国环境保护21世纪议程. 北京：中国环境科学出版社，1994.

[16]　赵玉川，胡富梅. 中国可持续发展指标体系建立的原则及结构. 中国人口、资源和环境，1997(12)：58.

[17]　曹利军. 可持续发展评价理论与方法. 北京：科学出版社，1999：105.

[18]　熊家芀. 西方经济学原理与应用. 北京：经济日报出版社，1993：109.

[19]　李训贵. 环境与可持续发展. 北京：高等教育出版社，2004：7.

[20]　马光等. 环境与可持续发展导论. 北京：科学出版社，2000.

[21]　刘燕华，周宏春. 中国资源环境形势与可持续发展. 北京：经济科学出版社，2001.

[22]　刘湘溶，朱翔等. 生态文明——人类可持续发展的必由之路. 长沙：湖南师范大学出版社，2003.

[23]　袁光耀等. 可持续发展概论. 北京：中国环境科学出版社，2000.

[24]　黄思铭等. 可持续发展的评判. 北京：高等教育出版社，2001.

[25]　孙瑛，刘呈庆. 可持续发展管理导论. 北京：科学出版社，2003.

[26]　布瑞汉特，弗兰科著. 城市环境管理与可持续发展. 张明顺等译. 北京：中国环境科学出版社，2003.

[27]　许群. 环境、化学与可持续发展. 北京：化学工业出版社，2004.

[28]　杨魁孚，田雪原. 人口、资源、环境可持续发展. 杭州：浙江人民出版社，2001.

[29]　朱国宏等. 中国人口、资源与环境的协调发展研究. 上海：复旦大学出版社，1998.

[30]　刘振英. 中国可持续发展问题研究. 北京：中国农业出版社，2001.

[31]　刘青松，邹欣庆，左平. 可持续发展简论. 北京：中国环境科学出版社，2003.

[32]　王石生，余天心. 我国可持续发展问题的探索. 北京：经济科学出版社，2004.

[33]　陈复，郝吉明，唐华俊，等. 中国人口资源环境与可持续发展战略研究. 北京：中国环境科学出版社，2000.

[34]　张坤明. 可持续发展论. 北京：中国环境科学出版社，1997.

[35]　全国推进可持续发展战略领导小组办公室. 中国21世纪初可持续发展行动纲要. 北京：中国环境科学出版社，2004.

人类环境宣言

（1972 年 6 月 5 日于斯德哥尔摩通过）

联合国人类环境会议于 1972 年 6 月 5 日至 16 日在斯德哥尔摩举行，考虑到需要取得共同的看法和制定共同的原则以鼓舞和指导世界各国人民保持和改善人类环境，兹宣布：

1. 人类既是他的环境的创造物，又是他的环境的塑造者，环境给予人以维持生存的东西，并给他提供了在智力、道德、社会和精神等方面获得发展的机会。生存在地球上的人类，在漫长和曲折的进化过程中，已经达到这样一个阶段，即由于科学技术发展的迅速加快，人类获得了以无数方法和在空前的规模上改造其环境的能力。人类环境的两个方面，即天然和人为的方面，对于人类的幸福和对于享受基本人权，甚至生存权利本身，都是必不可少的。

2. 保护和改善人类环境是关系到全世界各国人民的幸福和经济发展的重要问题，也是全世界各国人民的迫切希望和各国政府的责任。

3. 人类总得不断地总结经验，有所发现，有所发明，有所前进。在现代，人类改造起环境的能力，如果明智地加以使用的话，就可以给各国人民带来开发的利益和提高生活质量的机会。如果使用不当，或轻率地使用，这种能力就给人类和人类环境造成无法估量的损害。在地球上许多地区，我们可以看到周围有越来越多的人为损害的迹象：在水、空气、土壤以及生物中污染达到危险的程度；生物界的生态平衡受到严重和不适当的扰乱；一些无法取代的资源受到破坏或陷于枯竭；在人为的环境，特别是生活和工作环境里存在着有害于人类身体、精神和社会健康的严重缺陷。

4. 在发展中的国家中，环境问题大半是由于发展不足造成的。千百万人的生活远远低于像样的生活所需要的最低水平。他们无法取得充足的食物和衣服、住房和教育、保健和卫生设备。因此发展中的国家必须致力于发展工作，牢记他们优先任务和保护及改善环境的必要。为了同样目的，工业化国家应当努力缩小他们自己与发展中国家的差距。在工业化国家里环境一般同工业化和技术发展有关。

5. 人口的自然增长继续不断地给保护环境带来一些问题，但是如果采取适当的政策和措施，这些问题是可以解决的。世间一切事物中，人是第一可宝贵的。人民推动着社会的进步，创造着社会财富，发展着科学技术，并通过自己的辛勤劳动，不断地改造着人类环境。随着社会进步和生产、科学及技术的发展，人类改善环境的能力也与日俱增。

6. 现在已达到历史上这一时刻：我们在决定在世界各地的行动时，必须更加审慎地考虑它们对环境产生的后果。由于无知或不关心，我们可能给我们的生活和幸福所依靠的地球环境造成巨大的无法挽回的损害。反之，有了比较充分的知识和采取比较明智的行动，我们可能使我们自己和我们的后代在一个比较符合人类需要和希望的环境中过着较好的生活。改善环境的质量和创造美好生活的前景是广阔的。我们需要的是热烈而镇定的情绪，紧张而有秩序的工作。为了在自然界里取得自由，人类必须运用知识在同自然合作的情况下建设一个较好的环境。为了这一代和将来的世世代代，保护和改善人类环境已经成为人类一个紧迫的目标，这个目标将同争取和平、全世界的经济与社会发展这两个既定的基本目标共同和协调地实现。

7. 为实现这一环境目标，将要求公民和团体以及企业和各级机关承担责任，大家平等地从事共同的努力。各界人士和许多领域中的组织，凭他们有价值的品质和全部行动，将确定未来的世界环境格局。各地方政府和全国政府，将对在他们管辖范围内的大规模环境政策和行动，承担最大的责任。为筹措资金以支援发展中国家完成他们在这方面的责任，还需要进行国际合作。种类越来越多的环境问题，因为他们在范围上是地区性的和全球性的，或者因为他们影响着共同的国际领域，将要求国与国之间广泛合作和国际组织采取行动以谋求共同的利益。会议呼吁各国政府和人民为着全体人民和他们的子孙后代的利益而作出共同的努力。

这些原则申明了共同的信念：

1. 人类有权在一种能够过尊严和福利的生活环境中，享有自由、平等和充足的生活条件的基本权利，并且负有保护和改善这一代和将来的世世代代的环境的庄严责任。在这方面，促进或维护种族隔离、种族分离与歧视、殖民主义和其他形式的压迫及外国同志的政策，应该受到谴责和必须消除。

2. 为了这一代和将来的世世代代的利益，地球上的自然资源，其中包括空气、水、土地、植物和动物，特别是自然生态类中具有代表性的标本，必须通过周密计划或适当管理加以保护。

3. 地球生产非常重要的再生资源的能力必须得到保护，而且在实际可能的情况下加以恢复或改善。

4. 人类负有特殊的责任保护和妥善管理由于各种不利的因素而现在受到严重危害的野生动物后嗣及其产地。因此，在计划发展经济时必须注意保护自然界，其中包括野生动物。

5. 在使用地球上不能再生的资源时，必须防范将来把它们耗尽的危险，并且必须确保整个人类能够分享从这样的使用中获得的好处。

6. 为了保证不使生态环境遭到严重的或不可挽回的损害，必须制止在排除有毒物质或其他物质以及散热时其数量或集中程度超过环境能使之无害的能力。应该支持各国人民反对污染的正义斗争。

7. 各国应该采取一切可能的步骤来防止海洋受到那些会对人类健康造成危害的、损害生物资源和破坏海洋生物舒适环境的或妨害对海洋进行其他合法利用的物质的污染。

8. 为了保证人类有一个良好的生活和工作环境，为了在地球上创造那些对改善生活质量所必要的条件，经济和发展是非常必要的。

9. 由于不发达和自然灾害的原因而导致环境破坏造成了严重的问题。克服这些问题的最好办法，是移用大量的财政和技术援助以支持发展中国家本国的努力，并且提供可能需要的及时援助，以加速发展工作。

10. 对于发展中的国家来说，由于必须考虑经济因素和生态进程，因此，使初级产品和原料有稳定的价格和适当的收入是必要的。

11. 所有国家的环境政策应该提高，而不应该损及发展中国家现有或将来的发展潜力，也不应该妨碍大家生活条件的改善。各国和各国际组织应当采取适当步骤，以便应付因实施环境措施所可能引起的国内或国际的经济后果达成协议。

12. 应筹集基金来维护和改善环境，其中要照顾到发展中国家的实际情况和特殊性，照顾他们由于在发展计划中列入环境保护项目的任何费用，以及应他们的请求而供给额外的国际技术和财政援助的需要。

13. 为了实现更合理的资源管理从而改善环境，各国应该对他们的发展计划采取统一和谐的做法，以保证为了人民的利益，使发展同保护和改善人类环境的需要相一致。

14. 合理的计划是协调发展的需要和保护与改善环境的需要相一致的。

15. 人的定居和城市化工作必须加以规划，以避免对环境的不良影响，并为大家取得社会、经济和环境三方面的最大利益。在这方面，必须停止为殖民主义和种族主义统治而制订的项目。

16. 在人口增长率或人口过分集中可能对环境或发展产生不良影响的地区，或在人口密度过低可能妨碍人类环境改善和阻碍发展的地区，都应采取不损害基本人权和有关政府认为适当的人口政策。

17. 必须委托适当的国家机关对国家的环境资源进行规划、管理或监督，以期提高环境质量。

18. 为了人类的共同利益，必须应用科学和技术以鉴定、避免和控制环境恶化并解决环境问题，从而促进经济和社会发展。

19. 为了广泛地扩大个人、企业和基层社会在保护和改善人类各种环境方面提出开明舆论和采取负责行为的基础，必须对年轻一代和成人进行环境问题的教育，同时应该考虑到对不能享受正当权益的人进行这方面的教育。

20. 必须促进各国，特别是发展中国家的国内和国际范围内从事有关环境问题的科学研究及其发展。在这方面，必须支持和促使最新科学情报和经验的自由交流以便解决环境问题；应该使发展中的国家得到环境工艺，其条件是鼓励这种工艺的广泛传播，而不成为发展中国家的经济负担。

21. 按照联合国宪章和国际法原则，各国有自己的环境政策开发自己资源的主权；并且有责任保证在他们管辖或控制之内活动，不致损害其他国家的或在国家管辖范围以外地区的环境。

22. 各国应进行合作，以进一步发展有关他们管辖或控制之内的活动对他们管辖以外的环境造成的污染和其他环境损害的受害者承担责任和赔偿问题的国际法。

23. 在不损害国际大家庭可能达成的规定和不损害必须由一个国家决定的标准的情况下，必须考虑各国的价值制度和考虑对最先进的国家有效，但是对发展中国家不适合或具有不值得的社会代价的标准可行程度。

24. 有关保护和改善环境的国际问题应当由所有的国家，不论其大小，在平等的基础上本着合作精神来加以处理，必须通过多边或双边的安排或其他合适途径的合作，在正当地考虑所有国家的主权和利益的情况下，防止、消灭或减少和有效的控制各方面的行动所造成的对环境的有害影响。

25. 各国应保证国际组织在保护和改善环境方面起协调的、有效的和能动的作用。

26. 人类及其环境必须免受核武器和其他一切大规模毁灭性手段的影响。各国必须努力在有关的国际机构内就消除和彻底销毁这些种武器迅速达成协议。

发展中国家环境与发展部长级会议《北京宣言》

（1991 年 6 月 19 日，北京）

我们来自 41 个发展中国家的部长，应中华人民共和国政府的邀请，于 1991 年 6 月 18 日至 19 日在北京举行了"发展中国家环境与发展部长级会议"，深入讨论了国际社会在确立环境保护与经济发展合作准则方面所面临的挑战，特别是对发展中国家的影响，并发表如下宣言：

1. 我们对于全球环境的迅速恶化深表关注，这主要是由于难以持久的发展模式和生活方式造成的。人类赖以生存的基本条件，如土地、水和大气，正因此受到很大威胁。严重而且普遍的环境问题包括空气污染、气候变化、臭氧层耗损、淡水资源枯竭、河流、湖泊及海洋和海岸环境污染、海洋和海岸带资源减退、水土流失、土地退化、沙漠化、森林破坏、生物多样性锐减、酸沉降、有毒物品扩散和管理不当、有毒有害物品和废弃物的非法贩运、城区不断扩展、城乡地区生活和工作条件恶化特别是卫生条件不良造成疾病蔓延，以及其他类似问题。而且发展中国家的贫困加剧，妨碍他们满足人民合理需求与愿望的努力，对环境也造成更大压力。

2. 我们确信环境保护和持续发展是全人类共同关心的问题，要求国际社会采取有效行动，并为全球合作创造机会。出于对当代和子孙后代的强烈关注，我们庄严重申，决心铭记下列总的原则和方向，在责任有别的基础上，全力以赴地积极参与全球环境保护和持续发展的努力。

一、总 则

3. 环境的变化，与人类经济和社会活动密切相关。环境问题绝不是孤立的，需要把环境保护同经济增长与发展的要求结合起来，在发展进程中加以解决。必须充分承认发展中国家的发展权利，保护全球环境的措施应该支持发展中国家的经济增长与发展。国际社会尤其应该积极支持发展中国家加强其组织管理和技术能力。

4. 应该充分考虑发展中国家的特殊情况和需要。每个国家都应能够根据自己经济、社会和文化条件的适应能力，决定改善环境的进程。发展中国家的环境问题根源在于他们的贫困。这些国家使用了发达国家提供的过时、有害环境的技术来实现发展，因之加剧了环境的退化，进而又破坏了发展进程。这不仅对发展中国家，而且对全世界都造成了不利影响。持续的发展和稳定的经济增长，是改变这种贫困与环境退化恶性循环并加强发展中国家保护环境能力的出路。最不发达国家、灾害频繁的国家以及发展中岛国和低地国家都应得到国际社会的特别重视。

5. 在当今国际经济关系中，发展中国家在债务、资金、贸易和技术转让等方面受到种种不公平待遇，导致资金倒流、人才外流和科学技术落后等严重后果。发展中国家的经济发展因而受到制约，削弱了他们有效参与保护全球环境的能力。因此，必须建立一个有助于所有国家，尤其是发展中国家持续和可持久发展的公平的国际经济新秩序，为保护全球的环境创造必要条件。各国应能决定自己的环境和发展政策，不受任何贸易壁垒和歧视的影响。

6. 环境保护领域的国际合作应以主权国家平等的原则为基础。发展中国家有权根据其发展与环境的目标和优先顺序利用其自然资源。不应以保护环境为由干涉发展中国家的内政，不应借此提出任何形式的援助或发展资金的附加条件，也不应设置影响发展中国家出口和发展的贸易壁垒。

7. 保护环境是人类的共同利益。发达国家对全球环境的退化负有主要责任。工业革命以来，发达国家以不能持久的生产和消费方式过度消耗世界的自然资源，对全球环境造成损害，发展中国家受害更为严重。

8. 鉴于发达国家对环境恶化负有主要责任，并考虑到他们拥有较雄厚的资金和技术能力，他们必须率先采取行动保护全球环境，并帮助发展中国家解决其面临的问题。

9. 发展中国家需要足够的、新的和额外的资金，这样才能够有效地处理他们面临的环境和发展问题。应该以优惠或非商业性条件向发展中国家转让环境无害技术。

10. 发展中国家应通过加强相互间的技术合作和技术转让，对保护和改善全球环境作出贡献。

二、各领域问题

11. 土地退化、沙漠化，水旱灾害，水质恶化与供应短缺，海洋和海岸资源恶化，水土流失，森林破坏和植被退化，是发展中国家面临的严重的环境问题，也是全球环境问题的一个重要部分，应予优先考虑解决。国际论坛讨论过这些问题，并提出或通过了一些行动计划。但是，国际社会迄今尚未采取具体行动加以实施。我们敦促国际社会在这方面立即开始行动，特别是为此建立国际资金机制。

12. 我们严重关切导致气候变化的温室气体的不断增加及其对全球生态系统可能产生的影响，特别是对发展中国家、尤其是岛屿和低地的发展中国家构成的威胁。应从历史的、积累的和现实的角度确定温室气体排放的责任，解决办法应以公平的原则为基础，造成污染多的发达国家应多作贡献。

因此，发达国家应承担义务，采取措施制止人为引发的气候变化，建立保障发展中国家环境安全和发展的机制，包括为此以优惠或非商业性条件向发展中国家转让技术。

13. 正在谈判中的气候变化框架公约应确认发达国家对过去和现在温室气体的排放负主要责任，发达国家必须立即采取行动，确定目标，以稳定和减少这种排放。近期内不能要求发展中国家承担任何义务。但是应该通过技术和资金合作鼓励他们在不影响日益增长的能源需要的前提下，根据其计划和重点，采取既有助于经济发展又有助于解决气候变化问题的措施。框架公约必须包含发达国家向发展中国家转让技术的明确承诺，建立一个单独资金机制，并且开发经济上可行的新的和可再生的能源以及建立可持续的农业生产方式，作为缓解气候变化主因的重要步骤。此外，发展中国家在解决气候变化带来的不利影响时必须获得充分必要的科技和资金合作。

14. 我们认为，《保护臭氧层维也纳公约》和1990年6月修改后的《关于消耗臭氧层物质的蒙特利尔议定书》的宗旨和原则是积极的。发展中国家如何履行修改后的议定书中规定的义务，取决于议定书批准国有效地落实向发展中国家提供资金和转让技术的安排。我们敦促发达国家就《维也纳公约》和1990年6月修改后的《蒙特利尔议定书》所提出的充足资金和迅速转让技术的长期安排作出承诺。

15. 我们对生物多样性锐减表示关注。发展中国家拥有大部分活生物体和它们的栖息地，多年来承担着保护它们的费用。这一努力应得到国际社会和任何国际公约及其议定书的承认和支持。每一个国家都对其生物资源拥有主权，因此保护措施应与其计划和重点相一致。正在谈判中的生物多样性的国际法律文件应特别表明，获得遗传物质与转让生物技术之间、物种所在国研究与发展之间、分享科研成果及分享商业利润之间的关系。知识产权问题必须得到圆满解决，不应成为技术转让包括生物技术转让的障碍。而且，国际法律文件还必须承认和奖励主要分布在发展中国家的农村居民在保护和利用生物物种多样性方面的创新。

16. 我们注意到，虽然对有害废弃物和有毒物的控制和管理需要国际合作，但两年前通过的《巴塞尔公约》并未生效。我们呼吁那些尚未批准的国家考虑加入，并呼吁所有国家采取行动建立责任和赔偿制度，建立向发展中国家转让低废技术的机制，提高鉴别、分析和处理废物的能力，以便建立一个在全球禁止向缺乏此类能力的发展中国家出口危险废物的机制。同样，我们对继续非法贩运有毒有害物品和废弃物，特别是把它们从发达国家运至发展中国家表示关切。我们敦促发达国家采取适当措施制止此类贩运。

17. 保护森林和促进可持久经营的多边措施，包括就森林问题形成全球协商一致的建议，旨在提高森林的经济、社会及环境方面的潜力。管理计划应把生物资源的保护和开发的优先顺序及目标结合起来，并顾及当地社区包括生境的需要。应承认和支持这方面的各种努力，包括发展中国家促进持久利用热带森林的具体项目。这种支持应采取以资金和技术援助的形式，并确保增值较高的热带木材有更好的市场。资金、技术援助和提供市场同确保国际社会为保护和发展森林而进行资金合作具有同等的重要意义。为此，国际社会应为绿化世界做出努力。过去大范围毁坏了森林的国家应通过植树造林的计划提高森林覆盖率。

18. 我们深为关切沙漠化的扩展和长期持续的干旱，国际社会已认识到这是重大的环境问题。因此迫切需要高度重视，优先考虑，采取一切必要措施，包括为遏制和扭转沙漠化、持续干旱提供适当的资金和科技资源，为保持全球生态平衡作贡献。

19. 主要由发达国家进行的不合理开发和污染造成的海洋和沿海资源的恶化，严重制约了依赖这些资源的国家的发展。必须在保护和使用区域海洋方面扩大合作，根据更好的认识和信息促进合理使用。必须禁止向海洋弃置毒物和核废物，其他倾废也应严格管理。

20. 在发展中国家人口稠密的城市，资源不足造成基本公共设施效率低下、城市环境退化的无限扩展。城市规划包括为可持久的发展筹资机制，必须有助于提高城乡居民的生活质量。为可持久的发展筹资的新机制应优先处理上述问题。

三、跨领域问题

21. 国际社会的广泛参与是保护全球环境努力取得成功的关键。这在很大程度上取决于能否在跨领域问题上取得实质性进展，特别是发达国家能否向发展中国家提供充足的、新的和额外的资金，以及优惠的或非商业性的技术转让。

22. 有关全球环境问题的国际法律文件都应包括充足的、新的、额外的资金条款，并对发达国家的这项义务作出明确规定。关键在于资金的"充足性"，即应包括发展中国家解决环境问题和承担国际法律文件中规定的义务所增加的费用。发达国家承担的义务不仅应包括保护环境的费用，还应包括减缓过去行为积累的不利影响所需要的费用。发展中国家也要在自愿的基础上捐赠资金。

23. 为解决关系发展中国家切身利益的那些长期存在的而且迅速恶化的环境问题，应专门建立"绿色基金"，向发展中国家提供充足的、额外的资金援助。该项基金应用来解决现行专项国际法律文件以外的环境问题，如水污染、对海岸林产生危害的海岸带污染、水源短缺和水质恶化、森林破坏、水土流失、土地退化和沙漠化。该项基金还应包括转让环境无害技术和提高发展中国家环境保护和科学技术研究能力所需费用。应由发展中国家和发达国家的对等代表共同管理基金，并确保发展中国家能够方便地利用。

24. 我们强调科学技术在保护全球环境方面的重要作用，重申需要采取措施确保以优先的、最有利的、优惠的和非商业性的条件向发展中国家转让环境无害技术。向发展中国家转让这类技术应视为对人类共同利益的贡献。

发达国家应通过包括对私营部门奖惩措施在内的程序和安排，促进向发展中国家转让环境无害的技术。

四、关于 1992 年联合国环境与发展大会

25. 根据联合国大会第 44/228 号决议，我们强调，1992 年联合国环境与发展大会不仅应讨论气候变化、臭氧层耗损及相应对策这类全球环境问题，还应讨论发展中国家面临的其他全球问题，特别是那些与环境有关的发展问题。会议达成的有关协议应该指导关于贸易、金融、技术和其他类似问题的国际讨论。这种相互联系应适当反映在每个协议中。

26. 我们认为，联合国环境与发展大会将产生的《地球宪章》和《二十一世纪行动议程》应符合联合国大会有关决议所载原则。上述文件必须反映发展中国家会议的成果，这些会议就环境与发展的内在联系、发展中国家的特殊情况和需要等进行了富有成果的工作。《行动议程》应付诸实施，解决发展中国家的环境问题和需要，以便将环境问题与发展结合起来。

27. 我们还认为贫困是发展中国家环境问题的根源。这次会议可以为形成一个针对贫困及其对全球环境影响的宏大国际方案，增加力量和影响。

五、发展中国家在环境与发展问题上的协调与合作

28. 我们认为，在 1992 年大会筹备阶段各种国际论坛有关环境问题的努力，将对发展中国家产生直接和深远的影响。发展中国家的当务之急是加强相互磋商和协调，以便更有效地向国际论坛陈述我们的观点，更好地维护发展中国家的整体利益。

29. 我们决定在 1992 年会议筹备阶段以及其他国际论坛上，根据 1990 年新德里会议和这次北京会议的精神，进一步加强发展中国家之间的磋商和协调。

30. 我们认为，应采取措施探索发展中国家在环境和发展领域进行经济技术合作的途径、方法和形式。发展中国家将努力提出适当的环境目标，改善生活质量和环境状况，同时确定和评估完成这些目标的资金和技术需要。

31. 考虑到联合国环境规划署迄今在内罗毕取得的成功以及更好地进行工作的需要，我们支持联合国环境规划署总部及其活动中心仍设在内罗毕，并加强其工作。

32. 我们再次强调，在不妨碍经济发展的前提下，发展中国家将充分参与保护环境的国际努力，并且强调，如果发达国家能作出积极的、建设性的和现实的反应，从而形成一个适于全球合作的气氛，我们就能和发达国家一道，共同为自己和后代开创一个更加美好的未来。

里约环境与发展宣言

联合国环境与发展会议于 1992 年 6 月 3 日至 14 日在里约热内卢召开，重申了 1972 年 6 月 16 日在斯德哥尔摩通过的联合国人类环境会议的宣言，并谋求以之为基础。

目标是通过在国家、社会重要部门和人民之间建立新水平的合作来建立一种新的和公平的全球伙伴关系，为签订尊重大家的利益和维护全球环境与发展体系完整的国际协定而努力，认识到我们的家园地球的大自然的完整性和互相依存性，谨宣告：

原则一：人类处在关注持续发展的中心。他们有权同大自然协调一致从事健康的、创造财富的生活。

原则二：各国根据联合国宪章和国际法原则有至高无上的权利按照它们自己的环境和发展政策开发它们自己的资源，并有责任保证在它们管辖或控制范围内的活动不对其他国家或不在其管辖范围内的地区的环境造成危害。

原则三：必须履行发展的权利，以便公正合理地满足当代和世世代代的发展与环境需要。

原则四：为了达到持续发展，环境保护应成为发展进程中的一个组成部分，不能同发展进程孤立开看待。

原则五：各国和各国人民应该在消除贫穷这个基本任务方面进行合作，这是持续发展必不可少的条件，目的是缩小生活水平的悬殊和更好地满足世界上大多数人的需要。

原则六：发展中国家，尤其是最不发达国家和那些环境最易受到损害的国家的特殊情况和需要，应给予特别优先的考虑。在环境和发展领域采取的国际行动也应符合各国的利益和需要。

原则七：各国应本着全球伙伴关系的精神进行合作，以维持、保护和恢复地球生态系统的健康和完整。鉴于造成全球环境退化的原因不同，各国负有程度不同的共同责任。发达国家承认，鉴于其社会对全球环境造成的压力和它们掌握的技术和资金，它们在国际寻求持续发展的进程中承担着责任。

原则八：为了实现持续发展和提高所有人的生活质量，各国应减少和消除不能持续的生产和消费模式和倡导适当的人口政策。

原则九：各国应进行合作，通过科技知识交流提高科学认识和加强包括新技术和革新技术在内的技术的开发、适应、推广和转让，从而加强为持续发展形成的内生能力。

原则十：环境问题最好在所有有关公民在有关一级的参加下加以处理。在国家一级，每个人应有适当的途径获得有关公共机构掌握的环境问题的信息，其中包括关于他们的社区内有害物质和活动的信息，而且每个人应有机会参加决策过程。各国应广泛地提供信息，从而促进和鼓励公众的了解和参与。应提供采用司法和行政程序的有效途径，其中包括赔偿和补救措施。

原则十一：各国应制订有效的环境立法。环境标准、管理目标和重点应反映它们所应用到的环境和发展范围。某些国家应用的标准也许对其他国家，尤其是发展中国家不合适，对它们造成不必要的经济和社会损失。

原则十二：各国应进行合作以促进一个支持性的和开放的国际经济体系，这个体系将导致所有国家的经济增长和持续发展，更好地处理环境退化的问题。为环境目的采取的贸易政策措施不应成为一种任意的或不合理的歧视的手段，或成为一种对国际贸易的社会科学限制。应避免采取单方面行动去处理进口国管辖范围以外的环境挑战。处理跨国界的或全球的环境问题的环境措施，应该尽可能建立在国际一致的基础上。

原则十三：各国应制订有关对污染的受害者和其他环境损害负责和赔偿的国家法律。各国还应以一种迅速的和更果断的方式进行合作，以进一步制订有关对在它们管辖或控制范围之内的活动对它们管辖范围之外的地区造成的环境损害带来的不利影响负责和赔偿的国际法。

原则十四：各国应有效地进行合作，以阻止或防止把任何会造成严重环境退化或查明对人健康有害的活动和物质迁移和转移到其他国家去。

原则十五：为了保护环境，各国应根据它们的能力广泛采取预防性措施。凡有可能造成严重的或不可挽回的损害的地方，不能把缺乏充分的科学肯定性作为推迟采取防止环境退化的费用低廉的措施的理由。

原则十六：国家当局考虑到造成污染者在原则上应承担污染的费用并适当考虑公共利益而不打乱国际贸易和投资的方针，应努力倡导环境费用内在化和使用经济手段。

原则十七：应对可能会对环境产生重大不利影响的活动和要由一个有关国家机构作决定的活动作环境影响评估，作为一个国家手段。

原则十八：各国应把任何可能对其他国家的环境突然产生有害影响的自然灾害或其他意外事件立即通知那些国家。国际社会应尽一切努力帮助受害的国家。

原则十九：各国应事先和及时地向可能受影响的国家提供关于可能会产生重大的跨边界有害环境影响的活动的通知和信息，并在初期真诚地与那些国家磋商。

原则二十：妇女在环境管理和发展中起着极其重要的作用。因此，她们充分参加这项工作对取得持续发展极其重要。

原则二十一：应调动全世界青年人的创造性、理想和勇气，形成一种全球的伙伴关系，以便取得持续发展和保证人人有一个更美好的未来。

原则二十二：本地人和他们的社团及其他地方社团，由于他们的知识和传统习惯，在环境管理和发展中也起着极其重要的作用。各国应承认并适当地支持他们的特性、文化和利益，并使他们能有效地参加实现持续发展的活动。

原则二十三：应保护处在压迫、统治和占领下的人民的环境和自然资源。

原则二十四：战争本来就是破坏持续发展的。因此各国应遵守规定在武装冲突时期保护环境的国际法，并为在必要时进一步制订国际法而进行合作。

原则二十五：和平、发展和环境保护是相互依存的和不可分割的。

原则二十六：各国应根据联合国宪章通过适当的办法和平地解决它们所有的环境争端。

原则二十七：各国和人民应真诚地本着伙伴关系的精神进行合作，贯彻执行本宣言中所体现的原则，进一步制订持续发展领域内的国际法。

附录四

中国 21 世纪议程

——中国 21 世纪人口、环境与发展白皮书（节选）

第一章　序　　言

1.1　本世纪以来，随着科技进步和社会生产力的极大提高，人类创造了前所未有的物质财富，加速推进了文明发展的进程。与此同时，人口剧增、资源过度消耗、环境污染、生态破坏和南北差距扩大等日益突出，成为全球性的重大问题，严重地阻碍着经济的发展和人民生活质量的提高，继而威胁着全人类的未来生存和发展。在这种严峻形势下，人类不得不重新审视自己的社会经济行为和走过的历程，认识到通过高消耗追求经济数量增长和"先污染后治理"的传统发展模式已不再适应当今和未来发展的要求，而必须努力寻求一条经济、社会、环境和资源相互协调的、既能满足当代人的需求而又不对满足后代人需求的能力构成危害的可持续发展的道路。

1.2　制定和实施《中国 21 世纪议程》，走可持续发展之路，是中国在未来和下一世纪发展的自身需要和必然选择。中国是发展中国家，要提高社会生产力、增强综合国力和不断提高人民生活水平，就必须毫不动摇地把发展国民经济放在第一位，各项工作都要紧紧围绕经济建设这个中心来开展。中国是在人口基数大、人均资源少、经济和科技水平都比较落后的条件下实现经济快速发展的，使本来就已经短缺的资源和脆弱的环境面临更大的压力。在这种形势下，中国政府只有遵循可持续发展的战略思路，从国家整体的高度上协调和组织各部门、各地方、各社会阶层和全体人民的行动，才能顺利完成已确定的第二步、第三步战略目标，即在本世纪末实现国民生产总值比 1980 年翻两番和下一世纪中叶人均国民生产总值达到中等发达国家水平，同时保护自然资源和改善生态环境，实现国家长期、稳定发展。

1.3　1992 年 6 月联合国环境与发展大会在巴西里约热内卢召开。会议通过了《里约环境与发展宣言》、《21 世纪议程》、《关于森林问题的原则声明》等重要文件并开放签署了联合国《气候变化框架公约》、联合国《生物多样性公约》，充分体现了当今人类社会可持续发展的新思想，反映了关于环境与发展领域合作的全球共识和最高级别的政治承诺。《21 世纪议程》要求各国制订和组织实施相应的可持续发展战略、计划和政策，迎接人类社会面临的共同挑战。因此，执行《21 世纪议程》，不但促使各个国家走上可持续发展的道路，还将是各国加强国际合作，促进经济发展和保护全球环境的新开端。

1.4　中国政府高度重视联合国环境和发展大会，李鹏总理率团出席会议并承诺要认真履行会议所通过的各项文件。联合国环境与发展大会后不久，中国政府即提出了促进中国环境与发展的"十大对策"。国务院环境保护委员会在 1992 年 7 月 2 日召开的第 23 次会议上决定由国家计划委员会和国家科学技术委员会牵头，组织国务院各部门和机构编制《中国 21 世纪议程》。根据国务院环委会的部署，同年 8 月成立了由国家计委副主任和国家科委副主任任组长的跨部门领导小组，负责组织和指导议程文本和相应的优先项目计划的编制工作，组成了有 52 个部门、300 余名专家参加的工作小组。国家计委和国家科委联合成立了"中国 21 世纪议程管理中心"，具体承办日常管理工作。经共同努力，于 1993 年 4 月完成了《中国 21 世纪议程》的第一稿，共 40 章，120 万字，184 个方案领域，内容覆盖了中国经济、社会、资源、环境的可持续发展战略、政策和行动框架。以后在广泛征求国务院各有关部门和中、外专家意见的基础上，经中、外专家组多次修改，最后完成了《中国 21 世纪议程》，它共设 20 章、78 个方案领域，突出了可持续发展的总体战略思想，更为简明、扼要。《中国 21 世纪议程优先项目计划》作为议程的组成部分，将集中力量和优势，解决实现可持续发展过程中优先领域中的重大问题，目前正在编制之中。

1.5　《中国 21 世纪议程》编制工作是在联合国开发计划署（UNDP）的支持和帮助下进行的，编制和实施《中国 21 世纪议程》已被列为中国政府和联合国开发计划署的正式合作项目。联合国开发计划署几次派出咨询专家小组来华，通过与中方专家共同工作和国际研讨会等方式，在文本制定等方面给予了很大的帮助，使《中国 21 世纪议程》文本基本符合国际规范。除此，这项工作还引起了国际社会的广泛关注，国外很多有关政府机构的和国际组织高级人士主动表示，愿意以多种方式支持《中国 21 世纪议程》及其优先项目计划的实施。

1.6　《中国 21 世纪议程》文本与全球《21 世纪议程》相呼应，根据中国国情而编制的，广泛吸纳、集中了政府各部门正在组织进行和将要实施的各类计划，具有综合性、指导性和可操作性。《中国 21 世纪议程》阐明了中国的可持续发展战略和对策。20 章内容可分为四大部分。第一部分涉及可持续发展总体战略，包括第 1，2，3，5，6 和 20 等 6 章。第二部分涉及社会可持续发展内容，包括第 7，8，9，10 和 17 章等共 5 章。第三部分涉及经济可持续发展内容，包括第 4，11，12 和 13 章等共 4 章。第四部分涉及资源与环境的合理利用与保护，包括第 14，15，16，18 和 19 章等共 5 章。每章均设导言和方案领域两部分。导言重点阐明该章的目的、意义及其在可持续发展整体战略中的地位、作用；每一个方案领域又分为三部分：首先在行动依据里扼要说明本方案领域所要解决的关键问题，其次是为解决这些问题所制定目标，最后是实现上述目标所要实施的行动。

1.7　在制定和实施《中国 21 世纪议程》过程中，中国将与世界各国和地区开展卓有成效的双边、多边合作，为创造一个更安全、更繁荣、更美好的未来而努力。因此，及时制定和实施《中国 21 世纪议程》，必然成为深化改革开放的重要内容。同时，也充分反映了中国政府以强烈的历史使命感和责任感，去完成对国际社会应尽的义务和不懈地为全人类共同事业做出更大贡献的决心。

1.8　中国政府有决心实施《中国 21 世纪议程》，不单是因为高层领导高度重视这项重大行动，而且在全国有一个有利于经济稳定发展、深化改革开放和建立社会主义市场经济体制的大环境。从 80 年代初以来，中国政府开始把计划生育和环境保护作为社会主义现代化建设的两项基本国策。环境保护已经纳入国民经济和社会发展的中长期和年度计划之中。国家制定和实施了一系列行之有效的法律、政策，按照同时处理好经济建设与环境保护关系的指导思想开展工作，已取得很大成绩，形成了一条符合中国国情的环境保护道路。越来越多的人认识到，只有将经济、社会的发展与资源、环境相协调、走可持续发展之路，才是中国发展的前途所在。中国通过双边、多边方式，与有关国家和国际组织已经开展了自然资源和环境保护方面的合作研究，建立了长期合作关系。在这样的基础上，中国政府组织实施《中国 21 世纪议程》，必将得到全国各部门、各地方的热烈响应和支持，以及国际社会的关注和支持。

1.9 实施《中国 21 世纪议程》及其优先项目计划所需的资金，将通过多种渠道筹措。中国各级政府将作为投资主体，对实施《中国 21 世纪议程》、优先项目计划和可持续发展，保证每年一定的投入强度，同时广泛吸纳非政府方面的资金和争取国际社会的援助与合作。

1.10 编制《中国 21 世纪议程》文本仅是制定和实施国家整体可持续发展战略过程的开始，还要在关系可持续发展的重大领域内，制定《中国 21 世纪议程优先项目计划》和配套的实施指南等，形成完整的战略和行动体系。更重要的是，通过深入的协调、细致工作，将《中国 21 世纪议程》及其优先项目计划逐步纳入各级国民经济和社会发展计划和规划，以及相关的重大工作和行动中去。随着认识的不断深化和工作拓展，《中国 21 世纪议程》将要不断作出必要的调整和完善。

第二章 中国可持续发展的战略与对策

2.1 可持续发展对于发达国家和发展中国家同样是必要的战略选择，但是对于像中国这样的发展中国家，可持续发展的前提是发展。为满足全体人民的基本需求和日益增长的物质文化需要，必须保持较快的经济增长速度，并逐步改善发展的质量，这是满足目前和将来中国人民需要和增强综合国力的一个主要途径。只有当经济增长率达到和保持一定的水平，才有可能不断消除贫困，人民的生活水平才会逐步提高，并且提供必要的能力和条件，支持可持续发展。在经济快速发展的同时，必须做到自然资源的合理开发利用与保护和环境保护相协调，即逐步走上可持续发展的轨道上来，在提高质量、优化结构、增进效益的基础上，保持国民生产总值以平均每年 8% ~ 9% 的速度增长。国民经济发展十年规划提出的到 2000 年的具体目标是：

（a）继续以保证粮食、棉花持续增长为重点，促进林、牧、副、渔各业全面发展，粮食产量将达到 5 亿吨。

（b）一次能源产量达到 14 亿吨标准煤，发电量增加到 13000 亿千瓦·时左右，特别要发挥水电优势，发展热电联产以及核电；同时大力推进节能工作，使年节能率平均达 3% 以上。

（c）铁路、公路、水运和空运组成综合运输体系。铁路货运量要增加到 21 亿吨左右，沿海港口吞吐能力达到 11 亿吨以上。以发展长途电话自动化、提高电话普及率为中心，形成方便的通信网络。

（d）钢产量达到 1.2 亿吨以上，化肥达到 1.2 亿吨左右（标准肥），乙烯产量发展到 400 万吨左右，产品质量也要全面提高。

（e）提高技术水平和管理水平，力争科技进步对中国经济增长的贡献率从目前的 30% 左右提高到 50% 左右。

2.2 中国的可持续发展战略注重谋求社会的可持续发展，为此将努力实行计划生育，控制人口数量，提高人口素质和改善人口结构，在 2000 年前争取将人口增长率控制在 12.5‰ 以内，坚持优生优育；建立以按劳分配为主体，效率优先、兼顾公平的收入分配制度，同时引导适度消费；发展社会科学，继承和发扬中华民族优良的思想文化传统，致力于文化的革新；发扬社会主义制度优越性，不断改善政治和社会环境，保持全社会的安定团结；大力发展教育和文化事业，开展职业培训、职业道德和社会公德教育，提高全民族的思想道德和科学文化水平，培养一代又一代有理想、有道德、有文化、有纪律的新人；发展城镇住宅建设，同时改善城乡居民居住环境和提高社会综合服务及医疗卫生水平；通过广泛的宣传、教育，提高全民族的、特别是各级领导人员的可持续发展意识和实施能力，促进广大民众积极参与可持续发展的建设。

2.3 中国可持续发展建立在资源的可持续利用和良好的生态环境基础上。国家保护整个生命支撑系统和生态系统的完整性，保护生物多样性；解决水土流失和荒漠化等重大生态环境问题；保护自然资源，保持资源的可持续供给能力，避免侵害脆弱的生态系统；发展森林和改善城乡生态环境；预防和控制环境破坏和污染，积极治理和恢复已遭破坏和污染的环境；同时积极参与保护全球环境、生态方面的国际合作活动。到 2000 年，使环境污染基本得到控制，重点城市的环境质量有所提高，自然生态恶化的趋势有所减缓，逐步使资源、环境与经济、社会的发展相互协调。到 2000 年的具体目标如下：

（a）工业废水排放量控制在 300 亿吨左右，工业废水处理率达到 84%，城市污水集中处理率达到 20% 左右；

（b）二氧化硫排放量控制在 2100 万 ~ 2300 万吨，工业废气处理率达到 90%，城市居民燃气化率达 60%，集中供热面积达到 4.7 亿平方米；

（c）工业固体废物综合利用率达到 45% ~ 50%，控制有毒有害废物污染；

（d）交通干线噪声等效声级维持 1990 年水平，城市环境噪声达标率比 1990 年提高 15 ~ 20 个百分点；

（e）保护和发展森林资源，大力植树造林，1991 ~ 2000 年净增有林地面积 1900 万公顷左右，全国森林覆盖率达到 15% ~ 16% 左右；

（f）预防和控制荒漠化扩展；加强水土保持工作，今后每年治理水土流失面积 2 万 ~ 4 万平方公里；

（g）保护耕地资源，控制建设占用耕地，2000 年耕地保有量不少于 1.22 亿公顷，扩大耕地面积，1991 ~ 2000 年新增耕地面积 330 万公顷；

（h）全国各类自然保护区面积达到 1 亿公顷，占国土面积的 7%；同时注意保护所有自然生态系统。

2.4 保证上述目标实现的主要对策应包括：

（a）以经济建设为中心，深化改革开放，加速社会主义市场经济体制的建立；

（b）加强可持续发展能力建设，特别是规范社会、经济可持续发展行为的政策体系、法律法规体系、战略目标指标体系的建设，以及资源环境、生态综合动态监测和管理系统、社会经济发展计划统计系统，信息支撑系统，以及发展教育事业，提高全社会可持续发展意识和实施能力在内的能力建设；

（c）实行计划生育，提高人口素质，控制人口数量，改善人口结构；

（d）因地制宜，有步骤地推广可持续农业技术；

（e）重点开发清洁煤技术，大力发展可再生和清洁能源；

（f）调整产业结构与布局，推动资源的合理利用，减少产业发展对交通运输的压力；

（g）大力推广清洁生产工艺技术，努力实现废物产出最小量化和再资源化，节约资源、能源，提高效率；

（h）加速"小康住宅"建设，改善城乡居民居住环境条件；

（i）组织开发、推广重大环境污染控制技术与装备；

（j）加强对水资源的保护和污水处理，保护、扩大植被资源，以生物资源合理利用支持物种保护和区域生态环境质量改善，努力提高土地生产力，减少自然灾害。

2.5　中国目前还在沿袭传统的非持续性的发展模式，必须迅速地扭转这种被动局面。《中国 21 世纪议程》构筑了一个综合性的、长期的、渐进的可持续发展战略框架和相应的对策，是中国走向 21 世纪和争取美好未来的新起点。《中国 21 世纪议程》的实施需要在中国政府的统一领导下，各部门、各地区的协调行动；需要建立和实施新的促进可持续发展的法规、政策；需要逐步在一些领域和项目上采取重大行动，特别是在向社会主义市场经济体制过渡的过程中，尤其要加强政府对人口增长、自然资源和生态环境保护的宏观调控作用，实行综合性决策、管理和监督；需要调动一切积极因素，全国人民的共同参与和不懈努力；需要得到国际社会的广泛支持与合作。

2.6　本章所确定的总体目标和重大行动与其他各章均有密切关系，指导各章并且对它们产生重要影响。以下各章提出的一些具体的目标和行动，都是总体目标和重大行动的组成部分。

2.7　本章设 2 个方案领域：

A. 可持续发展的战略与重大行动；

B. 可持续发展的国际合作。

（略）

第三章　与可持续发展有关的立法与实施

3.1　与可持续发展有关的立法是可持续发展战略和政策定型化、法制化的途径，与可持续发展有关的立法的实施是把可持续发展战略付诸实现的重要保障。在今后的可持续发展战略和重大行动中，有关立法和法律法规的实施占重要地位。

3.2　联合国《21 世纪议程》要求各国"必须发展和执行综合的、有制裁力的和有效的法律和条例，而这些法律和条例必须根据周密的社会、生态、经济和科学原则"；中国宪法规定"国家维护社会主义法制的统一和尊严"。考虑到随着中国改革和开放政策的不断推进，以及社会主义市场经济体制的建立，社会、政治、经济生活日益走向法制轨道，而且中国已经加入多项有关环境与发展的国际公约，并将继续积极参与有关可持续发展的国际立法，因此，需要加速与可持续发展有关的立法与实施。

3.3　与可持续发展有关的立法涉及面很广，本章重点涉及人口、经济、环境、资源、社会保障等领域，旨在对中国与可持续发展有关的立法和实施途径作出宏观安排，并拟定落实可持续发展领域立法和实施的主要行动。

3.4　与可持续发展有关的立法应参阅其他有关各章的论述，例如第 12、14 和 20 等章的相关方案领域。

3.5　本章设 2 个方案领域：

A. 与可持续发展有关的立法；

B. 与可持续发展有关法律的实施。

（略）

第四章　可持续发展经济政策

4.1　自 1978 年以来，中国的经济体制经历了一场根本性的变革，由高度集中的计划经济体制逐步向社会主义市场经济体制过渡，取得了举世瞩目的伟大成就。按可比价格计算，1980～1990 年，国民生产总值和国民收入的平均年增长率分别为 9.0% 和 8.7%，中国的国民经济实力有了显著增强。中国经济已逐步融入世界经济体系之中。

4.2　为了增强综合国力和提高人民生活水平，中国必须实现持续快速健康的经济增长，同时不能破坏经济发展所依赖的资源和环境基础。因此，资源、环境与经济政策必须相辅相成。随着中国向社会主义市场经济体制的转变，在政府的宏观调控下，市场价格机制在规范对环境的态度和行为方面将起着越来越重要的作用。我们必须认真全面地贯彻《中共中央关于建立社会主义市场经济体制若干问题的决定》。在当前有利的经济形势下，将经济手段同法律手段和必要的行政手段相配合使用，提高处理环境与发展问题的综合能力，促进中国向可持续发展转变。

4.3　本章设 4 个方案领域：

A. 建立社会主义市场经济体制；

B. 促进经济发展；

C. 有效利用经济手段和市场机制；

D. 建立综合的经济与资源环境核算体系。

（略）

第五章　费用与资金机制

5.1　实施《中国 21 世纪议程》和优先项目计划是贯彻落实中国政府"以经济建设为中心"的方针、顺利实现"分三步走"现代化建设战略目标，并确保在"第三步走"目标实现之后国民经济能够更久远地长期、快速、健康发展下去的重大战略举措，符合中国人民千秋万代的根本利益，对全人类的共同未来也将是极大贡献，需要国内社会各阶层、国际社会各方面的广泛参与和支持。实施《中国 21 世纪议程》的根本途径是将可持续发展战略纳入国民经济和社会发展计划、规划中，引导政府、金融、民间、海外的投资支持可持续发展活动。

5.2　中国政府的投入作为费用主体，主要是通过充分依靠各部门、地方政府各类计划、规划和资金渠道及现行管理体制，将《中国 21 世纪议程优先项目计划》逐步纳入到国民经济和社会发展计划中，实现与国内外其他的各类投资相配套，形成有足够投资强度的《中国 21 世纪议程》费用体系。不断扩大各种渠道的投入，并逐步提高可持续发展活动投资所占的比例，是实现《中国 21 世纪议程》可持续发展战略目标的关键。

5.3　费用筹集机制：

（a）制定将《中国 21 世纪议程》和优先项目计划逐步纳入到各级国民经济和社会发展各类计划中的行动方案，发挥现行管理体制的作用，强化可持续发展战略的指导意义，不断扩大《中国 21 世纪议程》主体费用份额；

（b）通过向金融界（银行、保险业）提供科技、产业、市场信息，推动金融界积极筹资并以信贷、保险业务形式支持可持续发展活动；

（c）制订与推行有利于可持续发展的财税制度和产业经济政策，促进企业界增强自身可持续发展能力的投入，包括：低税收优惠鼓励政策，"谁污染谁治理"强制性排污收费政策，可持续发展物质荣誉奖励政策等；

（d）开展全民参与可持续发展活动，提倡各种形式的投工、投劳、投资，并制定相应政策，保证参与者的利益，形成持久的全民行动；

（e）通过广泛宣传和市场运行管理机制，吸引国外资金（包括双边、多边、海外华人及外籍企事业家个人）投入到具有重大影响的可持续发展活动中，鼓励对在实施可持续发展战略过程中兴起并发展壮大起来的环保产业、第三产业特别是对能源、交通、通信、科技、农业等关键领域的投入，特别强调吸纳发达国家的"额外资金"。

5.4　资金管理、运营机制：

（a）国家财政拨款采取部门计划管理和信息集中处理的方式，逐步使各级各类计划在可持续发展原则下相互衔接配套，形成大矩阵宏观管理形式，并倡导有偿使用机制，以不断提高国家财政的再投入能力；

（b）充分运用经济杠杆和市场机制，根据"责任分担、利益共享"的原则，倡导股份制、合资合营方式，特别是对公益性强而经济效益较差的污染治理、废弃物再生利用、清洁生产工艺改造等活动，采取低税收、高积累政策，逐步提高这些活动的再投入能力；

（c）根据《中国 21 世纪议程》实施的需要和可能，逐步建立《中国 21 世纪议程》发展基金，包括可持续发展能力建设基金、技术转让基金和技术合作基金，充分吸纳和有效利用国内外的各种投资。

5.5　本章设 3 个方案领域：

A. 《中国 21 世纪议程》纳入国民经济发展计划；

B. 《中国 21 世纪议程》发展基金；

C. 可持续发展财税、经济法规建设。

（略）

第六章　教育与可持续发展能力建设

6.1　国家可持续发展能力是顺利实施《中国 21 世纪议程》的必要保证，在很大程度上取决于政府和人民的能力及其经济、资源、生态与环境条件。具体说，能力建设涉及国家的决策、管理、经济、环境、资源、科学技术、人力资源等方面。

6.2　中国政府从中国国情出发，已制定了"经济建设、城乡建设和环境建设同步规划、同步实施、同步发展"，"实现经济、社会和环境效益相统一"的战略方针；实行"预防为主"，"谁污染、谁治理"和"强化环境管理"三大环境政策；加强国家法制建设；展开了大规模的国土整治；发展了中小学义务教育和广泛进行环境保护教育，提高全民族的文化水平和环境保护意识；大力开展科学技术研究等。同时实行计划生育政策，有效减缓了人口增长和经济发展对资源环境造成的巨大压力。这些工作为中国可持续发展能力建设奠定了坚实的基础。

6.3　本章内容与其他各章都有联系，本章设 6 个方案领域：

A. 健全可持续发展管理体系；

B. 教育建设；

C. 人力资源开发和能力建设；

D. 科学技术支持能力建设；

E. 可持续发展信息系统；

F. 不断完善《中国 21 世纪议程》。

（略）

第七章　人口、居民消费和社会服务

7.1　规划和决策各个方面充分考虑人口因素，妥善处理人口、资源、环境和发展之间的相互关系，为社会主义现代化建设提供一个相应的较为宽松的人口条件，是实现社会、经济可持续发展的一个重要方面。

7.2　中国在人口方面，采取积极有效的人口控制政策和各项计划生育管理服务措施取得了举世瞩目的成绩。尽管如此，人口规模庞大，人口素质较低，人口结构不尽合理，仍是目前和今后相当长的一个时期里，中国所亟待解决的三个重大问题。

7.3　消费模式的变化同人口的增长一样，在社会经济持续发展的过程中有着重要的作用。合理的消费模式和适度的消费规模不仅有利于经济的持续增长，同时还会减缓由于人口增长带来的种种压力，使人们赖以生存的环境得到保护和改善。但越来越多的事实表明，人口的迅速增长加上不可持续的消费形态，对有限的能源、资源已构成巨大压力，尤其是低效、高耗的生产和不合理的生活消费极大破坏了生态环境，由此危及到人类自身生存条件的改善和生活水平的提高。

7.4　政府在提高对这一问题认识的基础上，拟制订必要的措施，采取积极的行动，改变传统的不合理的消费模式，鼓励并引导合理的、可持续的消费模式的形成与推广。尤其对贫困落后地区的消费形态予以特别的关注和研究，寻求对策改变其落后的消费模式，减缓对资源环境造成的压力，促进这些地区经济和生活水平的提高，消除贫困。

7.5　中国政府提出了努力实现国民经济持续、快速、健康发展的战略目标，将"不断改善人民生活，严格控制人口增长，加强环境保护"作为加速改革开放、推动经济发展和社会全面进步而必须努力实现的重要任务之一，将实行计划生育和加强环境保护作为两项基本国策。

7.6　为满足日益增长的人口和不断提高的消费水平需要，国家注重改善人民衣食住行条件，丰富文化生活，发展体育、卫生事业和发展第三产业和相应的社会服务体系，使全体人民得到充分、方便的服务。这方面的需求将随着中国经济发展水平的迅速提高越来越迫切。

7.7　人口与居民消费及社会服务涉及广泛的问题与内容，本章领域的有关内容应同其他相关章节的部分内容相互联系，综合研究；在制定本领域的规划方案时，应认真考虑包括人口就业、人力资源开发、人口城镇化、妇幼保健以及人均消费水平、消费结构等方面的问题。其他方案领域的制订与执行也应充分考虑人口、消费及社会条件的影响及其作用。

7.8　本章设3个方案领域：

A. 控制人口增长与提高人口素质；

B. 引导建立可持续的消费模式；

C. 大力发展社会服务与第三产业。

（略）

第八章　消　除　贫　困

8.1　造成贫困有国际、国内、社会、经济以及自然、生态等多方面的原因，其中资源的不合理开发利用和生态环境的恶化是造成贫困的重要原因之一。消除贫困是发展中国

家实现可持续发展模式中面临的严峻挑战之一，也是各国政府应该承担的共同责任。

8.2 对贫困地区而言，消除贫困与可持续发展是统一的整体或一个问题的两个方面。不消除贫困就难以持续发展，不有效改善贫困地区的基础设施条件，提高人的素质，改善生态环境和可持续开发利用资源，也不可能从根本上消除贫困。

8.3 在过去40多年期间，中国消除贫困的行动作为整个世界反贫困斗争的一部分，进行了大量艰苦细致的工作，取得了显著的成就。本章重点论述中国政府在消除贫困方面采取的政策措施和努力、本世纪末和21世纪初实现的预期目标以及需要采取的优先活动项目。本章与第4、11、12、13、14、16和17等章节的方案领域密切相关。

8.4 本章设1个方案领域：

A. 消除贫困。

（略）

第九章 卫 生 与 健 康

9.1 建国40多年来，中国卫生事业有了很大发展，人民健康水平已居世界发展中国家前列。但是，中国卫生事业发展仍然存在着许多困难和问题。卫生事业发展不平衡，农村卫生事业落后；城市卫生面临更大挑战；一些疾病发病率高，严重威胁人民的身体健康。人口增长过快，人口老龄化严重，环境污染，疾病构成变化，医疗模式转变都影响着人民健康和卫生事业发展。

9.2 根据中国经济和社会发展的总目标，90年代以及下个世纪初，中国卫生工作和卫生事业发展的总目标是：全体人民都能获得基本的卫生保健服务，总体上达到与小康水平相适应的健康水平。具体包括：

（a）全国形成以初级卫生保健为基础，具有综合功能的地区卫生保健网，使城乡居民都能就近获得最基本的卫生保健服务；

（b）建立起适合中国国情的多种形式的健康保障制度，包括公费、劳保医疗制度，健康保险、医疗保险等，提高人民群众承担疾病风险的能力；

（c）保护环境，减少环境污染和公害，改善农村居民饮水条件和卫生状况，控制城市的水源污染、空气污染、工业废物污染、噪声污染等；

（d）基本控制传染病、地方病对人民健康的威胁，对慢性、非传染性疾病逐步开展针对危险因素的综合预防，注意改善病区生态环境，做到治病与防病相结合；

（e）基本普及妇女和儿童系统保健管理，提供安全、有效的计划生育技术指导与保健服务；

（f）向公众提供饮食保健、体育锻炼、健康的生活方式及其他保持身心健康和增强体质的指导与帮助。

9.3 卫生与健康是一个涉及多方面的领域，有关问题应参阅其他各章，特别是第10、13、14、18和19章。

9.4 本章设6个方案领域：

A. 满足基本的保健需要；

B. 减少因环境污染和公害引起的健康危害；

C. 控制传染病；

D. 减少地方病的危害；

E. 保护易受害的人群；

F. 迎接城市的卫生挑战。

（略）

第十章　人类住区持续发展

10.1　改革开放加快了中国社会和经济的发展，促进了城市的大发展，人口正不断流向城镇。城市不但要继续提高现有居民的住房水平，还要满足新进入城市人口的居住要求。由于大量人口和物资的流动，机动车数量倍增，交通问题已变成住区发展的突出矛盾。基础设施同样面对城市人口增加、生产、生活水平提高的压力。资源短缺是中国人类住区发展必须面对的又一挑战，由于技术水平不高、利用不当，更增加了这些问题的严重性。中国城市工业用地占总用地的比例较大。约70%的工业集中在城市，许多工厂与居民区混杂，成为影响城市住区环境的主要因素之一。农村乡镇企业占用耕地的问题也很严重。中国城乡居民住区还受到环境污染的威胁。

10.2　人类住区发展的目标是通过政府部门和立法机构制定并实施促进人类住区持续发展的政策法规、发展战略、规划和行动计划，动员所有的社会团体和全体民众积极参与，建设成规划布局合理、配套设施齐全、有利工作、方便生活、住区环境清洁、优美、安静、居住条件舒适的人类住区。

10.3　本章内容的提出，主要依据联合国的《21世纪议程》和有关决议、文件以及《中华人民共和国经济和社会发展十年规划和第八个五年计划纲要》、《中华人民共和国城市规划法》、《中华人民共和国环境保护法》等法规文件。人类住区的持续发展与经济发展、资源开发利用、环境等有密切的关系，本章与其他章（第9、11、12、14、17、18、19章）的关系见各方案领域。

10.4　本章设6个方案领域：

A. 城市化与人类住区管理；

B. 基础设施建设与完善人类住区功能；

C. 改善人类住区环境；

D. 向所有人提供适当住房；

E. 促进建筑业可持续发展；

F. 建筑节能和提高住区能源利用效率。

（略）

第十一章　农业与农村的可持续发展

11.1　农业是中国国民经济的基础。农业与农村的可持续发展，是中国可持续发展的根本保证和优先领域。

11.2　中国农业的历史可上溯到一万年前，有着优良的传统经验。近40年来，全国粮食总产量由年产1.1亿吨提高到4.4亿吨。特别是自1978年改革开放以来，农业生产结构有所改善；乡镇企业迅速增长，总产值已达到工业总产值的30%以上，较大改变了农村贫穷落后的面貌。中国农民已经基本实现温饱，正朝着小康迈进。

11.3　但是中国农业和农村发展正面临一系列严重问题：

（a）人均耕地少，农业自然资源短缺，人均占有量逐年下降，近10年耕地每年减少

36 万公顷，人均粮食占有量尚低，不足 400 公斤；

（b）农村经济欠发达，农民平均收入甚低，而且增长缓慢；农村人口增长快，文化水平低，农业剩余劳动力多，约占农业劳动者总数的 1/4；

（c）农业综合生产力尚低，抗灾能力差，农业生产率常有较大的波动；

（d）农业经济结构不合理，农业投入效益不高，农业投资形成固定资产的比率一般只有 65%，化肥和灌溉水利用率较低，农业生产成本上升很快；

（e）农业环境污染日益加重，受污染的耕地近 2000 万公顷，约占耕地总面积的 1/5。土地退化严重，自然灾害频繁。

11.4 中国的农业与农村要摆脱困境，必须走可持续发展的道路，其目标是：保持农业生产率稳定增长，提高食物生产和保障食物安全，发展农村经济，增加农民收入，改变农村贫困落后状况，保护和改善农业生态环境，合理、永续地利用自然资源，特别是生物资源和可再生能源，以满足逐年增长的国民经济发展和人民生活的需要。为了实现这一目标，采取的战略是逐步完善指导农村社会发展的法规、政策体系，贯穿市场机制和适度有效的宏观调控，加强食物安全，调整农村产业，提高农业投入和综合生产力水平，发展可持续农业科学技术，促进农业生态环境保护和资源的合理利用。

11.5 农业与农村的可持续发展是一个十分广泛的领域，它与本《议程》的其他各章都有联系。本章设 7 个方案领域：

A. 推进农业可持续发展的综合管理；

B. 加强食物安全和预警系统；

C. 调整农业结构，优化资源和生产要素组合；

D. 提高农业投入和农业综合生产力；

E. 农业自然资源可持续利用与生态环境保护；

F. 发展可持续性农业科学技术；

G. 发展乡镇企业和建设农村乡镇中心。

（略）

第十二章　工业与交通、通信业的可持续发展

12.1 1949 年新中国成立之前，中国仅有工业固定资产 100 多亿元。新中国成立以来的 40 多年里，中国的工业建设发展十分迅速，按国际工业行业标准分类，现已建立起门类齐全的工业体系，到 1990 年已经形成 15000 亿元的工业固定资产，工业产值增长了近 100 倍。工业已经成为国民经济中的主导力量，不断地为中国经济发展提供装备和动力。

12.2 目前，中国工业的整体水平和素质不高，结构也不十分合理，资源配置效益较差，产品质量不高。而且，资源和原材料浪费较大，对环境的污染比较严重，可持续发展的能力不强。

12.3 80 年代后期以来，中国在高技术的有限领域内，积极跟踪世界科技发展前沿，有的已有所突破，并建立起了一支精干的科研队伍。以建立高新技术产业开发区为契机，推动了高技术产业的发展和壮大。

12.4 建国以来，中国的交通、通信事业有了长足的发展。但从总体上看，仍存在着技术水平低、质量差等问题，远不能满足国民经济发展的需要，成为制约国民经济发展的"瓶颈"。

12.5 中国政府在 20 世纪 90 年代，以至 21 世纪初期，将把重要原材料工业、交通、通信发展等放在重要地位，综合考虑生存、发展、环境、效益诸方面的问题，进行合理规划、布局、建设。

12.6 产业可持续发展的总目标是根据国家社会、经济可持续发展战略的要求，调整和优化产业结构和布局；运用科学技术特别是以电子信息、自动化技术改造传统产业，使传统产业生产技术和装备现代化；有重点地发展高技术，实现产业化；推动清洁生产的发展；提高产品质量，使工交产业尽快步入可持续发展的轨道。

12.7 本章设 5 个方案领域：

A. 改善工业结构和布局；

B. 开展清洁生产和生产绿色产品；

C. 工业技术的开发和利用；

D. 加强和改善行业管理；

E. 加强交通、通信业的可持续发展。

（略）

第十三章 可持续的能源生产与消费

13.1 能源工业作为国民经济的基础，对于社会、经济发展和提高人民生活水平都极为重要。在高速增长的经济环境下，中国能源工业面临经济增长与环境保护的双重压力。这一矛盾集中体现在：

（a）中国能源工业的技术管理和水平比较落后，能源利用率和人均能源的消费量都很低，能源供应短缺和浪费并存，供需矛盾尖锐；

（b）中国能源结构以煤为主，煤炭约占能源消费构成的 75%，清洁能源所占比例低，燃煤和煤炭加工与开采产生大量污染物，导致严重的大气污染和水污染。

13.2 如果能源生产和消费方式保持不变，中国未来的能源需求无论从资源、资金、运输还是环境方面都是无法承受的。因此，改变能源生产与消费方式，实现能源、电力结构多样化，建立对环境危害较小甚至无害的能源系统，是中国可持续发展战略的重要组成部分。

13.3 本章的总体目标是通过加强能源综合规划与管理，制订和实施与市场经济体制相适应的政策法规体系，开发和推广先进的、环境无害的能源生产和利用技术，提高能源效率，合理利用能源资源，减少环境污染，实现能源工业的可持续发展，满足社会和经济发展的需要。

13.4 中国政府关于环境保护、资源管理和能源管理的政策法规，如《环境保护法》、《矿产资源法》、《土地复垦规定》、《能源节约管理暂行条例》等，是本章的重要依据。本章与第 2、6、7、10、11、12、18 和 19 章内容密切相关。

13.5 本章设 4 个方案领域：

A. 综合能源规划与管理；

B. 提高能源效率与节能；

C. 推广少污染的煤炭开采技术和清洁煤技术；

D. 开发利用新能源和可再生能源。

（略）

第十四章　自然资源保护与可持续利用

14.1　自然资源是国民经济与社会发展的重要物质基础，分为可耗竭或不可再生（如矿产）和不可耗竭或可再生资源（如森林和草原）两大类。随着工业化和人口的发展，人类对自然资源的巨大需求和大规模的开采消耗已导致资源基础的削弱、退化、枯竭。如何以最低的环境成本确保自然资源可持续利用，将成为当代所有国家在经济、社会发展过程中所面临的一大难题。处于快速工业化、城市化过程中的中国，基本国情是人口众多、底子薄、资源相对不足和人均国民生产总值仍居世界后列，以单纯的消耗资源和追求经济数量增长的传统发展模式，正在严重地威胁着自然资源的可持续利用。因此，以较低的资源代价和社会代价取得高于世界经济发展平均水平，并保持持续增长，是具有中国特色的可持续发展的战略选择。

14.2　目前，中国在一些重要的自然资源可持续利用和保护方面正面临着严峻的挑战。这种挑战表现在两个方面，一是中国的人均资源占有量相对较小，1989 年人均淡水、耕地、森林和草地资源分别只占世界平均水平的 28.1%、32.3%、14.3% 和 32.3%，而且人均资源数量和生态质量仍在继续下降或恶化；二是随着人口的大量增长和经济发展对资源需求的过分依赖，自然资源的日益短缺将成为中国社会、经济持续、快速、健康发展的重要制约因素，尤其是北方地区的水资源短缺与全国性的耕地资源不足和退化问题。据统计，全国缺水城市达 300 多个，日缺水量 1600 万吨以上，农业每年因灌溉水不足减产粮食 250 多万吨，工农业生产和居民生活都受到了很大的影响。因此，相对来说，水资源的持续利用是所有自然资源保护与可持续利用中最重要的一个问题。

14.3　在中国的自然资源利用与保护中，目前主要存在的问题有：

（a）缺乏有效的资源综合管理及把自然资源核算纳入国民经济核算体系的机制，传统的自然资源管理模式和法规体系将面临市场经济的挑战；

（b）经济发展在传统上过分依赖于资源和能源的投入，同时伴随大量的资源浪费和污染产出，忽视资源过度开发利用与自然环境退化的关系；

（c）采用不适当行政干预的方式分配自然资源，严重阻碍了资源的有效配置和资源产权制度的建立以及资源市场的培育；

（d）不合理的资源定价方法导致了资源市场价格的严重扭曲，表现为自然资源无价、资源产品低价以及资源需求的过度膨胀；

（e）缺乏有效的自然资源政策分析机制以及决策的信息支持，尤其是跨部门的政策分析和信息共享，从而经常出现部门间政策目标相互摩擦的不利影响；

（f）资源管理体制上分散，缺乏协调一致的管理机制和机构。

14.4　为了确保有限自然资源能够满足经济可持续高速发展的要求，中国必须执行"保护资源，节约和合理利用资源"、"开发利用与保护增殖并重"的方针和"谁开发谁保护、谁破坏谁恢复、谁利用谁补偿"的政策，依靠科技进步挖掘资源潜力，充分运用市场机制和经济手段有效配置资源，坚持走提高资源利用效率和资源节约型经济发展的道路。自然资源保护与可持续利用必须体现经济效益、社会效益和环境效益相统一的原则，使资源开发、资源保护与经济建设同步发展。

14.5　本章涉及的自然资源主要包括水、土地、森林、海洋、矿产和草地六大领域，总目标是实现我国自然资源保护与可持续利用的模式和途径，内容包括：概括我国六大自然资源领域开发利用与保护中面临或存在的问题；提出保护与合理利用六大资源的行动方案领域。

14.6　由于自然资源领域涉及的问题非常广泛，有些内容将在其他章节中论述，其中有关水土流失防治、水灾防治与管理、海洋生物多样性保护、石油和海洋动力资源的利用开发、农村发展用水、农村土地资源可持续利用以及自然资源核算等内容分别见第 4、11、13、15、16、17 章。这些章节以及第 6、7、8 和 10 章有关方案领域活动的实施将有助于本章所提出的方案领域目标的实现。

14.7　本章设如下 8 个方案领域：

A. 建立基于市场机制与政府宏观调控相结合的自然资源管理体系；

B. 在自然资源管理决策中推行可持续发展影响评价制度；

C. 水资源的保护与开发利用；

D. 土地资源的管理与可持续利用；

E. 森林资源的培育、保护、管理与可持续利用；

F. 海洋资源的可持续开发与保护；

G. 矿产资源的合理开发利用与保护；

H. 草地资源的开发利用与保护。

（略）

第十五章　生物多样性保护

15.1　中国幅员辽阔、自然地理条件复杂，其既丰富而又独具特色的生物多样性在全球居第 8 位，北半球居第 1 位。主要特点是：

（a）生态系统类型多样：陆地生态系统总计有 27 个大类、460 个类型；其中，森林有 16 个大类、185 个类型；草地有 4 个大类、56 个类型；荒漠有 7 个大类、79 个类型；湿地和淡水水域有 5 个大类；海洋生态系统总计有 6 个大类、30 个类型；

（b）生物种类繁多，且具有特有种、子遗种及经济种多的特点；高等植物计有 3.28 万种，动物种类约 10.45 万种；由于中国古陆受第四纪冰川影响较小，从而保存下许多古老遗属种；

（c）驯化物种及其野生亲缘种多：中国是世界八大栽培植物起源中心之一。有 237 种栽培物种起源于中国；中国还拥有大量栽培植物的野生亲缘种；中国常见的栽培作物有 600 多种，果树品种万余个，畜禽 400 多种。

15.2　中国已签署了《生物多样性公约》，并在编制执行该公约的国家行动计划。中国政府自 50 年代起，就制定了有关的方针政策，采取了一系列保护生物多样性的措施，同时颁布了有关生物多样性保护的法律。

15.3　中国自然资源和生物多样性保护总的方针是：

（a）自然保护的方针是"全面规划、积极保护、科学管理、永续利用"；

（b）野生动物保护的方针是"加强资源保护、积极驯养繁殖、合理开发利用"；

（c）生物多样性保护的政策是"自然资源开发利用与保护增殖并重"、"谁开发谁保护、谁利用谁补偿、谁破坏谁恢复"；

（d）1987 年，国务院环境保护委员会公布的《中国自然保护纲要》是中国第一部自然保护方面的纲领性文件，它规定了中国生物多样性保护的总体战略和基本原则，并提出了一般性对策。

15.4 中国现在生物多样性的管理体制：

（a）国家环境保护局负责牵头、协调全国生物多样性的保护：林业部、农业部、国家海洋局、建设部负责实施专业管理，国家计划委员会、国家科学技术委员会也有一些职责涉及到生物多样性的保护；

（b）地方政府有关的机构设置类同于中央政府；

（c）中国环境科学学会、中国生态学会、中国林学会、中国农学会、中国海洋学会、中国植物学会、中国动物学会、中国野生动物保护协会等民间组织配合政府部门，对生物多样性保护也起到了积极的推动作用。

15.5 中国在生物多样性保护的科学研究领域已有一定的研究基础，取得了不少成绩：

（a）中国科学院有 33 个研究所，1000 余名科技人员从事有关工作，并由 52 个生态定位试验站组成了"中国生态系统研究网络"；"全国森林生态系统研究网络"有生态站 20 个；环保部门和农业、林业、水利部门还建立了草原、荒漠、湿地等类型的生态监测站；

（b）自 50 年代起，在全国范围内开展了动植物区系和专题资源的调查及农作物、畜禽品种资源的征集，建立了亚洲最大的动植物标本馆；80 年代，开展了珍稀濒危动植物种的调查，现已基本摸清全国主要动植物的种类、分布和部分资源状况，发现许多新品种；

（c）在生物多样性保护技术的研究及在生产上的推广，也取得了很大进展；利用野生亲缘种培育杂交水稻高产良种以及人工模拟自然环境以适应迁移物种的生长与繁殖也已成功。

15.6 本章设 1 个方案领域

A. 生物多样性的保护。

（略）

第十六章 荒 漠 化 防 治

16.1 荒漠化是指在干旱、半干旱和某些半湿润、湿润地区，由于气候变化和人类活动等各种因素所造成的土地退化，它使土地生物和经济生产潜力减少，甚至基本丧失。中国荒漠化很严重，总面积已达国土总面积的 8%；其中风沙活动和水蚀引起的荒漠化面积几乎各占一半，另外还有盐渍化及其他因素所形成的荒漠化土地。全国约 1.7 亿人口受到荒漠化危害和威胁，约有 2100 万公顷农田遭受荒漠化危害，粮食产量低而不稳；大面积的草场由于荒漠化造成牧草严重退化，载畜量下降；800 公里铁路和数千公里公路因风沙堆积而阻塞。据估算，全国每年因荒漠化危害造成的经济损失约 20 亿～30 亿美元，间接经济损失为直接经济损失的 2～3 倍。

16.2 水土流失作为荒漠化形成的重要过程正受到各国的关注。中国是世界上水土流失最为严重的国家之一。目前，全国水土流失（水蚀）面积达 179 万平方公里，每年流失土壤总量达 50 亿吨。不少地方因水土流失而使土地严重退化，一些南方亚热带山地土壤有机质丧失殆尽，基岩裸露，造成石质荒漠化土地。流失土壤还造成水库、湖泊和河道淤塞，黄河下游河床平均每年抬高达 10 厘米。水土流失导致的荒漠化土地严重地影响了农业经济的发展，全国 200 多个贫困县有 87% 属于水土流失严重地区。

16.3 本章的目的在于提出防治荒漠化和水土流失的战略与措施，使部分地区生态恶化的趋势得以逆转，保持土地的可持续利用，增加中国的可持续发展能力。同时，为全球荒漠化防治做出应有的贡献。

16.4　防治荒漠化是中国一项长期的任务。1985 年 1 月中国开始实施《中华人民共和国森林法》；1991 年 6 月中国颁布了《中华人民共和国水土保持法》；1993 年 8 月国务院颁布了《水土保持法实施条例》，并从中央到地方已建立起比较健全的水土保持管理机构。本章内容涉及第 7、8、11、12、14 和 17 章。

16.5　本章设 4 个方案领域

A. 荒漠化土地综合整治与管理；

B. 北方荒漠化地区经济发展；

C. 水土流失综合防治；

D. 水土保持生态工程建设与管理。

（略）

第十七章　防　灾　减　灾

17.1　中国是世界上自然灾害最严重的国家之一。近 40 年来，每年由气象、海洋、洪涝、地震、地质、农业、林业等七大类灾害造成的直接经济损失，约占国民生产总值的 3%～5%，平均每年因灾死亡数万人。此外，经济发展，人口增长和生态恶化，尤其是灾害高风险区内人口、资产密度迅速提高，使自然灾害的发生频率、影响范围与危害程度均在增长，成为一些地区长期难以摆脱贫困的重要制约因素。

17.2　中国自然灾害的多发性与严重性是由其特有的自然地理环境决定的，并与社会、经济发展状况密切相关。中国大陆东濒太平洋，面临世界上最大的台风源，西部为世界地势最高的青藏高原，陆海大气系统相互作用，关系复杂，天气形势异常多变，各种气象与海洋灾害时有发生；中国地势西高东低，降雨时空分布不均，易形成大范围的洪、涝、旱灾害；中国位于环太平洋与欧亚两大地震带之间，地壳活动剧烈，是世界上大陆地震最多和地质灾害严重的地区；中国约有 70% 以上的大城市、半数以上的人口和 75% 以上的工农业产值分布在气象灾害、海洋灾害、洪水灾害和地震灾害都十分严重的沿海及东部平原丘陵地区，所以灾害的损失程度较大；中国具有多种病、虫、鼠、草害滋生和繁殖的条件，随着近期气候温暖化与环境污染加重，生物灾害亦相当严重。另外，近代大规模的开发活动，更加重了各种灾害的风险度。

17.3　中国人民在长期与自然灾害的斗争中积累了丰富的经验，制定了"预防为主，防治结合"，"防救结合"等一系列方针政策。50 年代初，组织了大规模的江河治理，逐步建立起具有一定规模的防洪、防潮、排涝、灌溉工程体系，使常遇洪、涝、旱灾得到初步控制。70 年代中期唐山大地震后，加强了地震灾害监测、预防的组织领导。80 年代以来注重了建立健全有关防灾减灾的法律、规划及对自然灾害的管理工作。经过长期的艰苦努力，中国已初步建立了防御各种自然灾害的工作体系，形成了一支具有一定实践经验、学科基本配套、门类比较齐全的科技队伍。监测主要自然灾害的台网已初具规模，取得了大批有科研价值的观测资料。对主要自然灾害的形成、发展规律有了一些认识，积累了一定的预测、预报经验，并取得了一批有价值的科技成果，其中一些成果达到国际先进水平，对一些重大自然灾害作出了较成功的预测、预报。各项防灾工程的设计施工技术有了一定进步。这些都是今后加强防灾减灾工作，开展国际交流合作的重要基础。

17.4　90 年代为国际减灾十年。从基本国情出发，中国既难以像一些人口密度低的国家那样采取严厉限制向灾害高风险区发展的策略，也无力在短期内大幅度增加投资来降低灾害的风险度。针对中国自然灾害的基本特点与保障社会、经济可持续发展的需要，加强防灾减灾工作的总目标是：

（a）建立与社会、经济发展相适应的自然灾害综合防治体系，综合运用工程技术与法律、行政、经济、管理、教育等手段，提高减灾能力，为社会安定与经济可持续发展提供更可靠的安全保障；

（b）加强灾害科学的研究，提高对各种自然灾害孕育、发生、发展、演变及时空分布规律的认识，促进现代化技术在防灾体系建设中的应用，因地制宜实施减灾对策和协调灾害对发展的约束；

（c）在重大灾害发生的情况下，努力减轻自然灾害的损失，防止灾情扩展，避免因不合理的开发行为导致的灾难性后果，保护有限而脆弱的生存条件，增强全社会承受自然灾害的能力。

17.5 本章以对中国社会、经济发展影响最大的自然灾害——洪水、干旱以及其他灾害，如地震、台风、风暴潮、滑坡、泥石流及病、虫、鼠等生物灾害的防治为主要论述对象，并涉及减少由人类活动导致灾害风险加重的问题。对于以人为因素为主的环境公害、自然资源与生态环境的人为破坏等问题，分别在其他有关章节中予以论述。

17.6 本章设 3 个方案领域

A. 提高对自然灾害的管理水平；

B. 加强防灾减灾体系建设，减轻自然灾害损失；

C. 减少人为因素诱发、加重的自然灾害。

（略）

第十八章 保护大气层

18.1 人类活动导致全球大气层的主要变化及环境问题可以归结为三方面：一是大气中温室气体增加导致气候变化；二是大气臭氧层破坏；三是酸雨和污染物的越界输送。中国在保护和改善城市大气环境质量方面依然面临着严峻的任务和困难。中国保护大气层的努力旨在保证国家经济、社会发展的可持续性，并为致力于全球大气层保护的国际合作做出贡献。

18.2 中国已加入联合国《气候变化框架公约》和修正后的《关于消耗臭氧层物质的蒙特利尔议定书》，并已在制定履行这些国际公约和议定书的国家行动方案。中国已颁布了《中华人民共和国大气污染防治法》。防止大气污染和保护大气层是一项长期任务，当前国际上保护大气层提出的措施，大多是"削减方案"，即限制和削减化石燃料和其他污染物的排放量。这些方案的实施，将会在一定程度上限制中国经济发展的规模和速度。

18.3 保护大气层的战略和措施牵涉到立法、计划、财政、能源、地矿、交通、工业、农林牧、商业和气候、海洋、环境以及科研、教育等各部门，需要各部门通力合作取得实效。因此，第 7、11、12、13 和 14 等章的有关方案领域的工作，将有利于本章各方案领域目标的实现。

18.4 本章设有 4 个方案领域：

A. 控制大气污染和防治酸雨；

B. 防止平流层臭氧耗损；

C. 控制温室气体排放；

D. 气候变化的监测、预报及服务系统的建设。

（略）

第十九章　固体废物的无害化管理

19.1　固体废物是指在生产、消费、生活和其他活动中产生的各种固态、半固态和高浓度液态废物。本章主要涉及工业固体有害废物、放射性废物、生活垃圾和一般废旧物资。中国考虑到固体废物的大范畴的统一性，将不同性质的固体废物合为一章。但是又考虑到管理特点上的差异，在同一章中又按废物的性质划分为不同的方案领域。

19.2　中国每年的工业固体废物产生量约为 6 亿吨左右，城市生活垃圾约为 1 亿吨，不仅是资源的巨大浪费，而且造成严重的环境污染。如中国东北地区的一个产生含铬废物的工厂，废物浸出液污染地下水，造成 1800 口居民水井报废；全国 200 多个城市陷入垃圾的包围之中；我国核电已经起步，但中低水平放射性废物处置场的建设仅处于选址和可行性研究阶段；据粗略统计，全国每年固体废物造成的经济损失以及可利用而又未充分利用的废物资源价值约达 300 亿元人民币。

19.3　中国认识到固体废物问题的严重性，认识到解决该问题是改变传统发展模式和消费模式的重要组成部分。中国政府一贯重视放射性废物的安全和无害环境管理。

19.4　本章的总目标是完善固体废物法规体系和管理制度；实施废物（尤其是有害废物）最小量化；对于已产生的固体废物首先要实施资源化管理和推行资源化技术，发展无害化处理处置技术，建设示范工程并在全国推广应用。

19.5　本章内容与第 10、12、13 等章紧密相关，应相互协调。

19.6　本章设 4 个方案领域：

A. 固体废物的处理与管理；

B. 放射性废物的安全和无害化管理；

C. 生活垃圾的管理和无害化系统；

D. 废旧物资资源化管理。

（略）

第二十章　团体及公众参与可持续发展

20.1　实现可持续发展目标，必须依靠公众及社会团体的支持和参与。公众、团体和组织的参与方式和参与程度，将决定可持续发展目标实现的进程。考虑到中国宪法和法律已经对公众参与国家事务所作的规定，并认识到公众参与在环境和发展领域的特殊重要性，有必要为团体及公众参与可持续发展制定全面系统的目标、政策和行动方案。

20.2　团体及公众参与可持续发展，需要新的参与机制和方式。团体及公众既需要参与有关环境与发展的决策过程，特别是参与那些可能影响到他们生活和工作的社区决策，也需要参与对决策执行的监督。本章宗旨是对公众及各主要社会团体参与可持续发展作出战略安排。由于公众参与关系到几乎所有其他各章战略的实施，必须把本章与其他各章综合考虑。在实施本章目标时，应特别注意与第 3、6、11 和 12 等章的方案领域协调。

20.3　本章设 5 个方案领域：

A. 妇女参与可持续发展；

B. 青少年参与可持续发展；

C. 少数民族和民族地区参与可持续发展；

D. 工人和工会参与可持续发展；

E. 科技界在可持续发展中的作用。

（略）

冶金工业出版社部分图书推荐

书　名	作　者	定价(元)
安全管理技术	袁昌明	46.00
生活垃圾处理与资源化技术手册	赵由才	180.00
矿山通风与环保(技能培训教材)	陈国山	28.00
安全原理(第3版)(本科教材)	陈宝智	29.00
系统安全评价与预测(第2版)(本科教材)	陈宝智	29.00
矿山环境工程(第2版)(本科教材)	蒋仲安	39.00
矿业经济学(本科教材)	李仲学	39.00
固体矿产资源技术政策研究	陈晓红	40.00
矿床无废开采的规划与评价	彭怀生	14.50
金属矿山尾矿综合利用与资源化	张锦瑞	16.00
矿山事故分析及系统安全管理	山东招金集团有限公司	28.00
常用有色金属资源开发与加工	董　英	88.00
矿井通风与除尘	浑宝炬	25.00
新世纪企业安全执法创新模式与支撑理论	赵千里	55.00
现代矿山企业安全控制创新理论与支撑体系	赵千里	75.00
矿山废料胶结充填(第2版)	周爱民	48.00
突发事件应急能力评价——以城市地铁为对象	黄典剑	38.00
环境保护及其法规(第2版)	任效乾	45.00
决策环境论	杨海滨	12.00
重大事故应急救援系统及预案导论	吴宗之	38.00
重大危险源辨识与控制(第2版)	吴宗之	49.00
危险评价方法及其应用	吴宗之	47.00
城市生活垃圾智能管理	王　华	48.00
铁矿石资源约束下的中国钢铁工业可持续发展研究	杨丽梅	22.00
创建资源节约型环境友好型钢铁企业	编委会	60.00
"绿色钢铁"和环境管理	那宝魁	36.00
冶金企业废弃生产设备设施处理与利用	宋立杰	36.00
青藏高原矿产资源开发与区域可持续发展	林大泽	29.00
典型电子废弃物高温协同熔炼技术基础	严　康	89.00
电子废弃物的处理处置与资源化	牛冬杰	29.00